普 通 高 等 教 育
制药类“十三五”规划教材

制药设备设计基础

供中药制药、制药工程、生物制药及相关专业使用

韩 静 主 编
赵宇明 吴淑晶 副主编

ZHIYAO
SHEBEI
SHEJI
JICHU

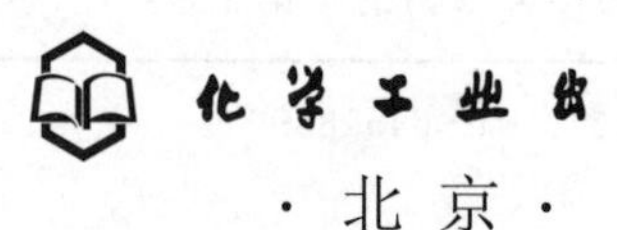

化学工业出版社
·北京·

本书根据国家和相关部委颁布的最新标准，针对医药类学生的课程学习特点，按照药学类学生对制药设备专业知识学习时所需要掌握的基础知识的要求，查阅多种文献、参考书，结合诸位编者多年的教学一线实践经验，经统一整理后编写而成。全书包括力学基础、材料基础、容器基础、设备基础四部分内容，详细划分为刚体受力分析及平衡规律，制药设备常用金属的力学性能，拉压、弯曲、扭转，制药设备材料及选择，容器设计基本知识，内压薄壁容器，外压容器，容器零部件，管壳式换热器，塔类制药设备设计，带搅拌器的制药设备设计共 11 章。每章均安排了适量例题，通过实例阐明各类制药设备设计的具体步骤和方法，各章附有习题，供读者进一步复习和巩固相关知识使用。

本书可用作各高等院校制药工程、生物工程、中药制药、药物制剂、生物制药、应用化学等专业本科教材，也是制药企业与科研院所工程技术人员的实用参考书。

图书在版编目（CIP）数据

制药设备设计基础/韩静主编. —北京：化学工业出版社，2018.2

ISBN 978-7-122-31165-8

Ⅰ.①制… Ⅱ.①韩… Ⅲ.①制药工业-化工设备-教材 Ⅳ.①TQ460.3

中国版本图书馆 CIP 数据核字（2017）第 305379 号

责任编辑：傅四周　　文字编辑：向　东
责任校对：宋　夏　　装帧设计：王晓宇

出版发行：化学工业出版社（北京市东城区青年湖南街 13 号　邮政编码 100011）
印　　装：三河市延风印装有限公司
787mm×1092mm　1/16　印张 13½　字数 327 千字　2018 年 3 月北京第 1 版第 1 次印刷

购书咨询：010-64518888（传真：010-64519686）　售后服务：010-64518899
网　　址：http://www.cip.com.cn
凡购买本书，如有缺损质量问题，本社销售中心负责调换。

定　　价：35.00 元

系列教材编委会

《制药设备设计基础》编委会

主　编　韩　静

副主编　赵宇明　吴淑晶

编　者（按姓名汉语拼音排序）

韩　静	沈阳药科大学
雷雪霏	辽宁中医药大学
刘宝庆	浙江大学化工机械研究所
刘　扬	辽宁中医药大学
滕　杨	佳木斯大学
吴淑晶	上海工程技术大学化学化工学院
赵宇明	沈阳药科大学

序

普通高等教育制药类“十三五”规划教材是为贯彻落实教育部有关普通高等教育教材建设与改革的文件精神，依据中药制药、制药工程和生物制药等制药类专业人才培养目标和需求，在化学工业出版社精心组织下，由全国 11 所高等院校 14 位著名教授主编，集合 20 余所高等院校百余位老师编写而成。

本套教材适应中药制药、制药工程和生物制药等制药类业需求，坚持育人为本，突出教材在人才培养中的基础和引导作用，充分展现制药行业的创新成果，力争体现科学性、先进性和适用性的特点，全面推进素质教育，可供全国高等中医药院校、药科大学及综合院校、西医院校医药学院的相关专业使用，也可供其他从事制药相关教学、科研、医疗、生产、经营及管理工作者参考和使用。

本套教材由下列分册组成，包括：北京中医药大学铁步荣教授主编的《无机化学及实验》、广东药科大学申东升教授主编的《有机化学及实验》、广东药科大学王淑美教授主编的《分析化学及实验》、天津中医药大学张师愚教授主编的《物理化学及实验》、华东理工大学齐鸣斋教授主编的《制药化工原理及实验》、沈阳药科大学韩静教授主编的《制药设备设计基础》、辽宁中医药大学孟宪生教授主编的《中药材概论》、河南中医药大学冯卫生教授主编的《中药化学》、广东药科大学王岩教授主编的《中药药剂学》、南京中医药大学张丽教授主编的《中药制剂分析》、南京中医药大学陆兔林教授主编的《中药炮制工程学》、中国药科大学柯学教授主编的《中药制药设备与车间工艺设计》、浙江中医药大学万海同教授主编的《中药制药工程学》和江西中医药大学杨明教授主编的《中药制剂工程学》。

本套教材在编写过程中，得到了各参编院校和化学工业出版社的大力支持，在此一并表示感谢。由于编者水平有限，本书不妥之处在所难免，敬请各教学单位、教学人员及广大学生在使用过程中，发现问题并提出宝贵意见，以便在重印或再版时予以修正，不断提升教材质量。

清华大学
罗国安
2018 年元月

前言

制药设备是医药生产中的重要组成部分，制药设备设计的基本流程和模式，也是医药类学生必须学习和掌握的内容，特别是对于药学中偏工科的专业尤其重要。中药制药专业要求学生具备常用中药制剂生产制备的职业能力以及分析、解决生产中出现问题的能力，学生必须掌握中药制药设备，涉及操作、拆卸、保养等环节，了解中药设备的基本理论和结构，才能更好地正确处理常用设备故障，维护保养设备以保障正常生产的进行。制药工程是一个化学、生物学、药学（中药学）和工程学交叉的工科类专业，以培养从事药品研发制造，新工艺、新设备、新品种的开发、放大和设计人才为目标，对于设备的了解和掌握也是至关重要的。

鉴于此，本书将制药设备需要的很多基础、支撑和辅佐知识加以汇总，构建了本书的理论框架。以力学基础、制药设备常用材料、制药容器设计、典型制药设备等为主要内容，使学生掌握制药设备的设计、使用、管理和维护的基本知识和基本技能，逐步培养和深化学生的工程意识，提高其分析问题和解决实际问题的能力，对全面提高学生的职业素养和职业能力具有非常重要的作用。

《制药设备设计基础》由浙江大学、上海工程技术大学、沈阳药科大学、辽宁中医药大学、佳木斯大学等高校具有多年教学、研究、设计经验的一线教师和工程技术专家编写而成。按照医药类专业 36~48 计划学时的教学大纲要求，内容分为四大部分。第 1 篇力学基础，包括刚体受力分析及平衡规律、金属的力学性能、受力分析等。第 2 篇材料基础，包括设备材料的性能、制药设备设计常用材料的分类及选择等。第 3 篇容器基础，包括容器的分类与结构、压力容器规范、内压薄壁容器薄膜理论及应用、内外压容器设计、容器零部件等。第 4 篇设备基础，包括管壳式换热器、塔设备等。本书收录的大量例题，是各位编写人员根据多年的教学经验总结而来的。书中还在每一章后安排了适量的习题，以供学生在学习了每章内容之后，巩固和复习之用。教材内容比较全面，专业特色突出，既可以作为高校学生的学习教材，也可作为行业工程技术人员的参考书。

本书第 1 章由刘扬编写，第 2、11 章由刘宝庆编写，第 3 章由滕杨编写，第 4 章由雷雪霏编写，第 5、8 章由吴淑晶编写，第 6、7 章由韩静编写，第 9、10 章由赵宇明编写。

鉴于编者水平有限，不妥之处在所难免，恳请广大师生与读者热心指正。

编　者

2017 年 8 月

目录

第1篇　力学基础

第 1 章　刚体受力分析及平衡规律 / 002

1.1　力的概念及其性质 / 002

1.1.1　力的概念 / 002

1.1.2　力的基本性质 / 002

1.2　刚体的受力分析 / 003

1.2.1　约束与约束反力 / 003

1.2.2　常见的约束类型 / 004

1.2.3　物体的受力分析和受力图 / 005

1.3　平面汇交力系的简化与平衡 / 006

1.3.1　平面汇交力系的简化（解析法）/ 006

1.3.2　平面汇交力系的平衡条件 / 007

1.4　力矩、力偶、力的平移定理 / 007

1.4.1　力矩 / 008

1.4.2　力偶与力偶矩 / 008

1.4.3　力的平移定理 / 009

1.5　平面一般力系的简化与平衡 / 009

1.5.1　平面一般力系的简化 / 009

1.5.2　平面一般力系的平衡条件 / 009

1.5.3　固定端约束的受力分析 / 010

习题 / 011

第 2 章　制药设备常用金属的力学性能 / 013

2.1　弹性变形与内力 / 013

2.1.1　变形与内力的概念 / 013

2.1.2　直杆受拉（压）时的内力 / 013

2.1.3　受拉（压）直杆内的应力 / 015

2.1.4　直杆受拉（压）时的变形 / 017

2.2　材料的力学性能 / 018

2.2.1　拉伸试验 / 018

2.2.2　压缩试验 / 021

2.2.3　冲击试验 / 022

2.2.4　硬度试验 / 023

2.2.5　弯曲试验 / 024

习题 / 024

第 3 章 拉压、弯曲、扭转 / 026
3.1 受拉（压）直杆的强度计算 / 026
3.1.1 受拉（压）直杆的材料力学原理 / 026
3.1.2 强度条件的建立与许用应力的确定 / 027
3.1.3 剪切变形与剪力 / 030
3.2 弯曲变形 / 034
3.2.1 弯曲概念与梁的分类 / 034
3.2.2 梁的内力分析 / 036
3.2.3 纯弯曲时梁的正应力及正应力强度条件 / 038
3.2.4 直梁弯曲时的切应力 / 043
3.2.5 梁的刚度校核 / 044
3.3 扭转 / 045
3.3.1 扭转变形的概念 / 045
3.3.2 扭转时所受外力分析与计算 / 045
3.3.3 纯剪切、角应变、剪切胡克定律 / 046
3.3.4 圆轴在外力偶作用下的变形与内力 / 047
3.3.5 圆轴扭转时的强度条件与刚度条件 / 050
习题 / 051
第 2 篇 材料基础
第 4 章 制药设备材料及选择 / 056
4.1 概述 / 056
4.2 材料的性能 / 056
4.2.1 力学性能 / 056
4.2.2 物理性能 / 057
4.2.3 化学性能 / 057
4.2.4 加工工艺性能 / 058
4.3 金属材料 / 058
4.3.1 金属材料的分类及牌号 / 059
4.3.2 碳钢与铸铁 / 059
4.3.3 低合金钢及化工设备用特种钢 / 061
4.3.4 有色金属材料 / 067
4.3.5 非金属材料 / 069
4.3.6 制药设备的腐蚀及防腐措施 / 071
4.3.7 制药设备材料的选择 / 074
习题 / 074
第 3 篇 容器基础
第 5 章 容器设计基本知识 / 076
5.1 容器的分类与结构 / 076
5.1.1 容器的分类 / 076
5.1.2 容器的结构 / 077
5.1.3 压力容器类别 / 077

5.2 容器零部件的标准化 / 079
5.2.1 标准化的意义 / 079
5.2.2 标准化的基本参数 / 080
5.3 压力容器规范 / 081
5.3.1 压力容器相关的法规和标准 / 081
5.3.2 我国压力容器常用法规和标准 / 082
5.3.3 容器设计基本要求 / 084
习题 / 085
第 6 章 内压薄壁容器 / 086
6.1 薄膜理论 / 086
6.1.1 薄壁容器及其应力特点 / 086
6.1.2 基本概念与基本假设 / 087
6.1.3 平衡方程式 / 089
6.2 薄膜理论的应用 / 091
6.2.1 应用范围 / 091
6.2.2 受气体内压的圆筒形壳体 / 091
6.2.3 受气体内压的球形壳体 / 092
6.2.4 受气体内压的椭圆形封头 / 092
6.2.5 受气体内压的锥形壳体 / 094
6.3 内压圆筒边缘应力 / 094
6.3.1 边缘应力的概念 / 094
6.3.2 边缘应力的特点 / 094
6.3.3 对边缘应力的处理 / 095
6.4 内压薄壁圆筒与封头的强度设计 / 095
6.4.1 强度设计的基本知识 / 095
6.4.2 内压薄壁圆筒壳与球壳的强度设计 / 095
6.4.3 内压圆筒封头的设计 / 099
6.5 内压容器的强度校核 / 103
6.5.1 压力试验 / 103
6.5.2 强度校核 / 104
习题 / 105
第 7 章 外压容器 / 106
7.1 概述 / 106
7.1.1 外压容器的失稳 / 106
7.1.2 失稳形式的分类 / 106
7.2 临界压力 / 107
7.2.1 概念及影响因素 / 107
7.2.2 外压圆筒分类 / 107
7.2.3 临界压力的理论计算公式 / 108
7.2.4 临界长度和计算长度 / 108
7.3 外压圆筒设计 / 109
7.3.1 设计准则 / 109

7.3.2 外压圆筒壁厚设计 / 110
7.3.3 外压容器的试压 / 113
7.4 外压凸形封头设计 / 114
7.4.1 半球形封头 / 114
7.4.2 碟形和椭圆形封头 / 114
7.5 外压圆筒加强圈的设计 / 114
7.5.1 加强圈的结构与作用 / 114
7.5.2 加强圈的间距 / 115
7.5.3 加强圈的尺寸设计 / 115
7.5.4 加强圈的设置 / 115
习题 / 117
第 8 章 容器零部件 / 118
8.1 法兰连接 / 118
8.1.1 法兰连接结构与密封 / 118
8.1.2 法兰结构与分类 / 119
8.1.3 影响法兰密封的因素 / 120
8.1.4 法兰标准及选用 / 122
8.2 容器支座 / 126
8.2.1 卧式容器支座 / 126
8.2.2 立式容器支座 / 128
8.3 容器的开孔补强 / 132
8.3.1 应力集中 / 132
8.3.2 开孔补强设计的原则、形式与结构 / 132
8.4 容器附件 / 135
8.4.1 接管 / 135
8.4.2 凸缘 / 135
8.4.3 手孔与人孔 / 135
8.4.4 视镜 / 136
习题 / 137
第 4 篇 设备基础
第 9 章 管壳式换热器 / 139
9.1 概述 / 139
9.1.1 管壳式换热器的结构与分类 / 139
9.1.2 管壳式换热器的型号 / 142
9.1.3 管壳式换热器的设计 / 143
9.2 管壳式换热器结构 / 148
9.2.1 管子 / 148
9.2.2 管板 / 150
9.2.3 附属板件 / 152
9.2.4 温差应力 / 153
9.2.5 管箱与壳程接管 / 157
9.3 管壳式换热器强度计算 / 157

习题 / 160
第 10 章　塔类制药设备设计 / 161
10.1　塔设备概述 / 161
10.2　塔设备结构 / 161
10.2.1　塔体与裙座 / 162
10.2.2　板式塔结构 / 166
10.2.3　填料塔结构 / 168
10.3　塔类制药设备设计举例 / 173
10.3.1　设计条件 / 174
10.3.2　塔体强度计算 / 175
10.3.3　各种载荷引起的应力 / 178
10.3.4　筒体壁厚校核 / 179
10.3.5　附件 / 180
习题 / 183
第 11 章　带搅拌器的制药设备设计 / 184
11.1　概述 / 184
11.1.1　搅拌操作的目的 / 184
11.1.2　搅拌操作分类 / 184
11.1.3　机械搅拌设备工作原理 / 184
11.1.4　搅拌设备的基本结构 / 185
11.2　搅拌釜 / 186
11.2.1　结构 / 186
11.2.2　几何尺寸的确定 / 186
11.2.3　换热元件 / 187
11.3　搅拌器的形式与选型 / 188
11.3.1　流型 / 189
11.3.2　搅拌器的分类 / 189
11.3.3　典型搅拌器的特征及应用 / 190
11.3.4　搅拌器的选用 / 192
11.4　搅拌器的功率 / 194
11.4.1　搅拌器功率和搅拌作业功率 / 194
11.4.2　搅拌器功率的影响因素及计算 / 194
11.4.3　搅拌作业功率 / 196
11.5　传动装置及搅拌轴 / 197
11.5.1　传动装置 / 197
11.5.2　搅拌轴设计 / 199
11.6　轴封 / 201
11.6.1　填料密封 / 201
11.6.2　机械密封 / 202
11.6.3　全封闭密封——磁力搅拌装置 / 203
习题 / 203
参考文献 / 204

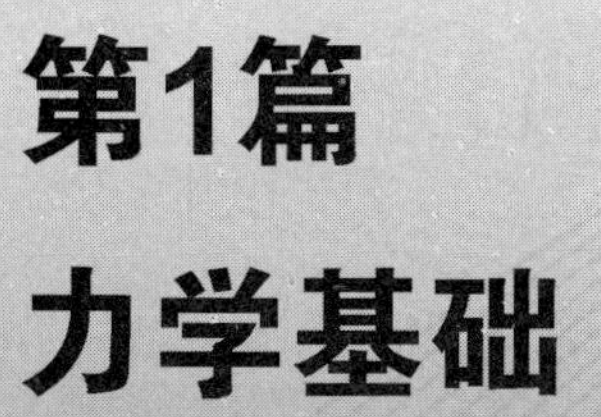

第1篇 力学基础

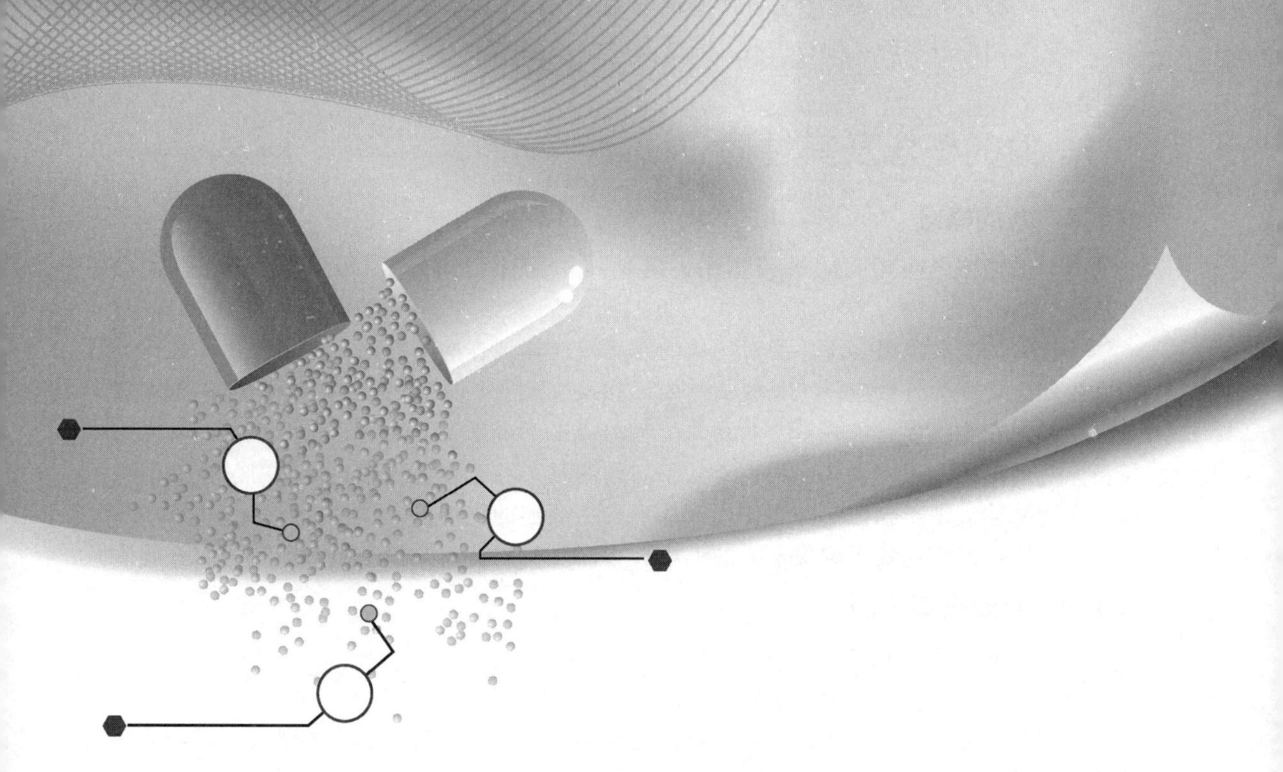

第1章 刚体受力分析及平衡规律

刚体的受力分析是研究设备强度和刚度的基础，是研究物体在力系作用下的平衡条件。

一个物体相对于另一个物体位置的变化称为机械运动。在自然界中，物体还有一种特殊形式的机械运动，即平衡，例如山川、房屋、公路等，相对于地球而言它们仍然处于静止状态。在静力学中把物体相对于地球保持静止或者匀速直线运动的状态称为平衡状态。

物体并不是只在不受力或在一组力的作用下处于平衡状态，我们把作用在同一物体上的一群力，称为力系。要使物体在力系的作用下保持平衡，力系需要满足相应的条件。

本章介绍静力学的基础性内容，主要包括物体的受力分析、力系的简化、力系的平衡条件。

1.1 力的概念及其性质

1.1.1 力的概念

力，是物体之间相互的机械作用，这种作用能使物体的机械运动状态或形状发生变化。

通过力的定义可以看出，力对物体的作用效应体现在两个方面：一是使物体的运动状态发生变化，称为外效应；二是使物体的形状发生改变，称为内效应。当物体本身形变十分微小时，在工程问题中并不会对物体的运动或平衡带来实质性的影响，可近似认为物体保持原几何形状及尺寸，从而大大降低了问题的复杂程度，这种理想化的力学模型即为刚体。所谓刚体，是指在任何外力作用下都不发生变形的物体。

力对物体的作用效果取决于力的大小、方向、作用点，这三个因素即为力的三要素。

1.1.2 力的基本性质

（1）力的合成与分解

公理一：力的平行四边形法则

作用在刚体上同一点的两个力，可以合成为一个合力，其大小和方向由这两个力为边构成的平行四边形的对角线确定。这种做平行四边形求解合力的方法，叫作力的平行四边形法则。如图 1-1（a）所示，力 F_1、F_2 交于 O 点，以这两个力为邻边的平行四边形对角线 OC 即代表 F_1、F_2 两力的合力 F_R 的大小与方向。

如图 1-1（b）所示，将 F_1、F_2 首尾相接画出，连接 F_1 的起点与 F_2 的终点形成三角形的封闭边，F_R 便为所求合力，方向由 F_1 的起点指向 F_2 的终点。这种求解合力的方法，叫作力的三角形法则，即：

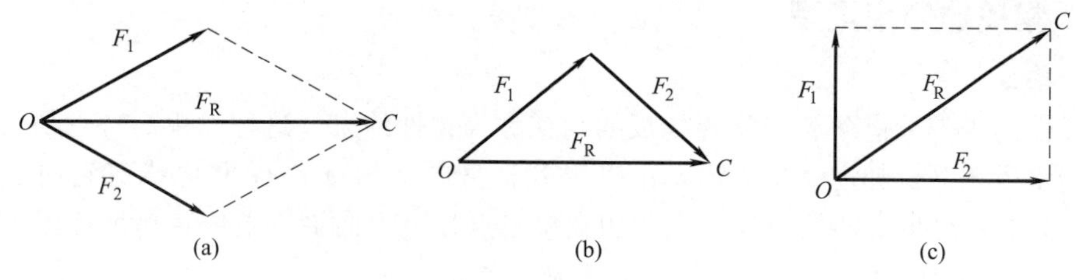

图 1-1　力的合成与分解

$$F_R = F_1 + F_2 \tag{1-1}$$

为了方便起见，通常将力分解为方向已知、相互垂直的两个分力，如图 1-1（c）所示。

（2）力平衡条件

公理二：二力平衡公理

使刚体保持平衡的充要条件是：两个力的大小相等、方向相反，且作用在同一直线上。只受两个力作用且处于平衡状态的构件称为二力构件或二力杆。如图 1-2 所示。

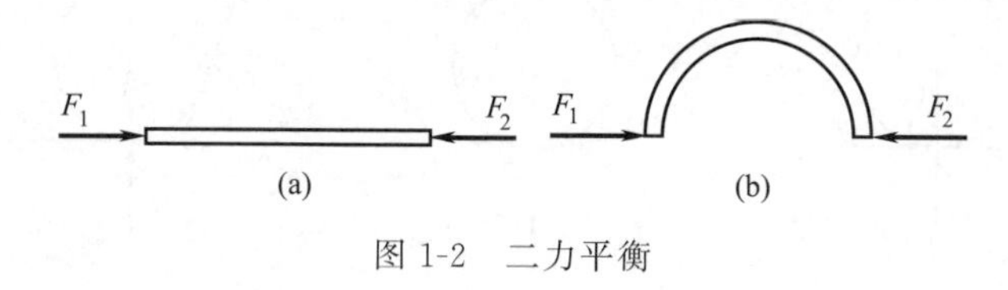

图 1-2　二力平衡

公理三：加减平衡力系公理

在刚体上加上或者减去任意一个平衡力系，不会改变原力系对该刚体的作用效果。由此得到以下推论。

推论 1：力的可传性

作用在刚体上的力，可以沿其作用线移到刚体内任意一点而不改变该力对刚体的作用效果。

推论 2：三力平衡汇交定理

如果刚体在三个力作用下处于平衡，其中两个力的作用线相交于一点，则第三个力的作用线也必定交于该点，且三力共面。

公理四：作用力与反作用力公理

作用力和反作用力分别作用在两个相互作用的物体上，两力大小相等、方向相反、沿着同一条直线，且总是同时存在。作用力与反作用力是分别作用在两个不同的物体上，切记勿与二力平衡概念混淆。

1.2　刚体的受力分析

1.2.1　约束与约束反力

物体可以按照自身的运动是否受到限制分为两类：自由体和非自由体。能在空间中自由运动、位移不受任何限制的物体称为自由体，凡是位移受到限制的物体都称为非自由体。在工程上，把对物体的运动起限制作用的周围物体称为约束，把限制物体运动（或运动趋势）的力称为约束反力，简称反力。

1.2.2 常见的约束类型

（1）柔性约束

由柔性的皮带、链条、绳索等构成的约束称为柔性约束。这种约束的特点是只承受拉力，不能承受压力。如图1-3所示，吊灯受到自身向下的重力G和电线对它向上的拉力F_T，F_T为电线对吊灯的约束反力，作用在接触点处，方向沿着电线背离吊灯。

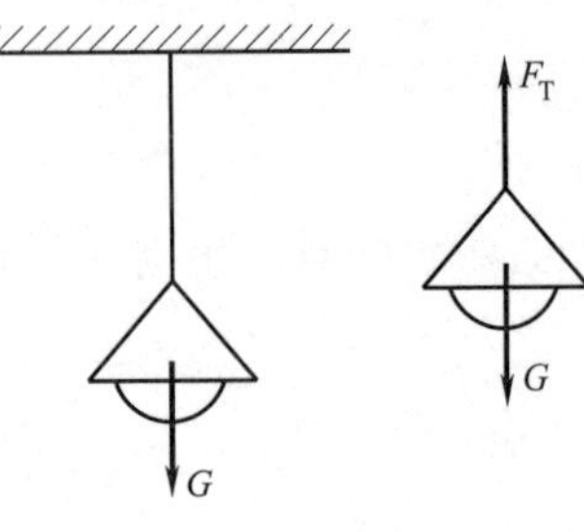

图1-3　柔性约束

（2）光滑面约束

当物体与支撑面之间摩擦力很小、可以忽略不计时，物体与支撑面之间的接触可以看成是光滑约束。如图1-4（a）所示，自重G的钢球放置在光滑平面上，钢球受到光滑平面的约束，约束反力为F_N，沿接触点的公法线方向，指向球心；图1-4（b）中钢球受到光滑圆弧槽的约束反力F_N，沿接触点的公法线方向，指向圆弧圆心。图1-4（c）光滑地面和墙面对球的约束反力分别为F_{N1}、F_{N2}。

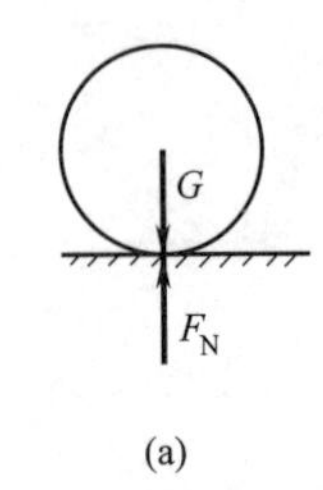

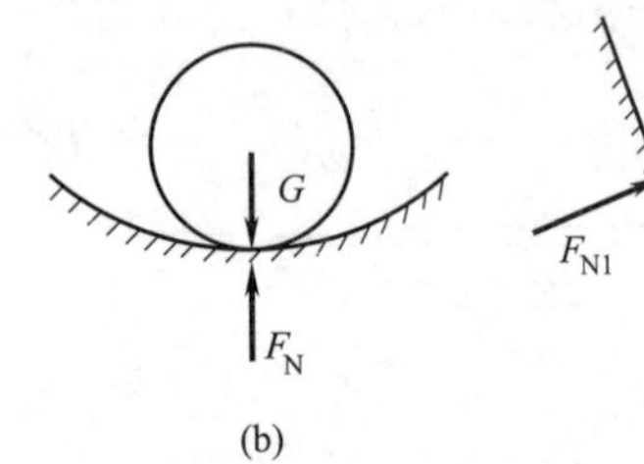

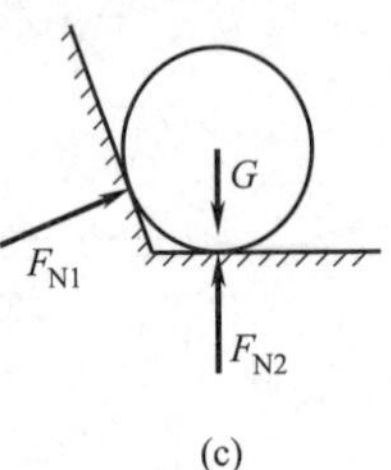

图1-4　光滑面约束

（3）光滑圆柱铰链约束

图1-5（a）为圆柱铰链，简称铰链。图1-5（b）为圆柱铰链简图。铰链由圆柱形销钉将两个钻有同样大小孔的构件连接在一起，两构件可绕销钉轴转动，但不能发生相对移动。这类约束称为圆柱铰链约束。为方便解题，通常将其分解为沿着水平方向和竖直方向的两个约束反力，用F_x、F_y表示，如图1-5（c）所示。

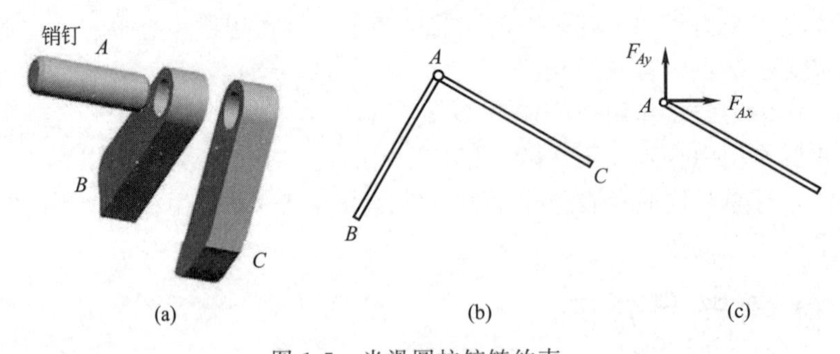

图1-5　光滑圆柱铰链约束

（4）固定铰链支座约束

若铰链连接中有一个构件固定在地面或机架上，这类约束称为固定铰链支座约束。图1-6（a）为机器转臂，当转臂工作时，转臂可以绕中心旋转，但不能发生平移。这类约束即为固定铰链约束。通常将其分解为沿着水平和竖直方向的约束反力，用F_x、F_y表示，见图1-6（c）。

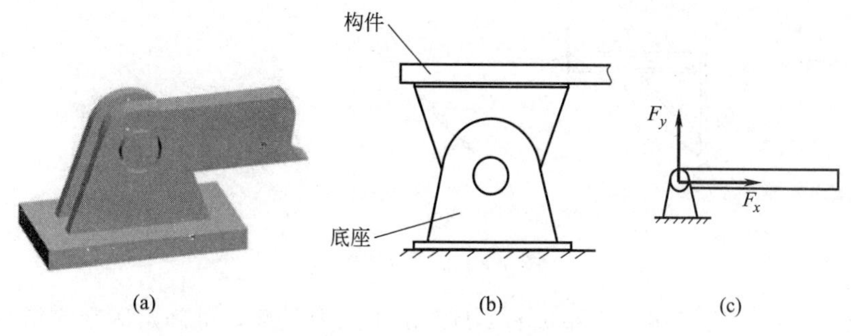

图 1-6 固定铰链支座约束

(5) 滚动铰链支座约束

图 1-7 (a) 中滚动铰链支座约束是在固定铰链支座与光滑支撑面之间安装若干滚轴组成的，这种约束既不限制构件绕轴心转动，又不限制构件沿着支撑面移动，只能限制构件沿支撑面法线方向的运动。图 1-7 (b) 为滚动铰链支座约束的两种简化图和约束反力 F_y 的表达方式。

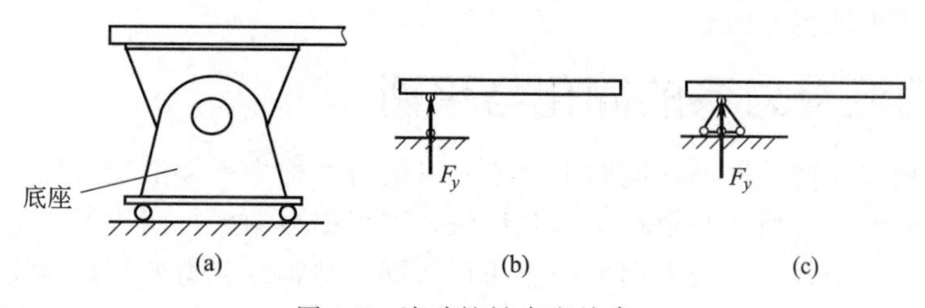

图 1-7 滚动铰链支座约束

1.2.3 物体的受力分析和受力图

为了求出未知的约束反力，需要把研究对象从整个系统中抽离出来（取研究对象或取分离体），首先确定研究对象受几个力，每一个力的大小、方向、作用点，根据已知力，应用平衡条件求解未知力，这种分析过程称为物体的受力分析。通过作图的方式在分离体上标出全部的力，就是画构件的受力图。

画受力图的一般步骤：

① 取研究对象。可以取单个物体为研究对象，也可以将几个物体看成一个整体作为研究对象。

② 画主动力。

③ 画约束反力。按每个约束本身的性质来确定其约束反力的方向。

④ 遵循作用力与反作用力原则。当取整体为研究对象时，画受力图时只需画出全部外力。

下面通过例题来说明物体受力图的具体画法。

【例 1-1】 构架由杆 AB、杆 CE、杆 OD 铰接而成。如图 1-8 (a) 所示，在 E 点有一个作用向下的力 P。各杆自重不计，接触均光滑，试画出：

① 整体受力图；

② 杆 CE 受力图；

③ 杆 OD 受力图。

解 ① 取整体为研究对象。杆自重不计，主动力只有外力 P；D 点为理想光滑面约

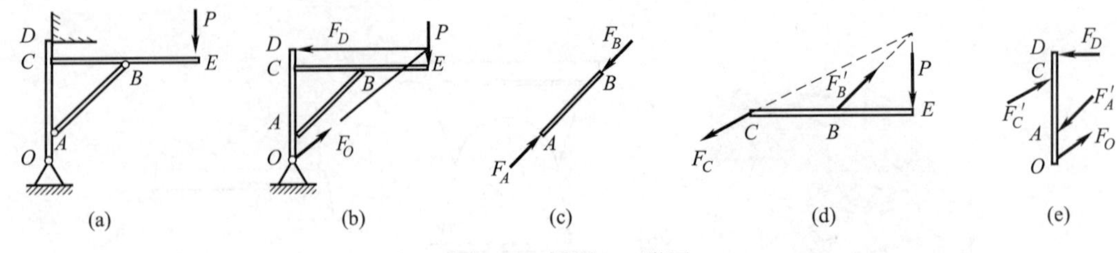

图 1-8 例题 1-1 附图

束，约束反力 F_D 垂直于接触面指向杆 OD。由于三力平衡，可确定固定铰链支座 O 处约束反力 F_O 的方向。力 F_D 和 P 交于一点，约束反力 F_O 的作用线必通过该交点，F_O 的方向暂时假定如图 1-8（b）所示，以后由平衡条件确定。

② 杆 AB 是二力杆，在 A、B 处分别受 F_A、F_B 的作用，且 $F_A=-F_B$，如图 1-8（c）所示。取杆 CE 为研究对象，在 E 处受外力 P 作用，在 B 处受杆 AB 给它的约束反力 F'_B，由此确定 F_C 的作用线方向。

③ 取杆 OD 为研究对象。O、D 两处的约束反力由前面已求得，A、C 两处由作用力与反作用力公理可确定方向。

1.3 平面汇交力系的简化与平衡

各力的作用线在同一平面内同时汇交于一点的力系称为平面汇交力系。平面汇交力系的求解方法有两种：几何法和解析法。几何法，可根据力的平行四边形法则将各分力两两合成，最后得到一个合力，或者用力的多边形法则，即将各分力的矢量首尾相接，最后将起点和终点连接起来得到合力；解析法，将各力向坐标投影后进行计算，又称为投影法。本节仅讨论应用更为广泛的解析法。

1.3.1 平面汇交力系的简化（解析法）

（1）力的投影

在工程应用中，引入力在坐标轴上的投影这个概念。如图 1-9 所示，假设力 F 作用在 M 点，在力 F 作用线所在平面取直角坐标系 Oxy，从力 F 的起点 M 和终点 N 分别向 x 轴和 y 轴作垂线，得垂足 a、b、c、d，则线段 cd 和 ab 分别称为力 F 在 x 轴上和 y 轴上的投影，并分别用 F_x 和 F_y 表示。

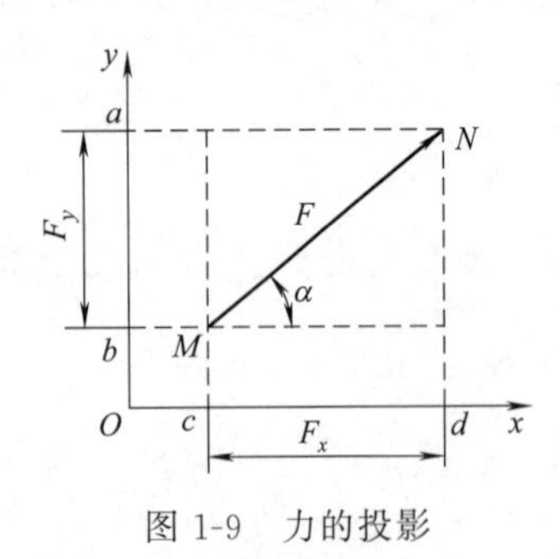

图 1-9 力的投影

设力 F 与 x 轴所夹锐角为 α，则力 F 的投影表达式为：

$$\left.\begin{aligned} F_x &= F\cos\alpha \\ F_y &= F\sin\alpha \end{aligned}\right\} \tag{1-2}$$

需要注意：虽然力是矢量，但是力在坐标轴上的投影是代数量，方向用正负号规定。当与坐标轴的正方向一致时为正，用“＋”表示，与坐标轴方向相反为负，用“－”表示。

（2）合力投影定理

设在刚体上作用有一平面汇交力系 F_1、F_2、…、F_n，合力为 F，其在直角坐标系上的投影分别为 F_{1x}、F_{2x}、…、F_{nx}，合力为 F_x。因力系对刚体的作用效果等效于合力 F 对该刚体的作用效果，所以合力在某轴上的投影一定等于各分力在同一轴上的投影的代数和，这一结论称为合力投影定理。即：

$$\left.\begin{aligned} F_x &= F_{1x}+F_{2x}+\cdots+F_{nx}=\sum F_{ix} \\ F_y &= F_{1y}+F_{2y}+\cdots+F_{ny}=\sum F_{iy} \end{aligned}\right\} \tag{1-3}$$

1.3.2 平面汇交力系的平衡条件

平面汇交力系平衡的必要和充分条件是：该力系的合力 F 等于零，由式(1-3) 可得：

$$\left.\begin{aligned} \sum F_{ix}=0 \\ \sum F_{iy}=0 \end{aligned}\right\} \tag{1-4}$$

式(1-4) 称为平面汇交力系的平衡方程。由此平衡方程得出，平面汇交力系平衡的必要和充分条件是：力系中各力在 x、y 两个坐标轴上投影的代数和分别等于零。

【例 1-2】 梁 AB 承受力 $F=10\text{N}$，$a=2\text{m}$，方向如图 1-10 所示，求支座 A、B 处的约束反力。

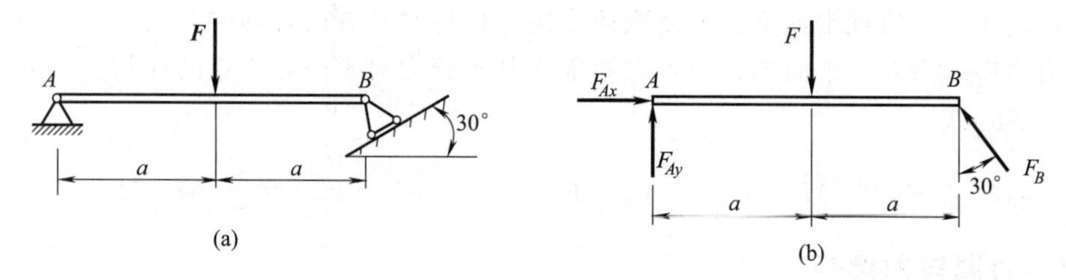

图 1-10 例题 1-2 附图

解 ① 取梁 AB 为研究对象。

② 受力分析。主动力为 F，A 为固定铰链支座约束，B 为滚动铰链支座约束，如图 1-10（b）所示。

③ 列平衡方程。

$\sum F_x=0$　　　$F_{Ax}-F_B\sin30°=0$

$\sum F_y=0$　　　$F_{Ay}-F+F_B\cos30°=0$

$\sum M_A(F_i)=0$　　　$-Fa+F_B 2a\cos30°=0$

解上述方程式，得：

$F_{Ax}=2.9\text{N}$　　　$F_{Ay}=5\text{N}$　　　$F_B=5.8\text{N}$

1.4 力矩、力偶、力的平移定理

力对刚体的作用效应包括移动和转动，其中力矢对刚体产生移动效应，力矩对刚体产生转动效应。

如图 1-11、图 1-12 所示的棘轮扳手、滑轮等，在工作过程中总是绕着一点转动，要了解其中的道理，必须要知道力矩和力偶的概念。

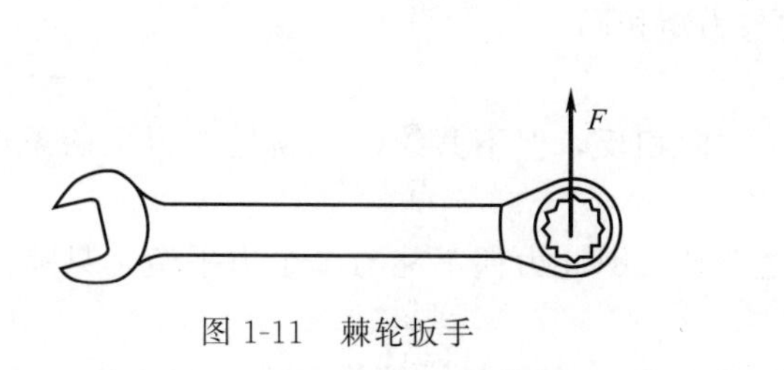

图 1-11 棘轮扳手

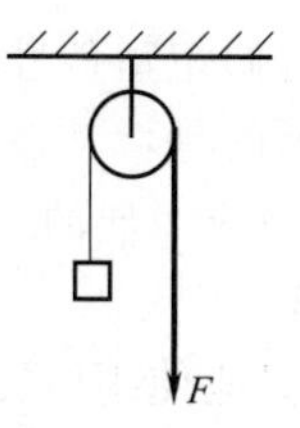

图 1-12 滑轮

1.4.1 力矩

图 1-13 为扳手紧固螺母。实践证明，将力 F 施加在扳手上用来紧固螺母时，力 F 距离螺母中心的距离 d 不同，作用效果也不尽相同。距离 d 越大，转动效果越明显。

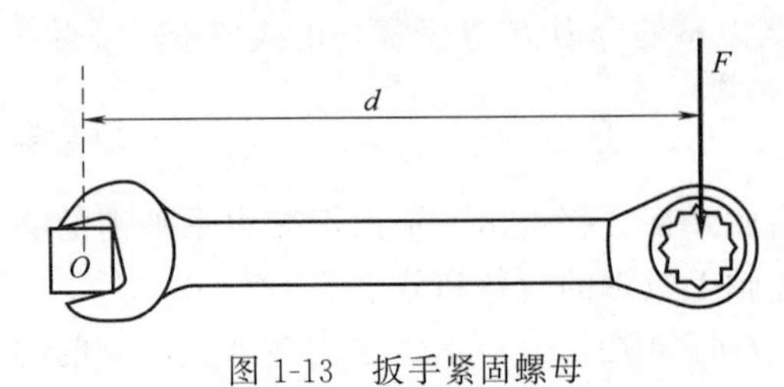

图 1-13 扳手紧固螺母

由此可见，力 F 对扳手的作用效果不仅取决于其大小，还与 O 点到该力的作用距离 d 有关。力对点之矩，简称力矩。在力学上，把力的转动中心 O 称为矩心，矩心 O 到力 F 作用线的距离 d 称为力臂。力矩用符号 $M_O(F)$ 表示，公式为：

$$M_O(F)=\pm Fd \tag{1-5}$$

力矩的正、负值规定如下：力使刚体绕矩心作逆时针方向转动时为正，反之为负。平面交汇力系中合力对于平面内任一点之矩等于其各分力对于该点之矩的代数和，此为合力矩定理，表达式为：

$$M_O(F_R)=M_O(F_1)+M_O(F_2)+\cdots+M_O(F_n)=\sum_{i=1}^{n}M_O(F_i) \tag{1-6}$$

1.4.2 力偶与力偶矩

在力学中，把作用在同一刚体上的等值、反向、平行但不共线的两个力组成的力系作为一个整体，称为力偶。用（F，F'）表示。力偶在生产生活中应用非常广泛，例如：司机用双手操控方向盘，就可以近似看作力偶的作用，如图 1-14 所示。

图 1-14 力偶

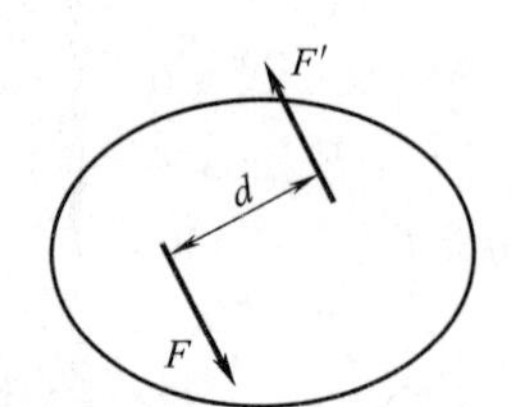

图 1-15 力偶矩

如图 1-15 所示，在刚体上作用有力臂为 d 的力偶（F，F'），在力偶作用平面内任取一点 O 为矩心，则此力偶对 O 点的矩为 $M_O(F)+M_O(F')=F(d+x)-F'x=Fd$。同理，矩心 O 取在其他任何位置，其结果保持不变。说明力偶对矩心 O 的力矩只与力 F 和力臂 d 有关，这个与矩心位置无关的恒定的代数量称为力偶矩，用 $M(F,F')$ 表示。力偶矩大小等于力偶中力的大小与力偶臂的乘积，即：

$$M=(F,F')=\pm Fd \tag{1-7}$$

式中，力偶矩正负号规定和单位均与力矩相同。

需要注意的是：

① 虽然组成力偶的二力大小相等、方向相反，但不共线，不满足二力平衡条件，不构成平衡力系。

② 力偶只能使刚体转动而不能使之平动，因此力偶不能与单个力平衡，只能用与其反向的力偶平衡。

③ 力偶对其所在平面内任一点的力矩等于一个常量，其值等于力偶矩本身的大小，

与矩心位置无关。

④ 平面力偶系可合成为一个合力偶，合力偶矩等于各分力偶矩的代数和，即：

$$M=M_1+M_2+\cdots+M_n=\sum M_i \tag{1-8}$$

1.4.3　力的平移定理

力的平移定理：作用于刚体上的力 F，可以平行移动到刚体的任一点而保持外效应不变，但必须附加一个力偶，其力偶矩等于原力 F 对新的作用点之矩。

1.5　平面一般力系的简化与平衡

1.5.1　平面一般力系的简化

各力的作用线在平面内任意分布的力系称为平面任意力系，在实际应用中我们可以根据力的平移定理对平面一般力系进行简化。

假设刚体内作用由 F_1、F_2、F_3 组成的一般平面力系，如图 1-16 所示，取刚体内任意点 O 为简化中心，根据力的平移定理，将三个力分别平移到 O 点，得到以 O 点为交汇中心点的平面汇交力系 F_1'、F_2'、F_3'和一个附加的平面力偶系，其力偶矩分别为原力系中各力对 O 点的矩，为 $M_{O1}=M_O(F_1)$、$M_{O2}=M_O(F_2)$、$M_{O3}=M_O(F_3)$，由此可以得出，平面一般力系向一点简化可以得到一个平面汇交力系和一个附加的平面力偶系。

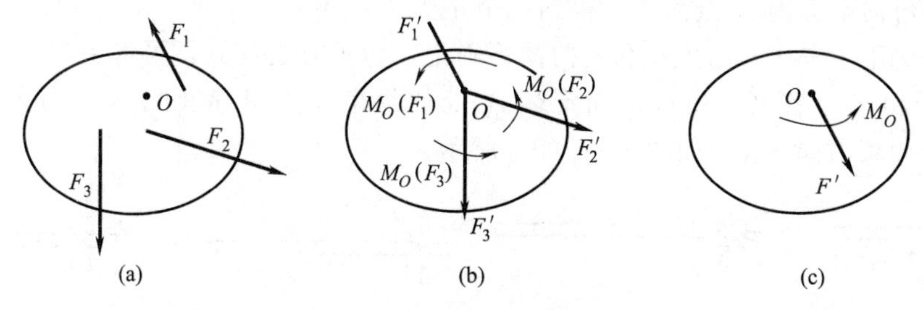

图 1-16　平面一般力系的简化

综上所述，平面汇交力系中的力又可以根据力的合成定理合成为一个力，即：

$$F'=F_1'+F_2'+F_3'$$

附加力偶系又可以合成一个合力偶 M_O。即：

$$M_O=M_{O1}+M_{O2}+M_{O3}=M_O(F_1)+M_O(F_2)+M_O(F_3)$$

同理可推出 n 个力组成的平面一般力系，有：

$$F'=F_1'+F_2'+\cdots+F_n'=F_1+F_2+\cdots+F_n=\sum F_i \tag{1-9}$$

式中，矢量 F'称为原力系的主矢。

$$M_O=M_{O1}+M_{O2}+\cdots+M_{On}=M_O(F_1)+M_O(F_2)+\cdots+M_O(F_n)=\sum M_O(\boldsymbol{F}_i) \tag{1-10}$$

式中，M_O 称为原力系对简化中心 O 点的主矩。

由此得出结论：平面一般力系可以简化为一个主矢和一个主矩。

1.5.2　平面一般力系的平衡条件

平面一般力系平衡的充要条件是：力系的主矢等于零且力系对于平面内任一点的主矩等于零。该平衡条件可用解析式表示为：

$$\left.\begin{aligned}\sum F_x=0\\ \sum F_y=0\\ \sum M_O(F_i)=0\end{aligned}\right\}\qquad(1\text{-}11)$$

式(1-11)是平面一般力系平衡方程的基本形式。其中前两个方程称为投影方程，后一个方程称为力矩方程。根据三个独立的平衡方程，可以求解三个未知力。

平面一般力系的平衡方程还可以写成如下两种形式：

$$\left.\begin{aligned}\sum F_x=0\\ \sum M_A=0\\ \sum M_B=0\end{aligned}\right\}\qquad(1\text{-}12)$$

式(1-12)称为“两矩式”，式中 A、B 两个矩心的连线不能与 x 轴垂直。

$$\left.\begin{aligned}\sum M_A=0\\ \sum M_B=0\\ \sum M_C=0\end{aligned}\right\}\qquad(1\text{-}13)$$

式(1-13)称为“三矩式”，式中 A、B、C 三点不得共线。

1.5.3 固定端约束的受力分析

如图 1-17（a）所示，梁的一端嵌在墙里完全被固定，称为固定端约束。在外力作用下，固定端梁与墙接触的各点受到的约束反力大小和方向都不确定，如图 1-17（b）所示。这群力可向平面内 A 点简化，得到一个主矢 F_A 和一个主矩 M_A，如图 1-17（c）所示。一般情况下主矢 F_A 的大小和方向都不确定，为了方便计算，可将主矢 F_A 用两个约束反力 F_{Ax} 和 F_{Ay} 代替。所以，固定端 A 处的约束反力可简化为两个约束反力 F_{Ax}、F_{Ay} 和一个约束力偶 M_A，如图 1-17（d）所示。

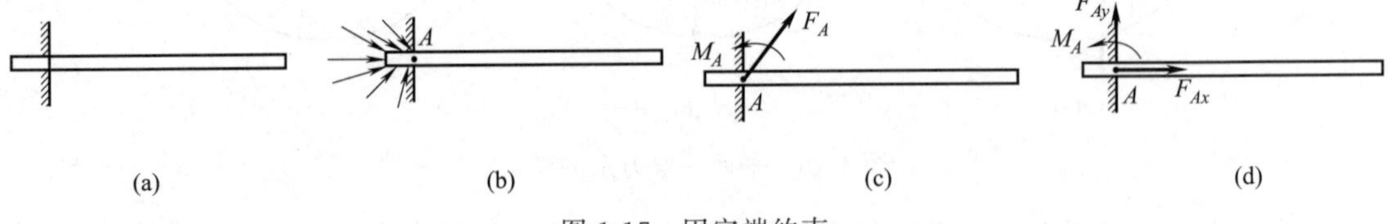

图 1-17 固定端约束

【例 1-3】 梁载荷及尺寸如图 1-18 所示，已知 $a=2\text{m}$，$P=100\text{N}$，$M=20\text{N}\cdot\text{m}$，自重不计，求支座 A 的反力。

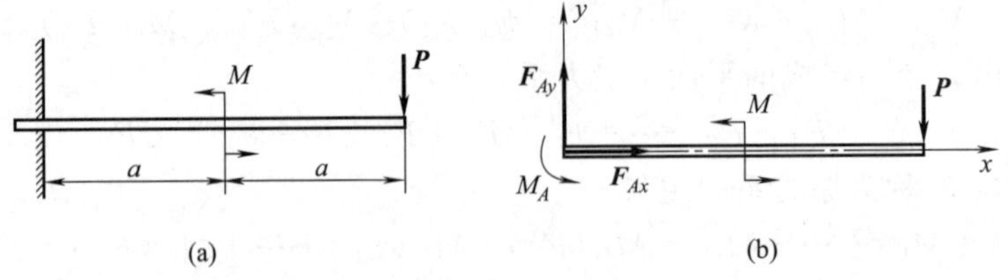

图 1-18 例题 1-3 附图

解 ① 取悬臂梁为研究对象。

② 作受力分析。主动力为 P，梁左端为固定端约束，其受力图如图 1-18（b）所示。

③ 列平衡方程。

$$\sum F_x=0,\quad F_{Ax}=0$$

$$\sum F_y=0,\quad F_{Ay}-P=0$$

$$\sum M_A(F)=0,\quad M_A-M-P\cdot 2a=0$$

解上述方程，得：

$$F_{Ax}=0, F_{Ay}=100\text{N}, \quad M_A=420\text{N}\cdot\text{m}$$

【例 1-4】 图 1-19 所示的水平横梁 AB，自重不计。梁的长为 $4a$，在梁上施加有均布载荷 q 和力偶，力偶矩 $M=qa$。试求 A 和 B 处的支座反力。

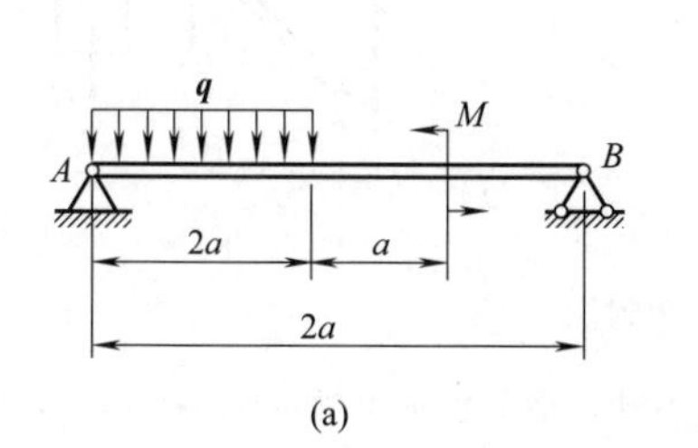

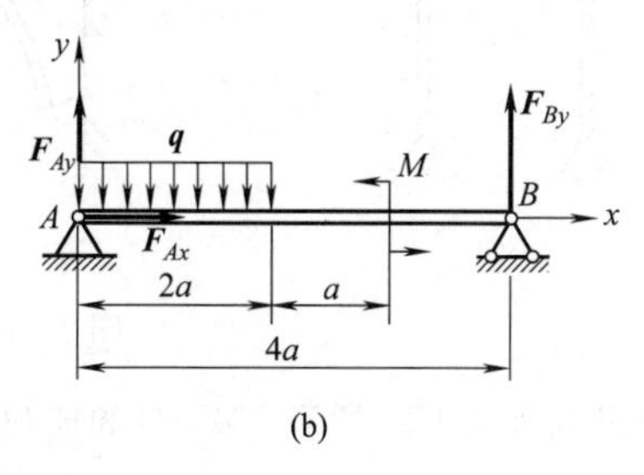

图 1-19　例题 1-4 附图

解　① 取梁 AB 为研究对象。

② 作受力分析。梁 A 端为固定铰链支座约束，梁 B 端为滚动铰链支座约束，如图 1-19（b）所示。

③ 列平衡方程。

$$\sum F_x=0, \qquad F_{Ax}=0$$

$$\sum F_y=0, \qquad F_{Ay}-q\cdot 2a+F_{By}=0$$

$$\sum M_A(F)=0, \qquad -q\cdot 2a\cdot a+M+F_{By}\cdot 4a=0$$

解上述方程式，得：

$$F_{Ax}=0, \ F_{By}=\frac{3}{4}q, \ F_{Ay}=2qa-\frac{3}{4}q$$

习题

1-1　画出图 1-20 所示物体的受力图。

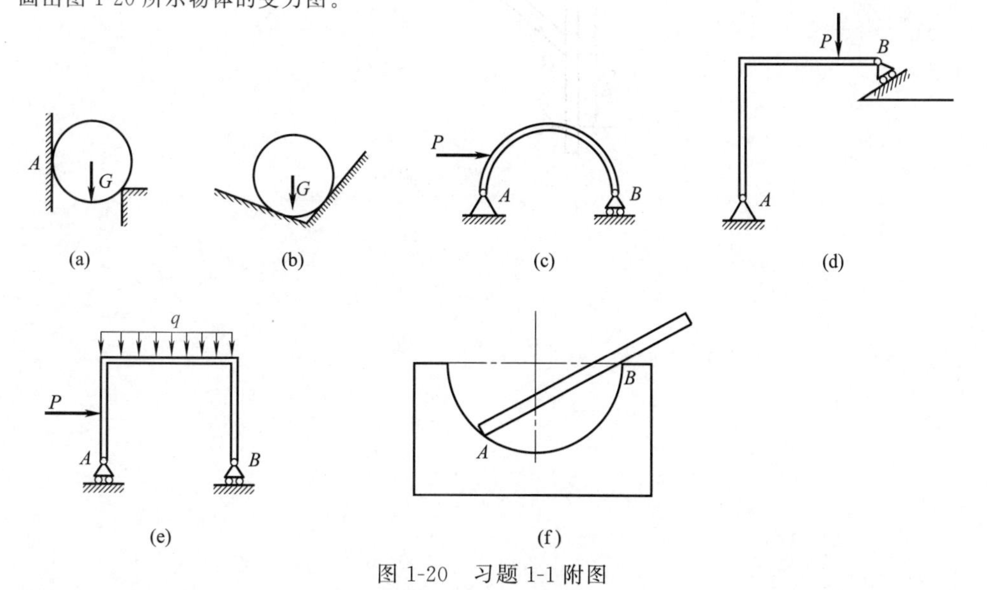

图 1-20　习题 1-1 附图

1-2 画出图 1-21 所示机构中各物体的受力图。

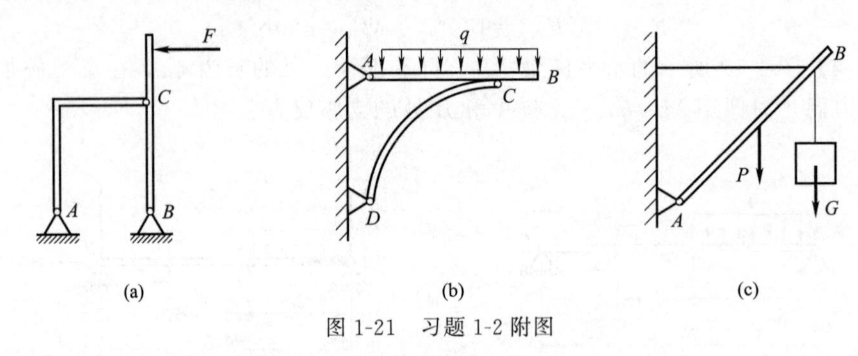

图 1-21 习题 1-2 附图

1-3 一起重机构如图 1-22 所示，梁 AD 和杆 BC 自重均不计，请分别画出梁 AD、杆 BC 及机构整体的受力图。

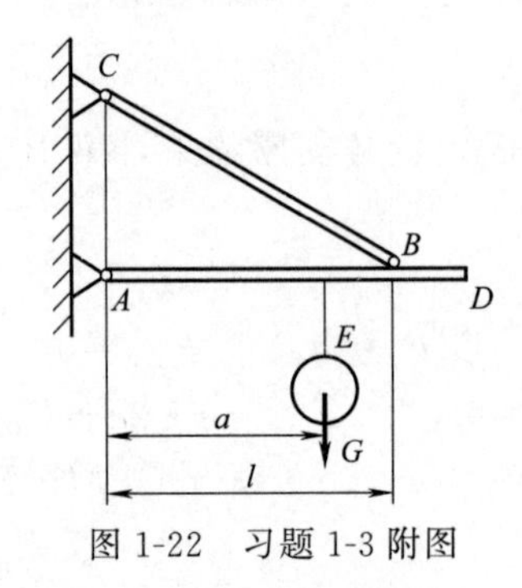

图 1-22 习题 1-3 附图

1-4 已知：$P=200\text{N}$，$q=200\text{N}\cdot\text{m}$，$a=2\text{m}$，如图 1-23 所示。求固定端 A 的约束反力。

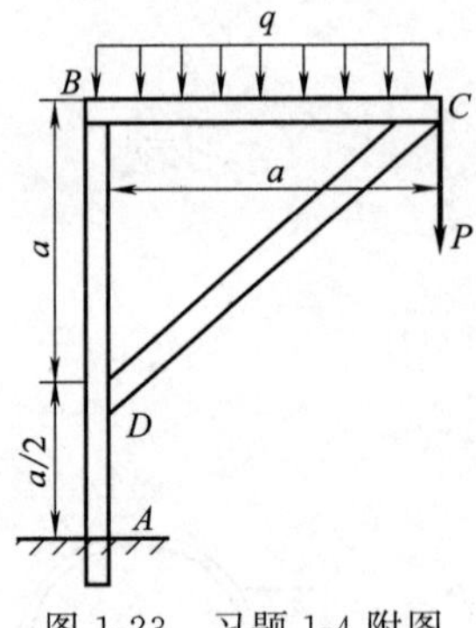

图 1-23 习题 1-4 附图

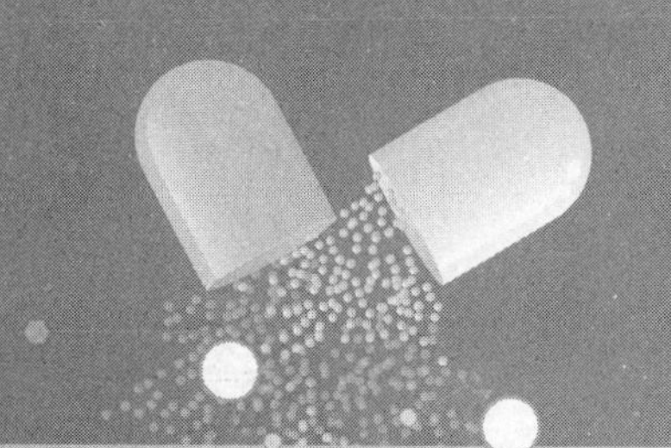

第2章 制药设备常用金属的力学性能

2.1 弹性变形与内力

2.1.1 变形与内力的概念

静力学以刚体为研究对象，而材料力学则以变形体为研究对象。变形体在外载作用下会发生变形，其中外载卸除后能完全或部分恢复的变形称为弹性变形，而不能恢复的变形称为塑性变形或残余变形。

工程中，长度远比横截面尺寸大的构件，称为杆件。若杆件轴线是直线、各横截面尺寸都相等，称等截面直杆；若构件的厚度尺寸远比长和宽的尺寸小，这样的构件称薄板或壳（如球罐、圆筒体和法兰等）；若构件的三维尺寸都较接近，则该构件称块。材料力学主要研究杆件在弹性范围内的受力性质。

杆件在外力作用下的变形主要有拉伸或压缩、剪切、扭转和平面弯曲等，如表2-1所示。

表2-1 杆件的基本变形形式

基本变形形式	变形简图	应用实例
拉伸、压缩	P P P P	连接容器法兰用螺栓、容器立式支腿
剪切	P P	耳式支座与筒体间的焊缝、键、销等
扭转	M M	搅拌器的轴
弯曲	M M	卧式容器、受水平风载的塔体

杆件内部本来就有内力存在，但杆件在外力作用下发生变形时，其内部各质点间的相对位置要发生改变，各质点间原有的相互作用力也必然发生变化。这种由于外力作用而引起的各质点间相互作用力的改变量，称为“附加内力”，简称内力。内力总是伴随着杆件的变形而产生，具有抵抗外力、阻止其使杆件进一步变形，而且在外力去除后使杆件变形消失的特性。某一材料内力的增大是有一定的限度的，超过限度就要破坏。内力分析是解决杆件强度、刚度和稳定性问题的基础。

2.1.2 直杆受拉（压）时的内力

工程中，直杆拉伸与压缩是最常见的一种基本变形。例如，起吊设备时的绳索和连接容器法兰用的螺栓（图2-1），它们所受的都是拉力；容器的立式支腿（图2-2），则受的是压力。

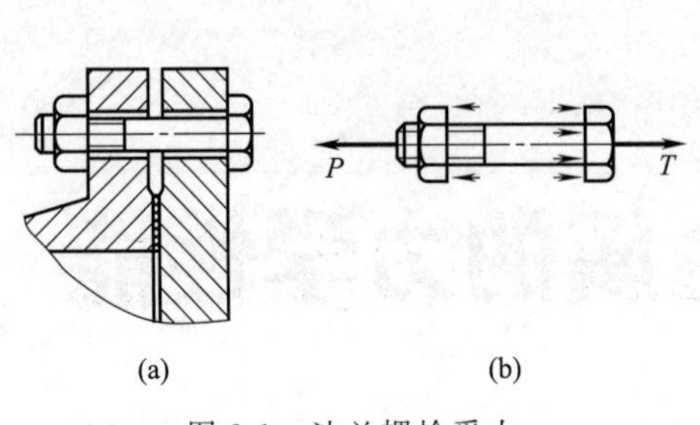

图 2-1　法兰螺栓受力

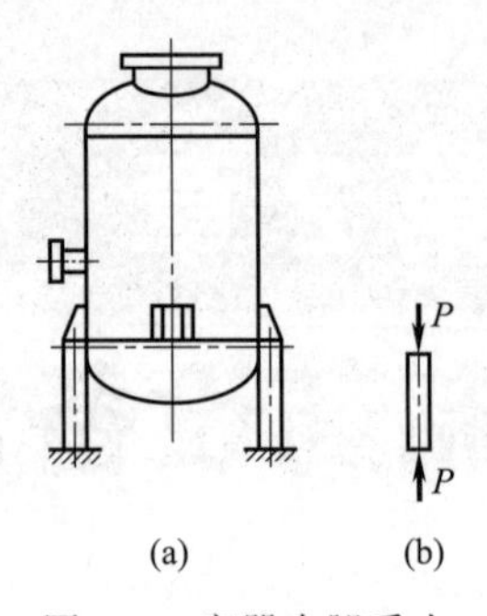

图 2-2　容器支腿受力

拉伸和压缩时的受力特点是：沿着杆件的轴线方向作用一对大小相等、方向相反的外力。当外力背离杆件时称为轴向拉伸，外力指向杆件时称为轴向压缩。其变形特点是：拉伸时杆件沿轴向伸长，横向尺寸缩小；压缩时杆件沿轴向缩短，横向尺寸增大。

求拉压杆内力可采用截面法，即在所求位置用假想截面把杆件截开，暴露内力，依平衡条件求出内力。

图 2-3（a）所示的杆件 AB，假想用垂直于杆件轴线的 m—n 平面上截开，分成 C、D 两部分。以任一部分为研究对象（例如以 D 为研究对象），进行受力分析。由于 AB 杆是平衡的，因而 D 部分也必然平衡。在 D 部分除了外力 P 外，横截面 m—n 上还有 C 部分对 D 部分的作用力 N。这就是横截面 m—n 上的内力，如图 2-3（b）所示。根据平衡条件，可求出内力 N 的大小：

$$\sum F_y=0, N-P=0$$

则 $N=P$

拉伸压缩杆的内力称为轴力，离开横截面的轴力（拉力）为正，指向横截面的轴力（压力）为负。

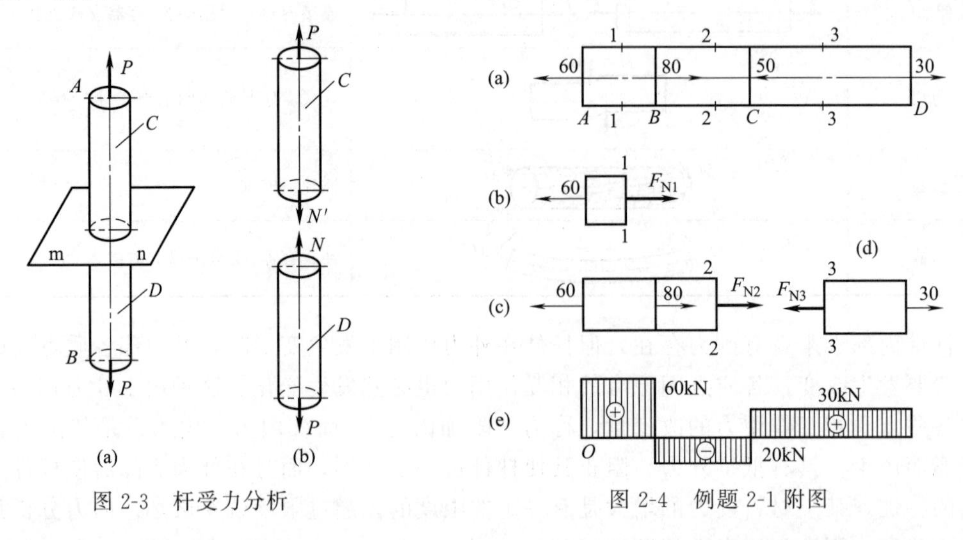

图 2-3　杆受力分析

图 2-4　例题 2-1 附图

当杆件上载荷较多或变化较复杂时，为更好地分析危险面或计算轴向变形，工程上往往用轴力图表示轴力沿杆长的变化情况。轴力图中横轴代表截面位置，纵轴代表对应截面的轴力代数值。

作轴力图时需注意以下两个问题：①轴力图与受力物体的轴向应对齐；②图中应标注

受力的特征值及正负号。

【例 2-1】 一等截面直杆，受力情况如图 2-4（a）所示，试绘制其轴力图（力的单位为 kN）。

解 ① 计算各段轴力。对于 AB 段，假想在其中任意位置 1—1 处截开，取左段分析，右段对左段的作用力，用 F_{N1} 表示，先假设力 F_{N1} 方向为拉（正），如图 2-4（b）所示。

$$\sum X=0, F_{N1}-60=0$$

得 $F_{N1}=60\text{kN}$，为拉力。

同理，对 BC 段，假想在 2—2 处截开，取左段分析，右段对左段的作用力用 F_{N2} 表示，同样先假设为拉，如图 2-4（c）所示，则

$$\sum X=0, F_{N2}+80-60=0$$

得 $F_{N2}=-20\text{kN}$，为压力。

对于 CD 段，假想在 3—3 处截开取右段分析，左段对右段的作用力用 F_{N3} 表示（先假设为拉），如图 2-4（d）所示，则

$$\sum X=0, 30-F_{N3}=0$$

得 $F_{N3}=30\text{kN}$，为拉力。

② 作轴力图如图 2-4（e）所示，最大轴力在 AB 段，受拉。

2.1.3 受拉（压）直杆内的应力

用截面法只能求出杆件截面上内力的总和，不能直接判断杆件是否会发生破坏。如用相同材料制成的粗细不同的杆件，在相同的拉力作用下，内力相同，但细杆显然比粗杆易断。因此，杆件的变形及破坏仅用内力分析还不够，还需知道承受内力的杆件横截面大小及内力在截面上的分布情况。

杆件单位横截面上所承受的内力数值称为应力，应力决定杆件的强度及变形。应力的单位是 N/m^2，称为帕（Pa），因为 Pa 单位太小，工程实际中往往取 10^6Pa 即 MPa 作为应力单位。

（1）横截面上的应力

取一等截面的直杆，在其外圆柱表面画出两条横向圆周线，表示杆的两个横截面（离开力作用端点一定距离）(图 2-5)。在两条圆周线之间，画出数条与轴线平行的纵向线 1—1、2—2 等。然后在杆的两端沿轴线作用一对拉力 P，可见变形前的圆周线 n—n 与 m—m，变形后仍是圆周线。变形前的纵向平行直线 1—1、2—2 变形后仍为纵向平行直线，它们的伸长量相等。

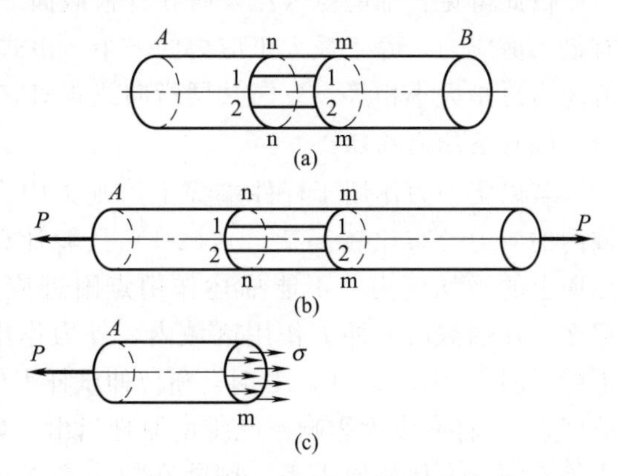

图 2-5　横截面上的应力分析

根据以上现象可以作出如下假设：变形前为平面的杆件截面，在发生拉压变形后，仍然保持为平面，即平截面假设。由此推断：杆件受轴向拉（压）时，所有纵向纤维的伸长（缩短）均相同。进一步推知，拉压杆横截面上的应力是均匀分布的，方向与横截面垂直，如图 2-5（c）所示。

如果杆件轴力为 N，横截面面积为 A，则应力大小为：

$$\sigma=\frac{N}{A} \tag{2-1}$$

这就是直杆受轴向拉压时横截面上的应力计算公式。应力 σ 与截面法向一致，称为正应力。应力的正负与轴力相同，拉伸时的正应力为正，压缩时的正应力为负。

（2）斜截面上的应力

轴向拉压时，直杆横截面上的正应力是强度计算的依据。但实验表明，拉（压）杆的破坏并不是都沿着横截面发生的，有时却是沿斜截面发生的，为此，应进一步研究斜截面上的应力。

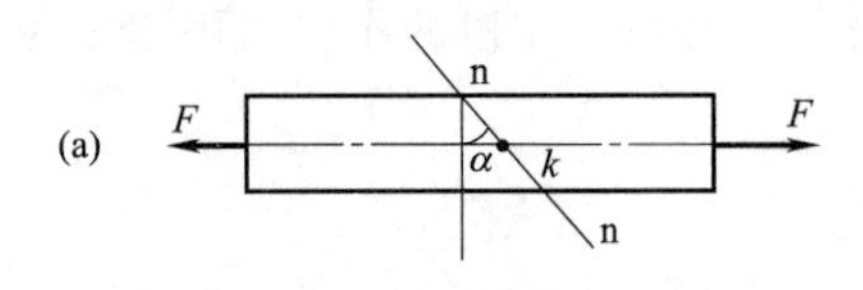

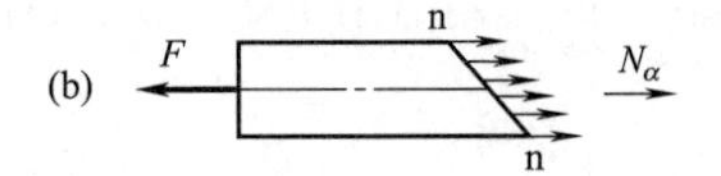

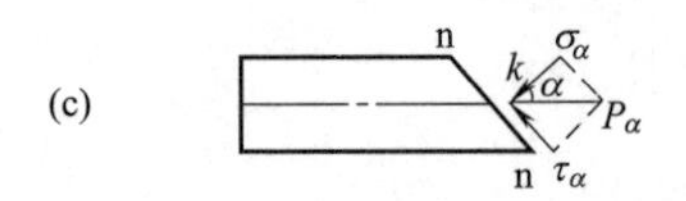

图 2-6　斜截面上的应力分析

对于轴向拉伸杆件，在如图 2-6（a）所示倾斜角为 α 的 n—n 斜截面上，由平截面假设可知，各点的轴向应力仍应均匀分布，如图 2-6（b）所示。根据平衡条件可得斜截面上的内力 $N_\alpha = F$，且斜截面的面积 $A_\alpha = A/\cos\alpha$，于是在斜截面上各点的应力：

$$P_\alpha = \frac{N_\alpha}{A_\alpha} = \frac{F}{A}\cos\alpha = \sigma\cos\alpha \tag{2-2}$$

将斜截面上任一点的应力 P_α 分解为沿斜截面法线方向和切线方向的两个应力分量，如图 2-6（c）所示。法向应力分量就是斜截面上各点的正应力，用 σ_α 表示，拉为正，压为负；切向应力分量与斜截面重合，称为斜截面上各点的剪应力，用 τ_α 表示，以外法线顺时针转 90°所指方向为正，反之为负，具体有：

$$\left.\begin{aligned}\sigma_\alpha &= P_\alpha\cos\alpha = \sigma\cos^2\alpha \\ \tau_\alpha &= P_\alpha\sin\alpha = \sigma\cos\alpha\cdot\sin\alpha = \frac{\sigma}{2}\sin2\alpha\end{aligned}\right\} \tag{2-3}$$

从式(2-3) 可以看出 σ_α 和 τ_α 都是 α 的函数，所以斜截面的方位不同，其上的应力也就不同。

当 $\alpha=0$ 时，$\sigma_\alpha=\sigma_{\max}=\sigma$；当 $\alpha=45°$时，$\tau_\alpha=\tau_{\max}=\sigma/2$

由此可见：轴向拉（压）时在杆横截面上有最大正应力；与杆轴线成 45°的斜截面上有最大剪应力，等于最大正应力的一半。由式(2-3) 还可推知，任两个相互垂直截面上的剪应力总是大小相等，方向共同指向或背离它们的交线，此规律称为剪应力互等定理。

（3）圣维南原理

若以集中力作用于杆件端面上，则集中力作用点附近区域内的应力分布比较复杂，式(2-1) 只能计算这个区域内横截面上的平均应力，不能描述作用点附近应力的真实情况。那么，在端截面上外力作用区域内，外力作用和分布方式的不同 [图 2-7（a）、（b）中钢索和拉伸试样上的拉力作用方式的区别]，将有多大影响？圣维南原理指出：如用与外力系静力等效的合力代替原力系，则除在原力系作用区域内有明显差别外，在离外力作用区域略远处（如距离约等于横截面尺寸处），上述替代的影响非常微小，可不计。该原理已被实验所证实。由此，图 2-7（a）和图 2-7（b）所示杆件虽上端外力的作用方式不同，但可用其合力代替，这就简化成图 2-7（c）所示的计算简图。在距离端面略远处都可用式（2-1）计算应力。

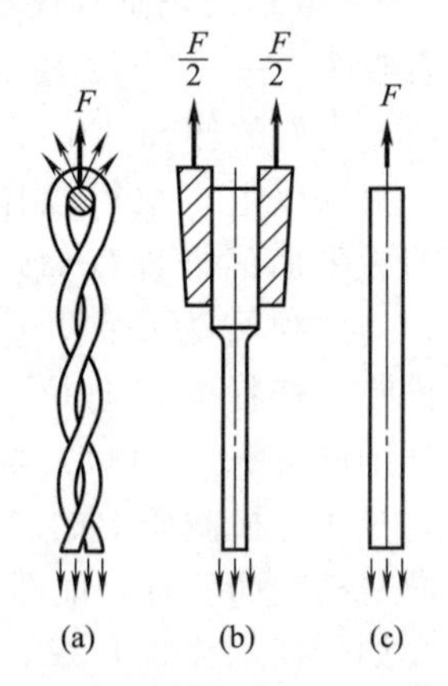

图 2-7　圣维南原理示意图

2.1.4 直杆受拉（压）时的变形

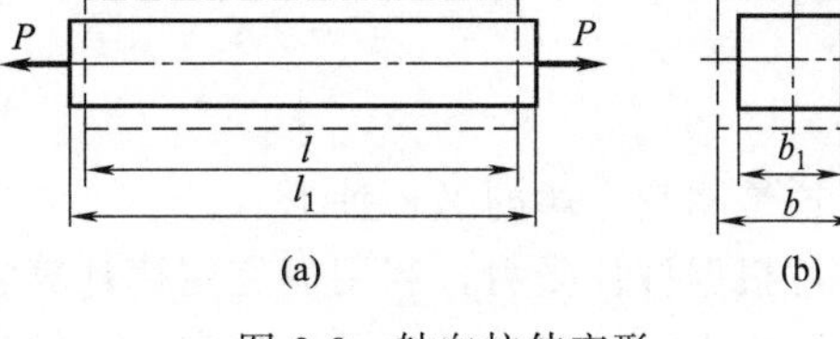

图 2-8　轴向拉伸变形

如图 2-8 所示，当等直杆受轴向载荷作用时，杆的纵向长度和横向尺寸都将发生改变。设原杆长为 l，宽度为 b，受力后杆长度为 l_1，宽度变为 b_1，则杆的纵向绝对变形为：

$$\Delta l = l_1 - l$$

横向绝对变形为

$$\Delta b = b_1 - b$$

由于 Δl 和 Δb 的值与杆的原始尺寸有关，还不能反映它的变形程度。因此引入绝对变形与原始尺寸的比值，即线应变，以此来衡量杆的变形程度。

$$\text{纵向线应变}: \varepsilon = \Delta l / l \tag{2-4}$$

$$\text{横向线应变}: \varepsilon' = \Delta b / b \tag{2-5}$$

ε 和 ε' 均无量纲。当杆受拉伸时，Δl 和 ε 是正值，而 Δb 和 ε' 是负值；受压缩时其符号相反。

对同一种材料，在弹性范围内，横向线应变和纵向线应变比值的绝对值是一常数，即：

$$\mu = \left| \frac{\varepsilon'}{\varepsilon} \right| \tag{2-6}$$

$$\text{即}: \varepsilon' = -\mu\varepsilon \tag{2-7}$$

式中　μ 表示泊松比。

试验研究表明，受轴向拉（压）的等直杆，其应力和应变之间也存在一定的关系，即当应力不超过材料的某一限度时，横截面上的正应力与纵向线应变 ε 成正比，即 σ/ε，引进比例系数 E，得：

$$\sigma = E\varepsilon \tag{2-8}$$

式(2-8) 称为胡克定律。比例系数 E 称为材料的弹性模量，它表示在拉（压）时，材料抵抗变形的能力。因为应变 ε 没有量纲，故 E 的量纲与 σ 相同，常用单位是吉帕(GPa)，$1\text{GPa} = 10^9\text{Pa}$。

弹性模量 E 和泊松比 μ 随材料而不同，通常由试验方法测定。几种常用材料的 E、μ 和 G 值见表 2-2。

表 2-2　常用材料的弹性模量 E、泊松比 μ 及剪切模量 G

材料	E/GPa	μ	G/GPa
碳钢	196～206	0.24～0.28	78.4～79.4
合金钢	186～216	0.24～0.33	79.4
铸铁	113～157	0.23～0.27	44.1
球墨铸铁	157	0.25～0.29	60.8～62.7
铝及其合金	71	0.33	25.5～26.5
铜及其合金	73～157	0.31～0.42	39.2～45.1
玻璃	56	0.25	22
橡胶	0.08	0.47	
混凝土	14～35	0.16～0.18	
木材(顺纹)	9.8～11.8		0.539

将式(2-1) 和式(2-4) 代入式(2-8)，整理后得：

$$\Delta l=\frac{Nl}{EA} \tag{2-9}$$

这是胡克定律的另一种形式。

可根据杆件受力，利用胡克定律计算它的变形；也可以通过测定变形，获知受力杆件的实际应力。工程上，就是用精密仪器精确测量压力容器、工程桥梁等构件危险区域上关键点的距离变化量，进而确定对应应变与应力的。

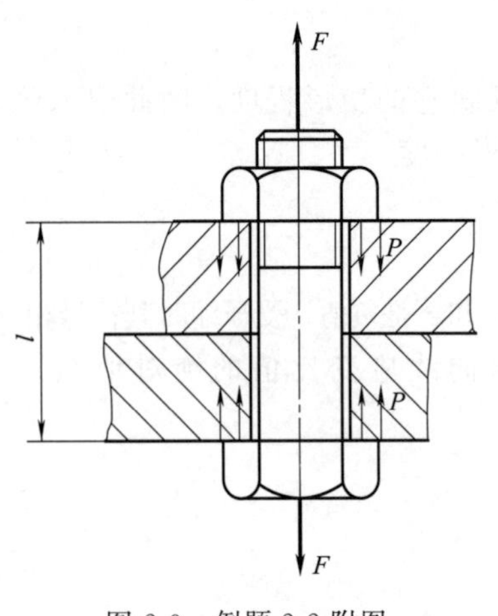

图 2-9 例题 2-2 附图

【例 2-2】 如图 2-9 所示钢板固定结构，螺栓根径 $d=16\text{mm}$，两钢板总厚度 $l=125\text{mm}$。假设钢板受力后不发生变形，在拧紧螺母时，螺栓的绝对伸长量 $\Delta l=0.1\text{mm}$。已知材料弹性模量 $E=2\times10^5\text{MPa}$。试计算螺栓横截面的应力和螺栓对钢板的压紧力 P。

解 由题意知，拧紧螺母后，螺栓的纵向线应变为：

$$\varepsilon=\Delta l/l=\frac{0.1}{125}=0.8\times10^{-3}$$

由胡克定律可求得螺栓横截面上的应力为：

$$\sigma=E\varepsilon=2\times10^5\times0.8\times10^{-3}=160(\text{MPa})$$

螺栓所受拉力为：

$$F=A\sigma=\frac{\pi}{4}\times16^2\times160=32154(\text{N})\approx32.1(\text{kN})$$

由作用力与反作用力定律，螺栓对钢板的压紧力 $P=32.1\text{kN}$。

2.2 材料的力学性能

材料在使用过程中受力（载荷）超过某一限度时，就会发生变形，甚至断裂失效。我们把材料在外力（或外加能量）的作用下抵抗外力所表现的行为，包括变形和抗力，即在外力作用下不产生超限的变形或不被破坏的能力，叫作材料的力学性能。通常用材料在外力作用下表现出来的弹性、塑性、强度、硬度和韧性等特征指标来衡量。这些指标是正确设计及安全使用设备的重要依据。

金属材料在外力作用下所引起的变形和破坏过程，大致可分为三个阶段：弹性变形阶段、弹-塑性变形阶段、断裂。一般断裂有两种形式：断裂之前没有明显的塑性变形阶段，称为脆性断裂；经过大量塑性变形之后才发生断裂，称为韧性断裂。

材料的力学性能指标主要靠试验来测定，下面分别介绍室温下材料的拉伸和压缩试验、冲击试验、硬度试验以及弯曲试验。

2.2.1 拉伸试验

(1) 低碳钢拉伸时的力学性能

取低碳钢材料（如 Q235）按 GB/T 228.1—2010《金属材料 拉伸试验 第 1 部分：室温试验方法》要求，加工成标准圆截面试件，如图 2-10 所示。杆标距长 $l=10d$（长试件）或 $l=5d$（短试件），$d=10\text{mm}$。将试件装在试验机上缓慢增加拉力，对应着每一个拉力 P，试件的标距 l 有一个伸长量 Δl。记录 P 和 Δl 关系的曲线称为拉伸图或 P-Δl 曲线，见图 2-11。试件尺寸的不同会引起拉伸图数据不同，为消除试件尺寸的影响，把拉

力 P 除以试件横截面原始面积 A，得 $\sigma=P/A$，即纵坐标改为横截面上的正应力；同时把伸长量除以原始长 l，得 $\varepsilon=\Delta l/l$，即横坐标改为线应变 ε，从而得 σ-ε 曲线，见图 2-12，此为应力-应变曲线。由图可见，低碳钢在整个拉伸过程中可分为四个阶段。

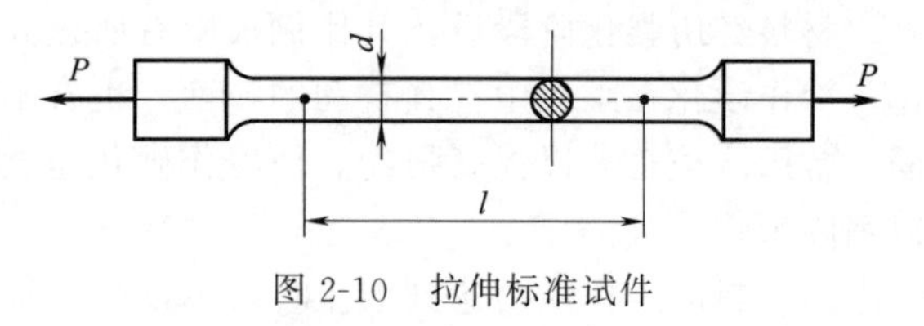

图 2-10　拉伸标准试件

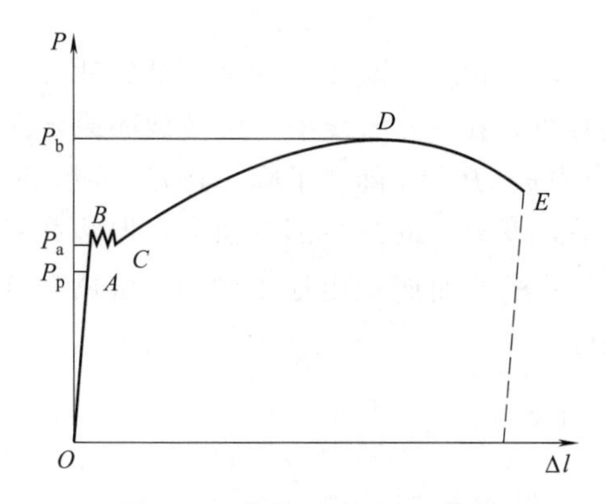

图 2-11　拉伸试验 P-Δl 曲线

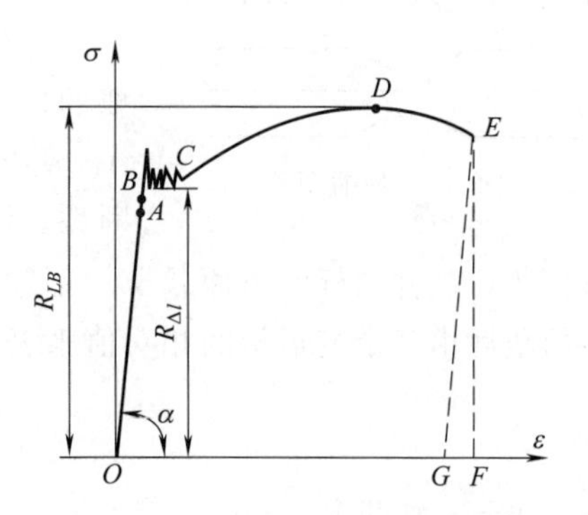

图 2-12　拉伸应力-应变曲线

① 弹性阶段。图 2-9 和图 2-10 中的 OA 阶段。如果试件上所加的力不超过对应的 A 点，则力与变形完全呈线弹性关系，即服从胡克定律。直线部分 A 点对应的应力称为比例极限，该极限是应力与应变成正比的应力最高限。显然在比例极限范围内，存在关系式 $\sigma=E\varepsilon$。E 越大，表示该材料在一定的应力作用下越不易产生弹性应变。由图 2-12 可见：

$$\tan\alpha=\frac{\sigma}{\varepsilon}=E \tag{2-10}$$

即 σ-ε 曲线中直线部分 OA 的斜率等于材料的弹性模量。

超过比例极限 A 点后，到弹性极限 B 还有一小段区间，即在该区间卸去载荷后，变形仍可完全消失，但该区间的 σ 和 ε 之间不再是直线关系。由于弹性极限 σ_e 与比例极限 σ_p 的数值很接近，工程中常认为两者数值相等，有时甚至将这两个名词通用。

② 屈服阶段。当应力大于弹性极限后，σ-ε 曲线接近为一条水平线，正应力 σ 仅作微小波动，而线应变 ε 急剧增加，这说明材料暂时丧失了抵抗变形的能力，这种现象称作屈服，这一阶段称屈服阶段。该阶段最低的应力值称材料的屈服强度，用 R_{eL} 表示。Q235 钢的 $R_{eL}=235$MPa。

磨光试件在屈服时，表面会出现与轴线大致成 45°角的斜线，称为滑移线。这说明在与轴成 45°的斜截面上的最大剪应力，使材料内部晶格产生了沿该力作用方向的滑移。

在屈服阶段，材料发生显著变形，若去掉外力，则一部分变形不能恢复，这种不能恢复的变形称为塑性变形（或永久变形）。材料产生塑性变形将导致零件不能正常工作而失效，因此，屈服强度 R_{eL} 是衡量材料力学性能的一个重要指标。

③ 强化阶段。过屈服点后，材料恢复了抵抗变形的能力。因而要使试件继续变形，必须增大应力，直至到曲线的最高点 D，这种现象称为强化。在图 2-12 中，强化阶段最高点 D 所对应的应力 R_m 是材料所能承受的最大应力，称为材料的强度极限或抗拉强度。对 Q235 钢，$R_m=375\sim460$MPa。

材料经历强化阶段后，其比例极限有所提高，但塑性有所降低，这种现象称为冷作硬化。冷作硬化在工程中有其有利的一面，也有不利的一面。如起重用的钢索和建筑用的钢筋，常用冷拔工艺以提高强度。但冷作硬化也会使一些材料变硬、变脆，需经适当处理，以消除影响。

当材料的工作应力达到 R_m 时，不仅产生很大的塑性变形，而且面临断裂，所以 R_m 是衡量材料力学性能的又一重要指标。

④ 局部颈缩阶段。当应力达到强度极限后，试件薄弱处出现局部横向尺寸的收缩变小现象，称为颈缩（见图 2-13）。

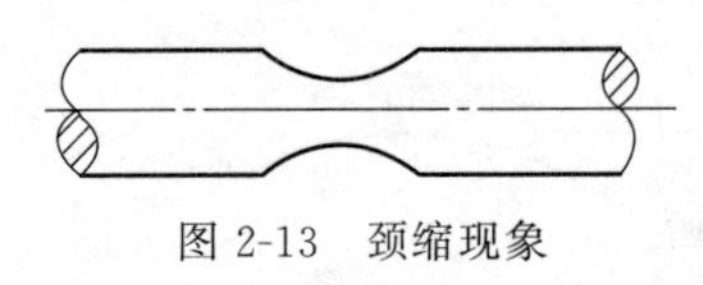

图 2-13　颈缩现象

在颈缩处横截面面积迅速减小，使试件继续伸长所需要的拉力也相应减少，在 σ-ε 曲线中，用横截面原始面积 A_0 算出的名义应力 $\sigma=P/A_0$ 随之下降，到 E 点时，试件断裂。试件断裂后，变形中的弹性部分消失，但塑性部分仍然保留，试件的标距由原长 L_0 变为 L_1，断口处横截面面积由原来的 A_0 缩减为 A_1。材料的塑性由残余变形量的相对值来表示，其中：

$$A=\frac{L_1-L_0}{L_0}\times 100\% \tag{2-11}$$

式中　A——延伸率。

$$Z=\frac{A_0-A_1}{A_0}\times 100\% \tag{2-12}$$

式中　Z——断面收缩率。

A 和 Z 都表示了材料直到拉断时其塑性变形所能达到的最大程度。对于 Q235 钢，$A\approx 26\%$，$Z\approx 60\%$。A 和 Z 愈大，材料的塑性愈好。工程中常将 $A\geqslant 5\%$ 的材料称为塑性材料，如常温静载的低碳钢、铝等；$A<5\%$ 的材料称为脆性材料，如常温静载下的铸铁、玻璃等。应该指出，材料的塑性和脆性的分类是相对的。

(2) 其他塑性材料拉伸时的力学性能

对于 16Mn、18-8 铬镍奥氏体不锈钢、铝、紫铜等，其拉伸的 σ-ε 曲线见图 2-14。与低碳钢相比，其特点是具有良好的塑性；不同点是这些材料没有明显的屈服平台。为此，工程上规定：对这类塑性材料可将试件卸载后产生 0.2% 塑性应变时的应力值，作为材料的名义屈服极限，记 $R_{p0.2}$，其意义相当于 R_{eL}。

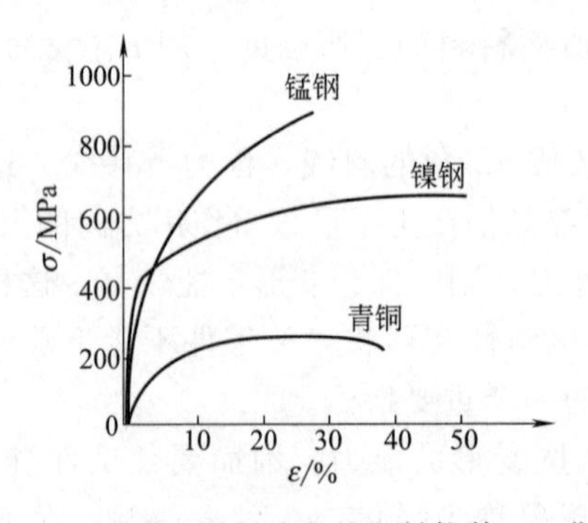

图 2-14　无明显屈服阶段的塑材拉伸 σ-ε 曲线

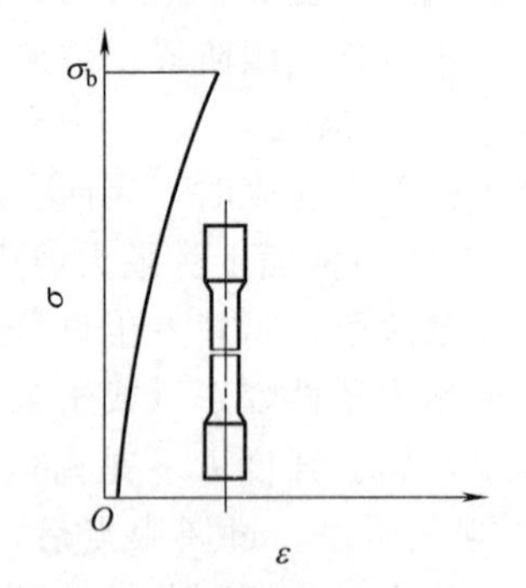

图 2-15　铸铁拉伸 σ-ε 曲线

（3）铸铁拉伸时的力学性能

铸铁拉伸曲线见图 2-15。其特点是：断口平直，与轴线垂直；σ-ε 曲线中没有明显的直线部分，没有屈服和颈缩现象，拉断前的应变很小，延伸率也很小。强度极限是唯一的强度指标。应力较小时可近似用直割线代替此曲线，并认为在这一范围内符合胡克定律，以割线的斜率作为弹性模量，称为割线弹性模量。

2.2.2 压缩试验

① 低碳钢压缩曲线。由图 2-16 可知，在屈服以前，性质与拉伸时相似，曲线重合，且 R_{eL} 值大致相同。当过了屈服强度，试件因压缩变形呈鼓形，横截面积增大，承载能力上升，直至压成饼形也不发生破坏，即低碳钢压缩时得不到抗拉强度。所以，低碳钢的力学性能一般由拉伸试验确定，可不进行压缩试验。

② 铸铁压缩曲线。图 2-17 是灰口铸铁压缩曲线，虚线是铸铁拉伸曲线。铸铁的抗压强度数倍于抗拉强度，压缩时断口的截面与轴线约成 45°角。由此说明，铸铁压缩断裂破坏是最大剪应力作用的结果。

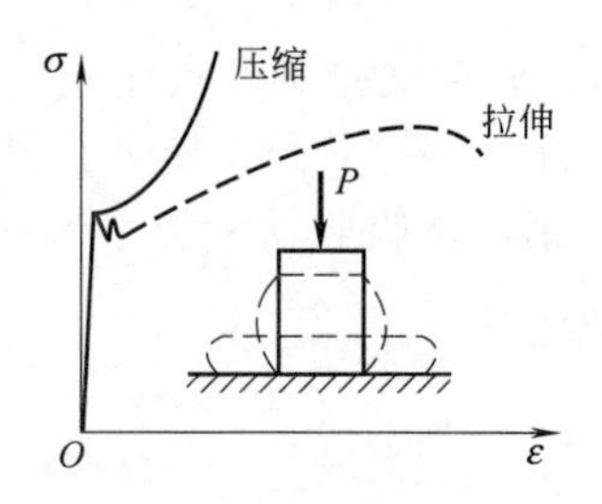

图 2-16　低碳钢压缩 σ-ε 曲线

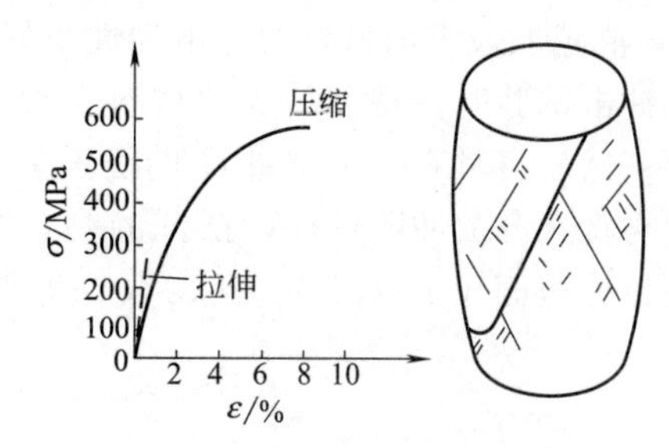

图 2-17　灰口铸铁压缩 σ-ε 曲线

表 2-3 列出了几种常用金属材料在常温静载下的 R_{eL}、R_m 和 A 数值。

表 2-3　几种常用材料的 R_{eL}、R_m、A 值

材料名称		屈服强度 R_{eL}/MPa	抗拉强度 R_m/MPa	延伸率 A/%	用途举例
普通碳素钢	Q235A(B,C)	220～240	375～500	25～27	用于螺栓、螺母、低压储槽、容器、热交换器外壳及底等
优质碳素钢	20	240	410	25	低压设备法兰、换热器管板及减速机轴、蜗杆等
	45	335	570	19	各种运动设备的轴、大齿轮及重要的紧固零件等
低合金钢	16Mn	325	470～620	21	各种压力容器、大型储油罐等
	15MnV	355	490～640	18	制造高压锅炉、高压容器及大型储罐等
不锈耐酸钢	1Cr13	345	540	25	轴、壳体、活塞、活塞杆等
	0Cr18Ni9	205	520	40	阀体、容器及其他零件
灰口铸铁	HT150		120		强度要求不高，有较好耐腐蚀能力的泵壳、容器、塔器、法兰等
	HT250		205		泵壳、容器、齿轮、气缸等
球墨铸铁	QT500-7	320	500	7	用于轴承、蜗轮、受力较大的阀体等
	QT450-10	310	450	10	用于铸造管路附件及阀体等

低碳钢和铸铁在拉压时的表现反映了塑性材料和脆性材料的力学性能。比较两者，可得塑性材料和脆性材料力学性能的主要差别有两个方面：①断裂时，塑性材料有明显塑性变形，而脆性材料变形很小。②拉伸与压缩时，塑性材料的弹性极限、屈服强度和弹性模量都相同，其抗拉和抗压强度也相同；而脆性材料的抗压强度数倍于抗拉强度，因此脆性材料通常用来制造承压零件。应该注意，把材料划分为塑性和脆性两类是相对的、有条件的，随着温度、外力情况等条件的变化，材料的力学性能也会发生变化。

2.2.3 冲击试验

材料的韧性是材料断裂时所需能量的度量，描述指标主要有冲击韧性、无延性转变温度和断裂韧性等。

(1) 冲击韧性

冲击韧性是在冲击载荷作用下，材料抵抗冲击力作用而不被破坏的能力。通常用冲击吸收功 A_K 和冲击韧度 α_K 来度量。冲断标准试样所消耗的功为冲击吸收功，由冲击试验测得，其单位为J；冲击韧度指单位横截面上所消耗的冲击吸收功，其单位为 J/cm^2。A_K 或 α_K 值越大，表示材料的冲击韧性越好。

冲击试验时，将欲测定的材料先加工成标准试样，放在试验机的机座上，如图 2-18 所示；然后将具有一定重量 G 的摆锤举至一定的高度 H_1（图 2-19），使其获得一定的位能，再将其释放冲断试样，摆锤的剩余能量为 GH_2。则冲击吸收功为 $A_K=GH_1$。用试样缺口处截面积 $F(cm^2)$ 去除 A_K，即得到冲击韧性 α_K 值。

$$\alpha_K=\frac{A_K}{F}$$

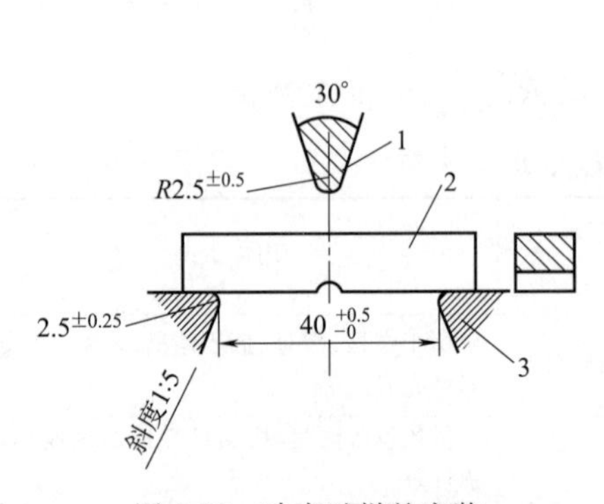

图 2-18 冲击试样的安装

1—摆锤；2—试样；3—机座

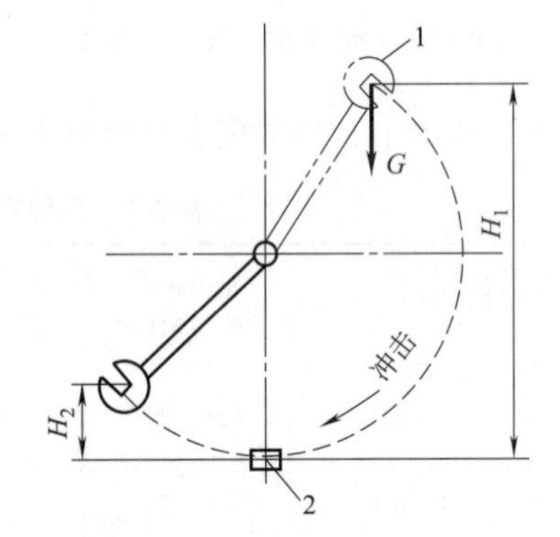

图 2-19 冲击试验原理

1—摆锤；2—试样

韧性可理解为材料在外加动载荷突然袭击时的一种及时并迅速塑性变形的能力。韧性高的材料一般都有较高的塑性指标，但塑性指标较高的材料不一定具有较高的韧性，原因是静载下能够缓慢塑性变形的材料，动载下不一定能迅速地塑性变形。因此，冲击功的高低，取决于材料有无迅速塑性变形的能力。

标准冲击试样上加工有缺口，缺口形状分 V 形和 U 形两种，如图 2-20 所示。相同条件下同一材料制作的两种缺口试样的 α_K 值是不相同的。试验表明，V 形缺口试样的缺口尖端圆角小，可模拟较高的应力集中，反映材料的缺口敏感性，同时对温度变化很敏感，能较好地反映材料的韧性。基于此，世界各国压力容器规范标准都要求压力容器用材采用夏比（V 形缺口）试样进行冲击试验。采用夏比（V 形缺口）试样获得的冲击吸收功称作 A_{KV}。

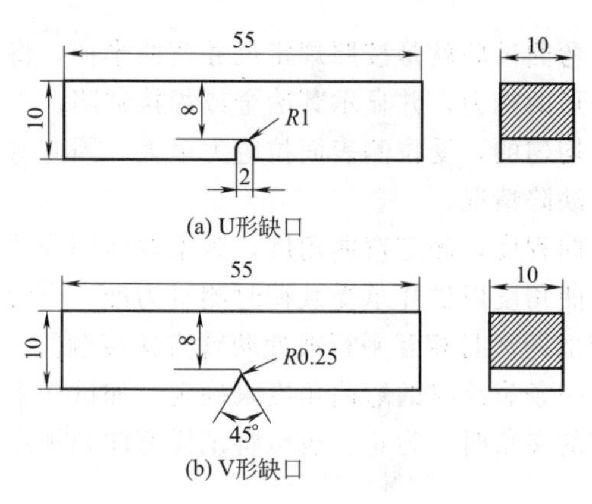

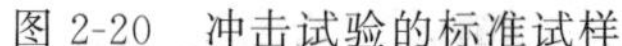

图 2-20　冲击试验的标准试样

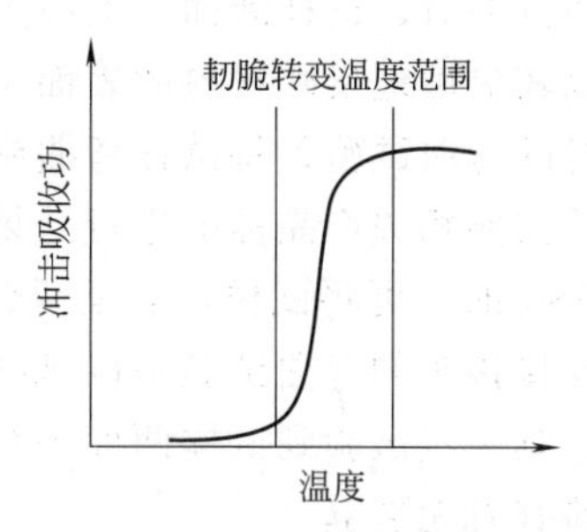

图 2-21　材料冲击吸收功和温度的关系曲线

（2）无延性转变温度

又称无塑性转变温度。在不同温度下测出材料冲击韧性的系列数值，可以发现在某一温度区间随温度 t 降低其韧性值突然明显下降，如图 2-21 所示，即材料从韧性状态变为脆性状态，这一温度被称为材料的无延性转变温度。由该温度可确定材料的最低使用温度。

2.2.4　硬度试验

硬度是材料抵抗局部变形，特别是塑性变形、压痕或划痕的能力。硬度不是一个单纯的物理量，而是反映材料弹性、强度、塑性和韧性等的综合性能指标。通常材料的强度越高，硬度也越高。

硬度测试方法中，应用最多的是压入法，即在一定载荷作用下，采用比工件更硬的压头缓慢压入被测工件表面，使材料局部塑性变形而形成压痕，然后根据压痕面积大小或压痕深度来确定硬度值。当压头和压力一定时，压痕面积愈大或愈深，硬度就愈低。工程上常用的硬度指标可分为布氏硬度（HB）、洛氏硬度（HR）和维氏硬度（HV）等。

① 布氏硬度（HB）。测试原理是施加一定的载荷，将球体（淬火钢球或硬质合金球）压入被测材料的表面，保持一定时间后卸去载荷，根据压痕面积确定硬度大小。其单位面积所受载荷称为布氏硬度。当测试压头为淬火钢球时，以 HBS 表示；当测试压头为硬质合金时，以 HBW 表示。

布氏硬度的特点是比较准确，因此用途广泛。但因为布氏硬度所用的测试压头材料较软，所以不能测试太硬的材料，而且压痕较大，易损坏材料的表面。

金属材料的抗拉强度与布氏硬度 HBS（W）之间，有以下近似经验关系。

对于低碳钢 R_{m}36HBS(W)；对于高碳钢 R_{m}34HBS(W)；对于灰铸铁 R_{m}10HBS(W)。

② 洛氏硬度（HR）。它是由标准压头用规定压力压入被测材料表面，根据压痕深度来确定的硬度值。根据压头的材料及压头所加的负荷大小又可分为 HRA、HRB、HRC 三种。洛氏硬度操作简便、迅速，应用范围广，压痕小，硬度值可直接从表盘上读出，故得到较为广泛的应用。

③ 维氏硬度（HV）。维氏硬度的测试原理与布氏硬度相同，不同点是压头为金刚石方角锥体，所加负荷较小。因而它所测定的硬度值比布氏、洛氏精确，压入深度浅，适于测定经表面处理零件的表面层的硬度；但测定过程比较麻烦。

2.2.5 弯曲试验

金属弯曲试验是一种工艺性能试验方法。弯曲试验就是按照规定尺寸弯曲半径，将试样弯曲至规定程度，以此检验金属承受塑性变形的能力，并显示其冶金或焊接缺陷。

弯曲试验时，试样断面上的应力分布是不均匀的，受拉侧表面拉应力最大。因此弯曲试验可以较灵敏地反映材料的表面工艺质量和缺陷情况。

母材的弯曲试验是将试样弯曲到规定的弯曲程度，测定弯曲角度，观察弯曲部分的外侧，然后按照相关产品标准进行结果评定。弯曲角度以试样承受载荷时测量为准。当弯曲角度为 180°时，可将试样弯曲至两臂相距规定的距离且相互平行或使两臂直接接触。

对焊接接头的弯曲试验是以试样上出现第一条裂纹时的弯曲角度来确定。如试样未出现裂缝，则一直试验到试样两面平行（或规定的夹角时）为止。也可将试样弯曲到规定角度后再检查有无裂缝。

现行的金属弯曲试样试验方法为：GB/T 232—2010《金属材料弯曲试验方法》，GB/T 2653—2008《焊接接头弯曲试验方法》。压力容器行业通用 NB/T 47016—2011《承压设备产品焊接试件的力学性能检验》。

试样弯曲后，应按照相关产品标准的要求评定弯曲试验结果。如未规定具体的要求，试样弯曲外表面无肉眼可见裂纹，则评定为合格。

习题

2-1 低碳钢拉伸时的 σ-ε 曲线有哪些特征点？如何划分四个阶段？低碳钢拉伸有哪些重要指标？与铸铁相比，其抗拉、抗压性能如何？

2-2 试画出图 2-22 所示受力物体的轴力图。

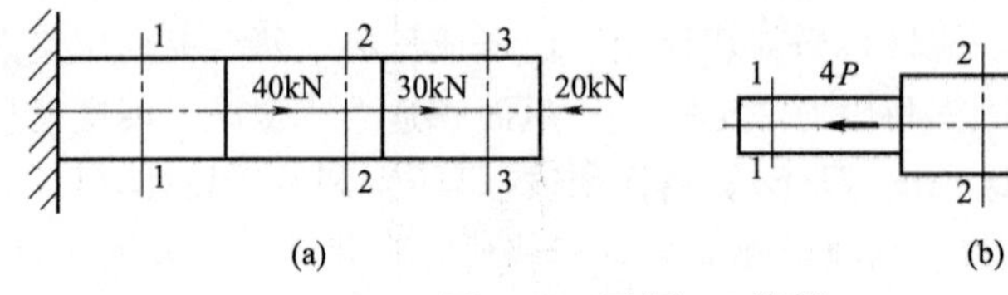

图 2-22 习题 2-2 附图

2-3 如图 2-23 所示，载荷 $F=130$kN，悬挂在两杆上，AC 为钢杆。直径 $d=30$mm，许用应力 $[\sigma_{钢}]=160$MPa，BC 是铝杆，直径 $d=40$mm，许用应力 $[\sigma_{铝}]=60$MPa。已知 $\alpha=30°$，试校核该构件的强度。

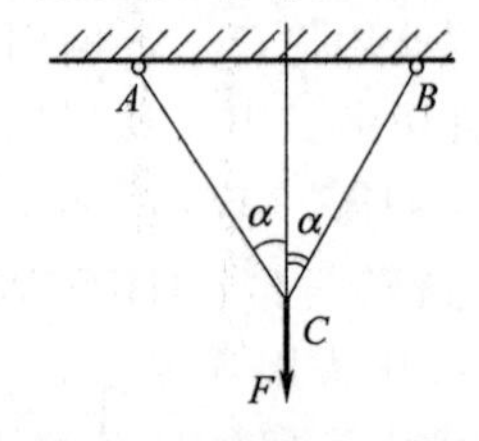

图 2-23 习题 2-3 附图

2-4 如图 2-24 所示，三角架受 $Q=60$kN 作用，AB 杆的材料是 Q235 钢，$[\sigma_{钢}]=160$MPa，BC 杆的材料为木材，许用应力 $[\sigma]=4$MPa。已知 AB、BC 两杆长度相等，试求两杆的横截面面积。

2-5 已知反应釜（图 2-25）端盖上受气体内压力及垫圈上压紧力的合力为 400kN，其法兰连接选用 Q235-A 钢制 M24 的螺栓，螺栓的许用应力 $[\sigma]=54$MPa，由螺纹标准查出 M24 螺栓的根径 $d=20.7$mm。试计算需要多少个螺栓（螺栓是沿圆周均匀分布，螺栓数应取 4 的倍数）。

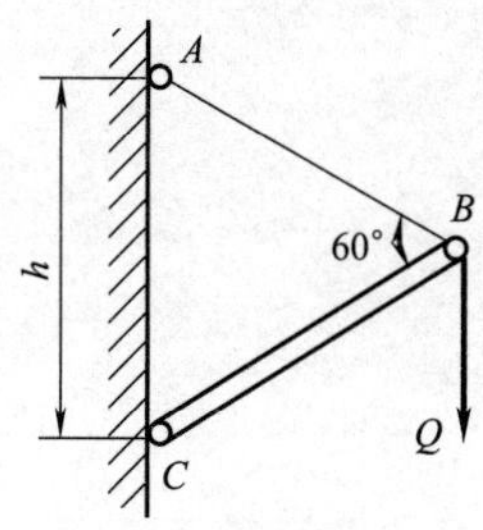

图 2-24　习题 2-4 附图

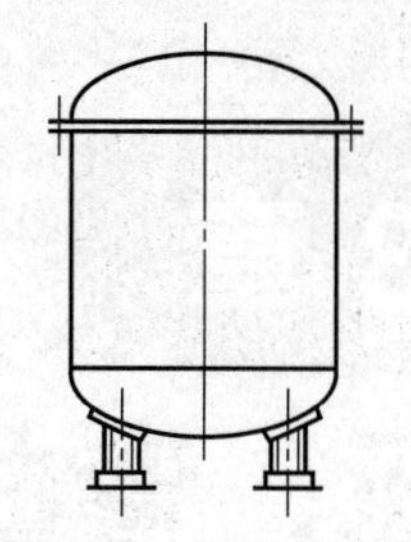

图 2-25　习题 2-5 附图

2-6　列举衡量材料硬度和冲击性能的主要指标。

第3章 拉压、弯曲、扭转

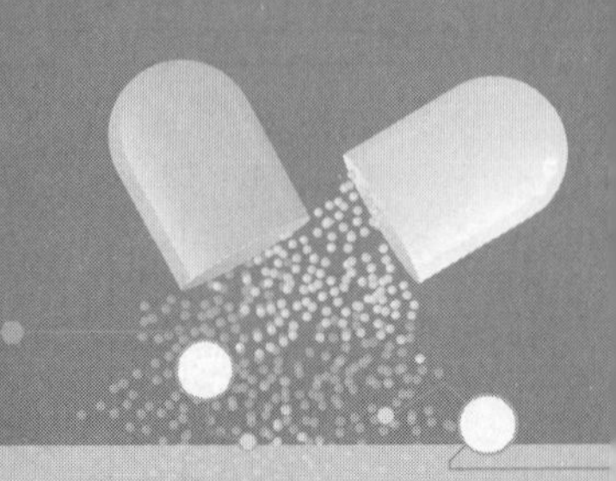

3.1 受拉（压）直杆的强度计算

3.1.1 受拉（压）直杆的材料力学原理

构件受力（载荷）作用时都会发生变形。如果变形小，卸载后构件变形就会消失，这种变形称为弹性变形。如果变形较大，在卸载后构件变形不能完全消失，会保留一部分残余变形，这种变形称为塑性变形。

构件首先要有足够的强度，这是保证受载后不应发生破坏的基本要求。如起重用钢丝绳，在起吊额定重量时不应断裂，应具备足够的强度，即抵抗破坏的能力。其次是足够的刚度，在某些情况下，除要求构件在载荷作用下具有足够的强度外，还要求不发生过大的变形，因为如变形超过一定的限度，也影响机械或构件的正常工作。如法兰或紧固法兰的螺栓变形过大，将会引起法兰连接处物料的泄漏。这就要求构件应具备足够的刚度，即抵抗变形的能力。最后要有足够的稳定性，有些构件当轴向压力增大到一定数值时会突然变弯，偏离原平衡位置，而当外力增到一定值时会突然被压瘪，丧失了保持原来平衡的几何形状的能力。因此，要求构件应具备足够的稳定性，即维持其原有形状的能力。

强度、刚度和稳定性统称为承载能力，这三者是保证构件安全工作的基本要求。当需要提高构件的承载能力时，通常办法是增大构件的截面尺寸或改用优质材料。构件的安全使用及其使用时的经济核算这两方面的要求是相互矛盾的，材料力学就是为正确解决这一矛盾提供必要的理论基础和计算方法。

在外力作用下固体材料都将发生变形，称为变形固体。虽然一般情况下变形都非常微小，但在研究构件的强度、刚度和稳定性等问题时，微小变形会成为主要研究内容。为便于研究，需对固体材料进行某些假设，将其抽象为一种理想模型，然后进行分析。在材料力学中，对变形固体提出的假设有连续均匀性假设、各向同性假设和小变形假设。连续均匀性假设认为，物体的整个体积内都充满了物质，没有空隙，物体内任一部分的力学性质都是相同的，从物质结构而言，实际的变形固体都是有空隙的，但这些空隙的大小和物质的宏观尺寸相比是极其微小的，因而可忽略，而认为物体结构是密实的；各向同性假设认为，材料在各个方向上的力学性质都相同，就常用的金属而言，其单个晶粒的力学性质是有方向性的，但由于物体中所包含晶粒的数量极多、排列完全没规则，故使物体在各个方向上的统计性质大致相同；小变形假设认为，物体在受力后，其形状和尺寸的改变与它的本身尺寸比较起来是微小的。鉴于此，在建立需要用到物体的静力平衡方程时，是可采用变形前的尺寸的，简化计算，在通常情况下，其误差完全可以忽略不计。

在实际生产中遇到的构件，形式多种多样，根据构件的形状特征，大体上可分为杆件、板、壳三类。杆件是纵向尺寸（长度）远大于横向尺寸的构件；板是厚度比长度和宽度小得多的构件；壳是厚度比长度和宽度小得多，但几何形状不是平面而是曲面的构件。

杆件是材料力学中的主要研究对象，杆件在不同的受力情况下，会产生不同的变形。杆件基本变形的形式有：拉伸和压缩变形、剪切变形、弯曲变形和扭转变形。杆的拉伸和压缩变形是当杆件受到作用线与杆的轴线重合的大小相等、方向相反的两个拉力（压力）作用时将产生沿轴线方向的伸长（缩短）变形；剪切变形是当杆件受到作用线与杆的轴线垂直，而又相距很近的大小相等、方向相反的两个力作用时，杆上两个力的中间部分的各个截面将互相错开，这种变形称为剪切变形；弯曲变形是当杆件受到与杆的轴线垂直的力作用（或受到在通过杆的轴向平面内的力偶作用）时，杆的轴线将变成曲线，这种变形称为弯曲变形；扭转变形是当杆件受到垂直于杆件轴线的平面内的大小相等、转向相反的两个力偶作用时，杆件表面的总线（原来平行于轴线的纵向直线）将扭歪成螺旋线，这种变形称为扭转变形。

3.1.2 强度条件的建立与许用应力的确定

物体不受外力作用时，其内部各微粒间有相互作用的力，即物体内部本来就有内力存在，当外力作用于物体时，物体中微粒间的相对位置将发生变化，因而各微粒间的相互作用力也随之改变，内力的这种改变量称为附加内力，通称内力。

为确定横截面上的内力，可沿横截面将杆截开分成两部分，暴露出连续分布的内力，由于整个杆件是平衡的，则截开的各部分也是平衡的，取左段为研究对象，除受外力 F 作用外，要使其保持平衡，在横截面上必须作用有连续分布的力，设其合力为 N，其作用线沿杆件的轴线，见图 3-1。则由平衡方程：

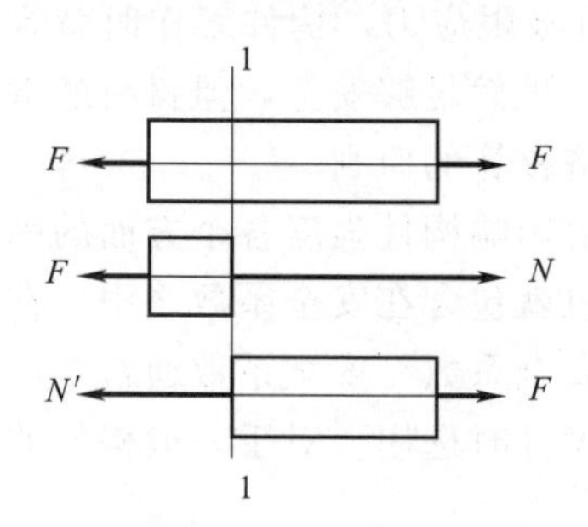

图 3-1 受力分析图

$$\Sigma F_x = 0$$
$$N - F = 0 \tag{3-1}$$
$$N = F$$

根据作用力与反作用力定律，在右段的截面上左段对其右段也必作用有大小相等、方向相反的力 N'。这时内力沿杆的轴线，称为轴力。通常规定：杆件拉伸时，轴力符号为正，杆件压缩时，轴力符号为负。这种取杆件的一部分为研究对象，利用静力平衡方程求内力的方法，称为截面法。用截面法求内力可按以下三个步骤进行：①假想用一截面（常为横截面）将物体截开后分为两部分，弃去一部分，将余下的部分受到的力的作用为研究对象；②弃去部分对留下部分力的作用以内力代替；③对留下部分建立静力平衡方程，根据已知载荷及支座反力来确定未知的原杆件的内力。

上述直杆，沿其轴线只受两个外力的作用，如果作用在杆的轴线方向有两个以上的外力，则在杆件各部分的横截面上的轴力是不同的。若选取一个坐标系，其横坐标表示截面位置，纵坐标表示相应截面上的轴力，便可用图形表示出轴力沿杆件轴线的变化情况，这种图形称为轴力图。

【例 3-1】 一直杆受力情况如图 3-2 所示，截面 A、B、C 上所受的力分别为 $F_1 = 4\text{kN}$，$F_2 = 9\text{kN}$，$F_3 = 5\text{kN}$，试求截面 1—1 和截面 2—2 上的轴力。

解 截面 1—1 上的轴力计算为：

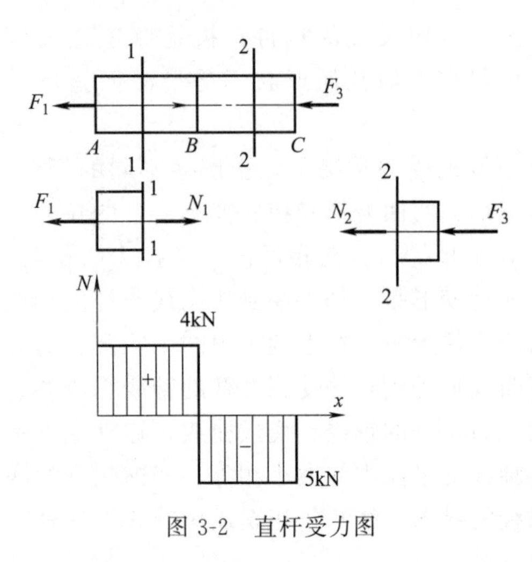

图 3-2 直杆受力图

$$\sum F_x = 0$$

$$N_1 - F_1 = 0$$

$$N_1 = F_1 = 4\text{kN}$$

截面 2—2 上的轴力计算为：

$$\sum F_x = 0$$

$$-N_2 - F_3 = 0$$

$$N_2 = -F_3 = -5\text{kN}$$

用截面法可以求出杆件拉、压时的内力，但并不能判断杆件在某一点的受力强弱程度。实际上，钢杆上任一截面的内力大小都是一样的，只是由于直径小处，内力在截面分布的密集程度（单位面积上的内力）大。所以杆件受力的强弱程度，不仅与内力大小有关，还与杆的横截面面积的大小有关。因此，工程上常用单位面积上的内力的大小来衡量构件受力的强弱程度。构件在外力作用下，单位面积的内力称为应力。

很明显，为保证构件在外力作用下，能安全可靠地工作，必须使构件的最大工作应力小于材料的极限应力。同时，考虑到应使构件足够安全并能有一定的安全储备，一般应该将极限应力除以大于 1 的系数 n，作为构件在工作时所允许产生的最大应力，这个最大的允许应力值就称为许用应力。系数 n 称为安全系数。

因脆性材料在拉伸和压缩时的强度极限是不相等的，所以其拉伸许用应力和压缩许用应力也不相等。

如果安全系数取得过小，即接近于 1，则许用应力就接近极限应力，构件工作时就容易发生危险，如果安全系数取得过大，则许用应力就会偏小，虽然足够安全，但材料的潜力未得到充分发挥，多消耗了材料，构件笨重，还不符合经济核算的原则。

安全系数的选取是个很复杂的问题，要尽可能全面地考虑影响构件强度各个方面的因素。愈重要的构件就应该有较大的安全储备，这种强度储备也就包含在安全系数之中。在不同的机器设备和工程结构的设计中，一般都规定了不同的安全系数。安全系数通常是由国家有关部门统一加以规定，公布在有关的技术规范中，供设计时选用。对于一般构件的设计，安全系数取值的范围为：

对于塑性材料，$n=1.5\sim2.0$；对于脆性材料，$n=2.0\sim4.5$。

塑性材料 n 一般比脆性材料 n 大，主要原因是脆性材料的破坏是以断裂为标志，而塑性材料的破坏则以开始发生一定程度的塑性变形为标志，两者的危险性不同。因此，对脆性材料有必要多给一些强度储备。

为保证拉（压）的杆件具有足够的强度，必须使其最大工作应力不超过材料的许用应力，即：

$$\sigma = \frac{N}{A} \leqslant [\sigma] \tag{3-2}$$

式中 N——截面上的轴力；

A——截面面积。

上公式称为杆件受轴向拉伸或压缩时的强度条件。式中的 N 和 A 分别为危险截面上的轴力与截面面积。对于等截面直杆，当受到几个外力作用时，必有一段轴力最大。轴力最大的横截面上正应力最大。所以轴力最大的截面是危险截面。

利用上述强度条件可以解决工程中三类强度计算问题：

① 强度校核：已知杆件的材料、截面尺寸及所受载荷（即 $[\sigma]$、N 及 A），可用强度条件式来判断杆件工作时是否安全可靠。如 $\sigma \leqslant [\sigma]$，则强度足够；$\sigma > [\sigma]$，则强度不足。

② 设计截面尺寸：已知杆件所受载荷及许用应力（即 N 及 $[\sigma]$），可将上述公式改写成：

$$A \geqslant \frac{N}{[\sigma]} \tag{3-3}$$

由此式可确定所需的横截面面积，然后确定截面尺寸。

③ 确定许可载荷：已知杆件材料及截面尺寸（即 $[\delta]$ 及 A），可用下式算出杆件所能承受的最大轴力：

$$N_{\max} \leqslant [\sigma]A \tag{3-4}$$

然后根据杆件的受力情况，确定杆件所能承担的载荷，即许可载荷。

【例 3-2】 某化工厂管道吊架，见图 3-3，设管道自重对吊杆的作用力为 10kN，吊杆材料为 Q235 钢，许用应力 $[\sigma]=125\text{MPa}$；吊杆选用直径为 8mm 的圆钢，试校核其强度。

解　吊杆横截面上的正应力为

$$\sigma=\frac{N}{A}=\frac{N}{\frac{\pi}{4}d^2}=\frac{4\times 10000}{3.14\times 8^2}\text{MPa}=199\text{MPa}>[\sigma]=125\text{MPa}$$

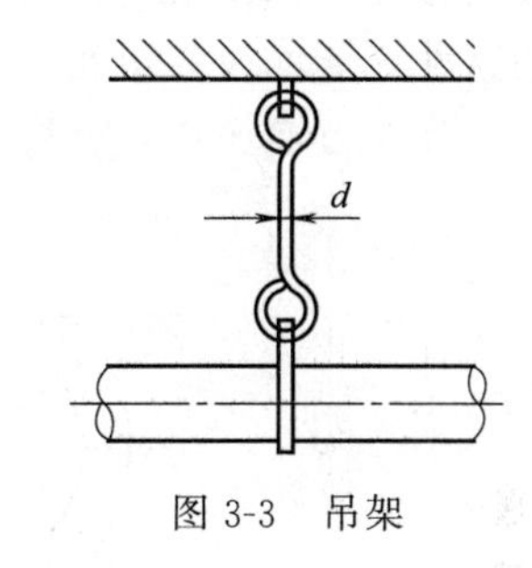

图 3-3　吊架

由强度条件可知，吊杆强度不够。另选 12mm 圆钢：

$$\sigma=\frac{N}{\frac{\pi}{4}d^2}=\frac{4\times 10000}{3.14\times 12^2}\text{MPa}=88.5\text{MPa}<[\sigma]$$

强度足够。

已知杆件所受载荷及所用材料，即已知 N 及 $[\sigma]$，可将式(3-4) 改写成：

$$A \geqslant \frac{N}{[\sigma]} \tag{3-5}$$

由此式可确定所需的横截面面积，然后确定截面尺寸。

【例 3-3】 蒸汽机的汽缸见图 3-4，内径 $D=400\text{mm}$，工作压力 $P=1.2\text{MPa}$，汽缸盖和汽缸用直径为 20mm 的螺栓连接。若活塞杆材料的许用应力为 50MPa，螺栓材料的许用应力为 40MPa，试求活塞杆的直径及螺栓的个数。

解　① 求活塞杆直径　活塞杆所受轴向拉力（即活塞杆横截面上的轴力）为：

$$N \approx P\times\frac{\pi}{4}D^2=1.2\times 0.785\times 400^2\text{N}=150720\text{N}$$

由(3-5) 可得：

$$A=\frac{\pi}{4}d^2 \geqslant \frac{N}{[\sigma]}$$

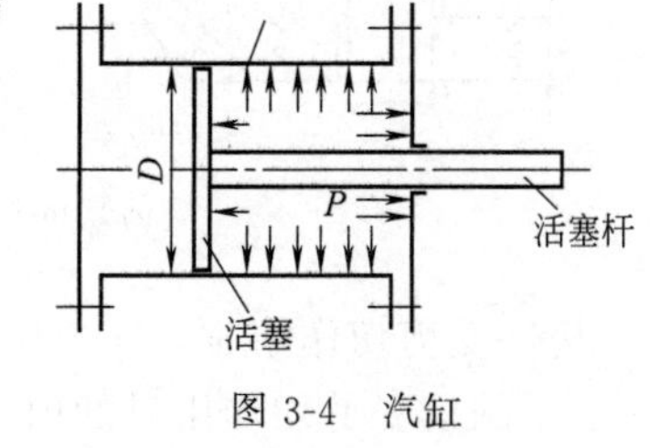

图 3-4　汽缸

则：

$$d \geqslant \sqrt{\frac{N}{0.785[\sigma]}} = \sqrt{\frac{150720}{0.785 \times 50}}\,\text{mm} = 61.96\text{mm}$$

故取活塞杆直径 $d \doteq 62$mm

② 求螺栓个数　设所需螺栓个数为 Z，查得 M2 螺栓的内径 $d_1 = 17.45$mm，则可得：

$$Z\left(\frac{\pi}{4}d_1^2\right) \geqslant \frac{N}{[\sigma]}$$

$$Z \geqslant \frac{N}{0.785 d_1^2 [\sigma]} = \frac{150720}{0.785 \times 17.45^2 \times 40} = 15.76(\text{个})$$

故可知缸体和缸盖的连接应取16个螺栓。

3.1.3 剪切变形与剪力

剪切是构件的另外一种基本变形形式。与研究构件的拉伸（或压缩）一样，构件在剪切时常伴随有挤压产生，所以挤压与剪切一并讨论。

在工程实际中常遇到剪切问题，如连接齿轮与轴的键（见图 3-5）、牵引车挂钩的销钉（见图 3-6）以及在剪床上被下料的钢板（见图 3-7）等，都是工程上常见的受剪切构件的实例。显然，这些构件的受力特点是：作用在构件两侧面上外力的合力，大小相等，方向相反，且作用线相距很近。其变形特点是：两力作用线间的截面发生相对错动。构件的这种变形称为剪切变形，发生相对错动的平面称为剪切面，剪切面平行于作用力的方向。当外力增加到一定数值时，受剪切的构件就沿剪切面被剪断。

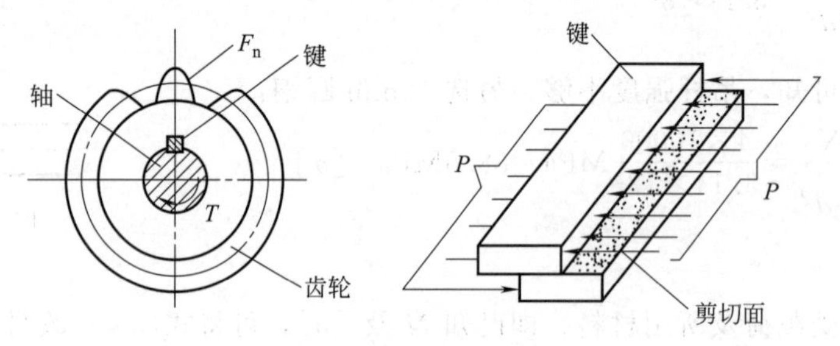

图 3-5　受剪切的键

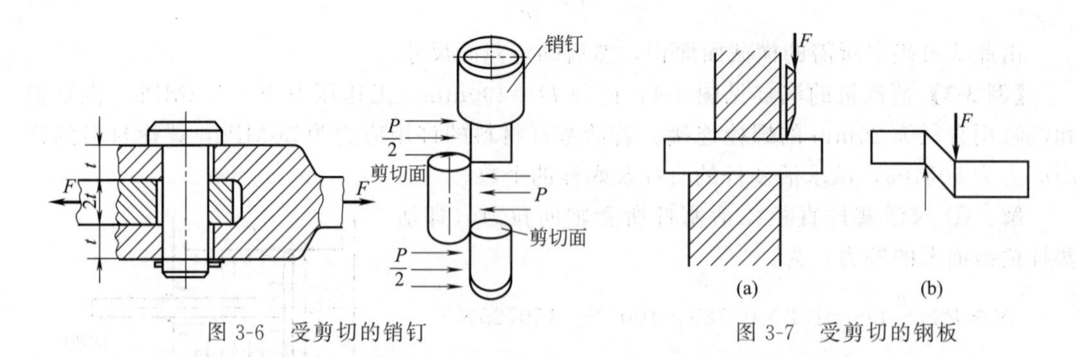

图 3-6　受剪切的销钉

图 3-7　受剪切的钢板

构件受剪切作用时，在剪切面上产生了内力。内力的大小和方向可用截面法求得。图 3-5 所示的键受剪切作用时的内力，可假想键沿其剪切面 m—n 被截开，分成上下两部分，取任一部分研究，见图 3-8。根据平衡条件可知：为保持平衡，必须在剪切面上添加内力 Q，由平衡方程 $\sum X = 0$，可求得内力的大小为：$Q = P$。

内力 Q 与剪切面 m—n 相切，称为切力。用同样方法，也可求出图 3-7 销钉剪切面上的内力，见图 3-9，因此时有两个剪切面，所以：$Q=P/2$。

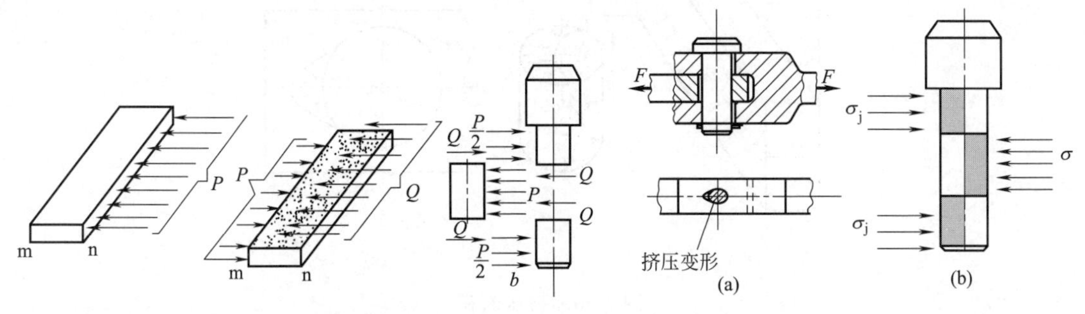

图 3-8　键沿剪切面被截开　　　图 3-9　挤压破坏

由于剪切变形比较复杂，切力 Q 在截面上的分布是不均匀的，而且理论分析和试验研究都难以确定切力 Q 在截面内的真实分布规律，因而在工程计算中，通常假定切力在截面上是均匀分布的。那么，如把作用在每个单位面积上的切力用 τ 表示，则有：

$$\tau=\frac{Q}{A} \tag{3-6}$$

式中　τ——切应力；

A——受剪切构件的剪切面面积。

由式(3-6) 得出的切应力数值，是基于剪切面上的切应力为均匀分布这一假定为前提的，但它与该面上各点的实际应力有出入，故称为名义切应力，实际上就是截面上的平均切应力。

对于承受剪切的构件，除受到剪切作用外，还常同时受到挤压的作用。图 3-6 所示的销钉在受剪切的同时，在销钉与其孔壁之间还受到压力的作用，致使接触表面相互压紧。这种接触表面相互压紧，使表面局部受压的现象称为挤压。两构件相互压紧的表面称为挤压面，作用于挤压面上的压力称为挤压力，以 P_j 表示。由于挤压作用在挤压面上引起的应力，称为挤压应力，以 σ_j 表示。若挤压应力过大，就会使接触处的局部表面发生塑性变形，不是钢板上的圆孔被挤压成长圆孔，就是销钉的侧表面被压溃，或者两者同时发生(见图 3-9)。挤压应力与压缩应力不同，挤压应力只分布于两构件相互接触的局部区域，即只在挤压面的表层内，挤压应力才具有较大的数值，在离挤压面的远处就迅速地减小。而压缩应力则是分布在整个构件内部。在工程中，往往由于挤压应力过大，挤压面产生过大的塑性变形，使连接松动而不能正常工作。

挤压应力在挤压面上的分布比较复杂，假定挤压应力在挤压面上是均匀分布的。于是可得：

$$\sigma_j=\frac{P_j}{A_j} \tag{3-7}$$

式中　P_j——挤压力；

A_j——挤压面积。

挤压面的面积计算要根据具体情况而定。当挤压面为平面时，接触面的面积就是其挤压面；当受挤压的构件是销钉、螺栓、铆钉等圆柱形构件时，挤压面为近半个圆柱面，见图 3-10。

如果受挤压的圆柱面的正投影面积为 A_j，用它除挤压力 P_j，所得的结果与理论分析

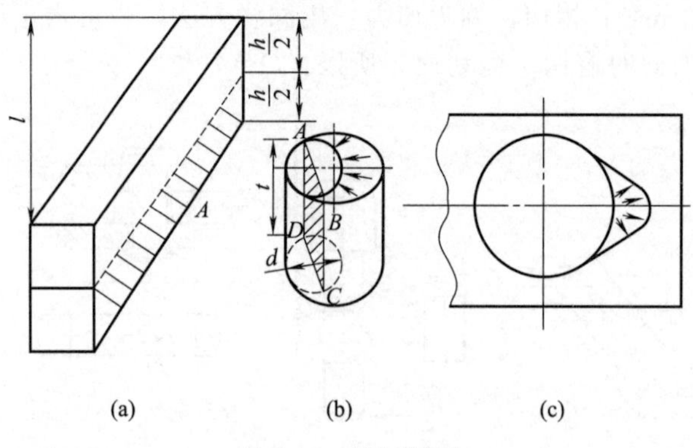

图 3-10 挤压面积

所得的最大挤压应力值相近。因此，圆柱形表面的构件挤压时，其挤压面的面积可按下式计算：

$$A_j = td$$

式中 t——钢板的厚度；

d——销孔或销钉的直径。

解决了剪切和挤压时切应力和挤压应力的计算，就可用来解决剪切和挤压时的强度计算。因为切应力、挤压应力是假定在剪切面和挤压面上均匀分布，所以这种计算称为“假定计算”或“实用计算”。

为了保证构件在剪切和挤压的情况下能安全可靠地工作，就必须将构件的工作应力限制在材料的许用应力范围之内。由此可得构件受剪切和挤压时的强度条件为：

$$\tau = \frac{Q}{A} \leqslant [\tau] \tag{3-8}$$

和

$$\sigma_j = \frac{P_j}{A_j} \leqslant [\sigma_j] \tag{3-9}$$

式中 τ——切应力；

σ_j——挤压应力。

根据材料试验积累的数据，对于钢材，许用切应力、许用挤压应力与许用拉应力，有如下关系：

塑性材料：$[\tau]=(0.6\sim0.8)\tau$ 和 $[\sigma_j]=(1.7\sim2)\sigma_j$；

脆性材料：$[\tau]=(0.8\sim1)\tau$ 和 $[\sigma_j]=(0.9\sim1.5)\sigma_j$

对于受剪切构件的强度计算，一般都应进行剪切和挤压两方面的计算，只有这两方面的强度条件都得到满足，构件才能安全可靠地工作。此外，与拉（压）问题一样，运用上述强度条件，可以解决剪切和挤压的强度验算、设计构件截面尺寸、确定许可载荷三类强度计算问题。

前面提到构件承受剪切时，剪切变形的特点是在两力作用线间的截面将发生相对错动，使构件受剪切的部分由原来的矩形变成了平行四边形，见图 3-11。为了分析剪切变形，在构件受剪切的部分，围绕 A 点取一直角六面体，见图 3-11。剪切变形时，截面发生相对移动，致使直角六面体变为平行六面体。其中线段 ee' 表示为平行于外力的面 $efgh$ 相对于 $abcd$ 面的滑移量，称为绝对剪切变形。相对剪切变形为：

$$\frac{\overline{ee'}}{\mathrm{d}x}=\tan\gamma\approx\gamma$$

矩形直角的微小改变量，称为切应变或角应变，用弧度（rad）来度量。角应变 γ 与线应变 ε 是度量构件变形程度的两个基本量。试验证明：构件受剪切作用时，当切应力不超过材料的剪切比例极限时，切应力与切应变之间成正比，见图 3-11，称为剪切胡克定律。可用公式表示：

$$\tau=G\gamma \tag{3-10}$$

其中，G 表示材料的剪切弹性模量，是材料抵抗剪切变形能力的量，G 越大，材料抵抗剪切变形的能力越大，它的量纲与应力相同。

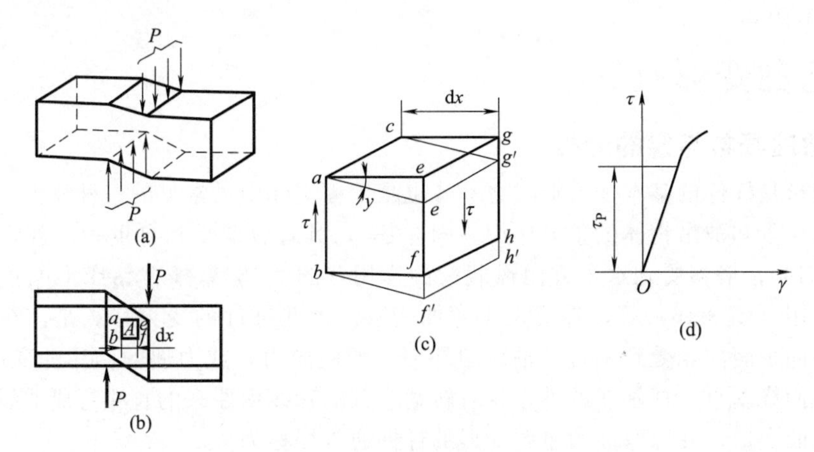

图 3-11 切应变

【例 3-4】 有一矩形截面的钢板拉伸试件（图 3-12），为了使拉力通过试件的轴线，试件两端开有圆孔，孔内插有销钉，载荷加在销钉上，再通过销钉传给试件，若试件和销钉的许用应力相同，则 $[\tau]=100\mathrm{MPa}$，$[\sigma_j]=320\mathrm{MPa}$，$[\sigma]=160\mathrm{MPa}$，试件的抗拉强度极限 $\sigma_b=400\mathrm{MPa}$。为了保证试件能在中部拉断，试确定试件端部尺寸 a、b 和销钉直径。

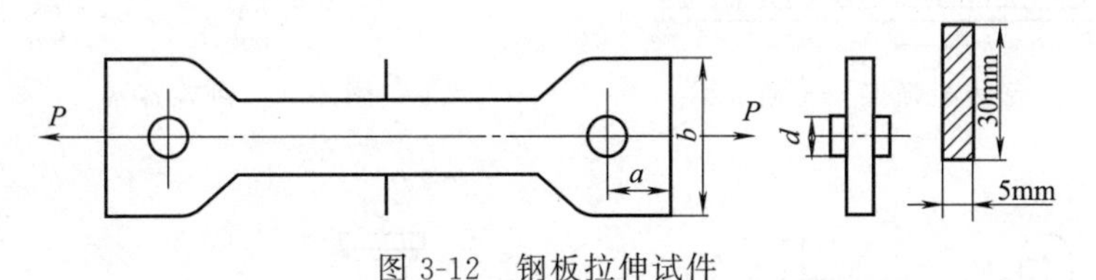

图 3-12 钢板拉伸试件

解 ① 首先确定拉断试件所需的轴向拉力 P：

$$P=\sigma_b A_1=400\times30\times5=60\times10^3(\mathrm{N})$$

② 确定销钉直径。按剪切强度条件，销钉有两个剪切面，根据剪切强度条件：

$$\frac{P}{2\frac{\pi}{4}d^2}\leqslant[\tau]\quad 得:d\geqslant\sqrt{\frac{4P}{2\pi[\tau]}}=\sqrt{\frac{60\times10^3\times4}{2\times\pi\times100}}\approx19.5(\mathrm{mm})$$

按挤压强度条件，销钉挤压面为 $d\delta$，于是由：

$$\frac{P}{d\delta}\leqslant[\sigma_j]\quad 得:d\geqslant\frac{P}{\delta[\sigma_j]}=\frac{60\times10^3}{5\times320}=37.5(\mathrm{mm})$$

取销钉直径 $d=40\text{mm}$。

③ 根据剪切强度条件确定端部尺寸 a。剪切面有两个，每个剪切面面积为 $a\delta$，于是由：

$$\frac{P}{2a\delta}\leqslant[\tau]\quad 得:a\geqslant\frac{P}{2\pi[\tau]}=\frac{60\times10^3}{2\times5\times100}=60(\text{mm})$$

取 $a=60\text{mm}$。

④ 根据拉伸强度条件确定端部尺寸 b，于是由：

$$\frac{P}{\delta(b-d)}\leqslant[\sigma]\quad 得:b\geqslant\frac{P}{\delta[\sigma]}+d=\frac{60\times10^3}{5\times160}+40=115(\text{mm})$$

取 $b=120\text{mm}$。

3.2 弯曲变形

3.2.1 弯曲概念与梁的分类

弯曲变形是杆件的基本变形形式之一，也是工程实际中最常见的一种变形。如起重机的横梁受到自重和被吊物体的重力作用（图 3-13）；卧式容器受到自重和内部物料重量的作用（图 3-14）；塔器受到水平方向风载荷的作用（图 3-15），摇臂钻床上的摇臂受到工件反力的作用（图 3-16）等，都要发生弯曲变形。这些杆件的受力特点是：在通过杆轴线的一个纵向平面内，受到垂直于轴线的外力（即横向力）或力偶的作用。变形特点是：任意两横截面绕垂直于杆轴线的轴作相对转动，杆的轴线由原来的直线弯成曲线。这种变形即称为弯曲变形。凡以弯曲为主要变形的杆件通常均称为梁。

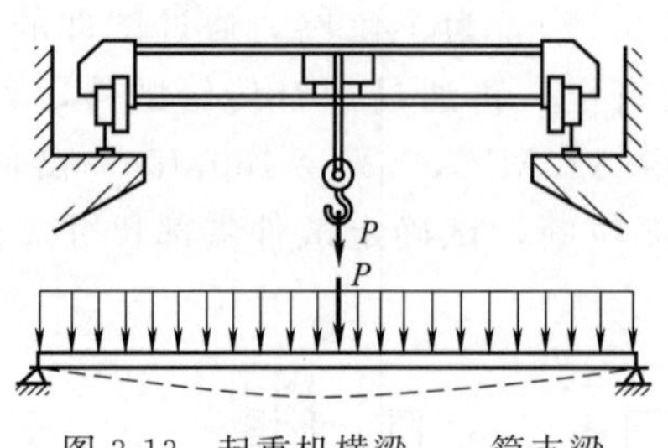

图 3-13 起重机横梁——简支梁

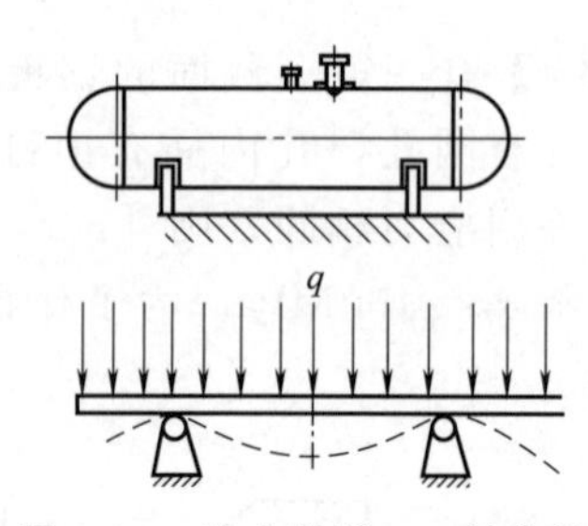

图 3-14 卧式容器——外伸梁

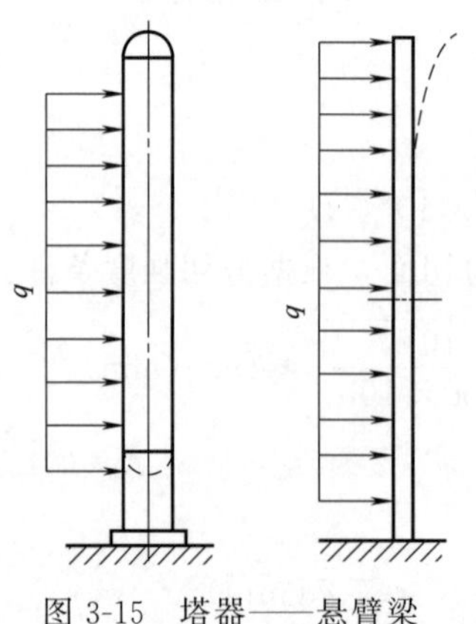

图 3-15 塔器——悬臂梁

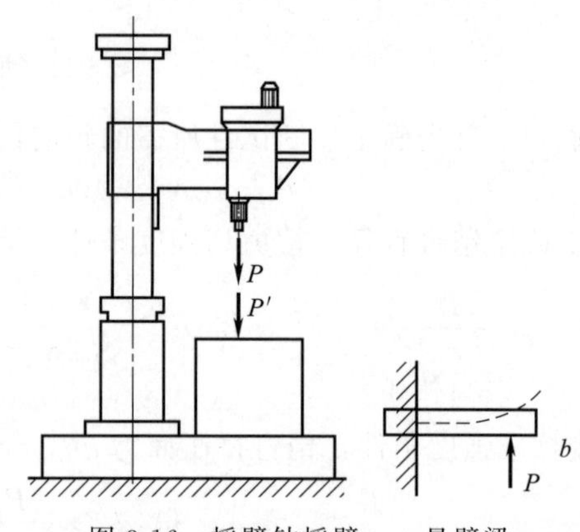

图 3-16 摇臂钻摇臂——悬臂梁

工程上常见的梁横截面一般都有对称轴 y [图 3-17(a)]，对称轴与梁的轴线构成梁的纵向对称面。若梁上所有外力（包括力和力偶）均作用在这个纵向对称面内，则梁在变形时，它的轴线将在该纵向对称面内弯成一条平面曲线 [图 3-17(b)]。这种弯曲称为平面弯曲，平面弯曲是弯曲问题中最基本和最常见的情况。

在对梁进行受力分析和强度计算时，为了方便起见，常需对梁进行简化，此时用梁的轴线来表示原梁，再根据不同的情况常可将梁简化成三种力学模型。

简支梁：一端为固定铰键支座，另一端为可动铰链支座的梁称为简支梁。例如，起重机的横梁即可简化为一简支梁。见图 3-13。

外伸梁：简支梁的一端或两端伸出支座以外的梁被称为外伸梁。例如，即把放在两个鞍座上的卧式容器简化为一外伸梁。见图 3-14。

悬臂梁：一端固定、另一端自由的梁称为悬臂梁。如塔器、摇臂可简化为悬臂梁。见图 3-15 和图 3-16。

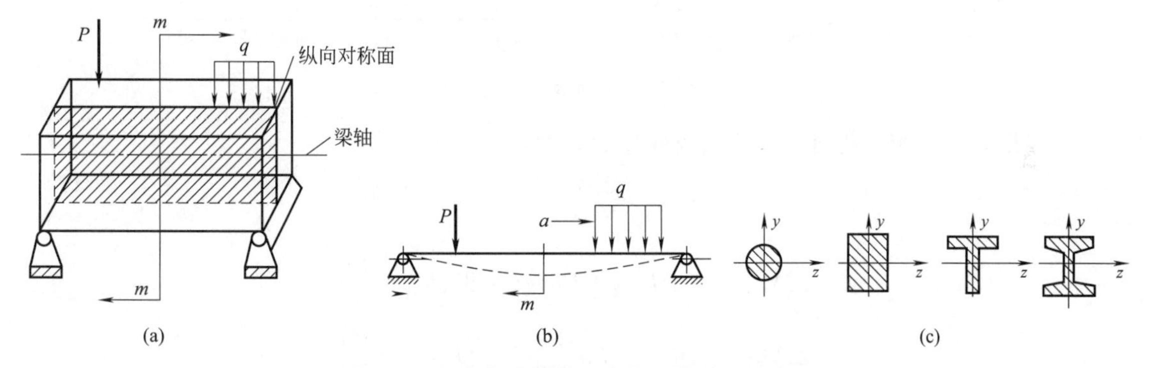

图 3-17 梁的各种横截面形状及其纵向对称面

简支梁或外伸梁的两个支座间的距离称为梁的跨度。

三种支座约束类型分别为固定铰链约束、可动铰链约束和固定端约束，它们所产生的约束反力可归纳为支座的约束反力，对于梁来说，与载荷一起组成作用于梁的全部外力。在对梁进行强度计算时，必须先根据梁的平衡条件求得支座反力。上述三种梁的未知约束反力只有三个，根据静力平衡条件均可求出。这种梁被称为静定梁。至于已知外力，即梁上的载荷，常以下面三种形式出现。

集中力：分布在梁的一块很小面积上的力，一般可把它近似地当作作用在一点上，称为集中力，其单位为 N 或 kN。通过小车两轮作用到横梁上的载荷 P，便可当作集中力对待。

集中力偶：如果力偶的两力分布在很短的一段梁上，这种力偶就可简化为作用在某截面上，称为集中力偶，其单位为 N·m 或 kN·m。

分布载荷：若载荷是沿着梁的轴线分布在一段较长的范围内，就称为分布载荷。如是均匀分布的，便称为均布载荷。分布载荷常以每单位轴线长度上所受的力，即载荷集度 q 来表示，其单位为 N/m 或 kN/m。其中，横梁自重、容器自重及物料重量、风载荷均可简化为均布载荷。

在直梁的平面弯曲问题中，中心问题是讨论它的强度和刚度问题，讨论的顺序仍然是：外力—内力—应力—强度条件和刚度条件。梁的外力已如上述，下面我们就来讨论梁发生弯曲变形时的内力。

3.2.2 梁的内力分析

作用在梁上的载荷，通过梁把力传递给支座，支座将对梁产生相应的反力。载荷在传递过程中，梁的各个截面都将产生相应的内力。要求解梁横截面上的内力，可以从两个方面去分析。一方面从静力平衡的角度去分析，另一方面则从变形去分析。当作用在梁上的所有外力均为已知时，就可用截面法求出外力引起的内力，然后再结合变形进一步认识这种内力。

例如对一起重机横梁的计算，见图 3-18，不计自重，可简化为一受集中力 P 作用的简支梁。简支梁一般是三个未知反力，即水平反力 X，铅垂反力 R_1 和 R_2。

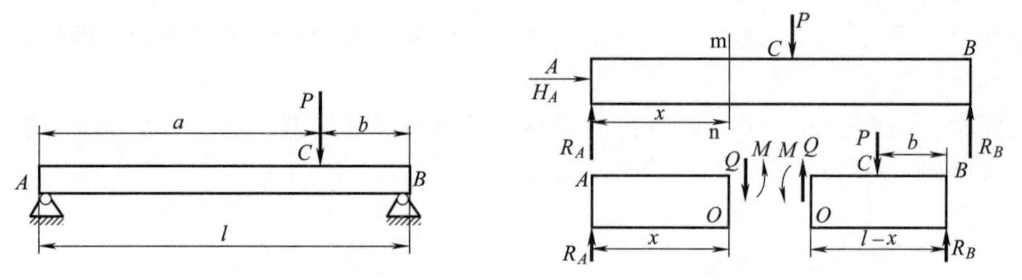

图 3-18 梁横截面上的内力

根据静力平衡方程可求出梁的支座反力，即：

$$\sum X=0 \tag{3-11}$$

$$\sum Y=0 \tag{3-12}$$

$$\sum M_B=0, -R_A l+Pb=0 \quad 得:R_A=\frac{Pb}{l}$$

$$\sum M_A=0, R_B l-Pa=0 \quad 得:R_B=\frac{Pa}{l}$$

梁的支座反力 R_A 和 R_B 求得后，即可用截面法求梁在任一横截面上的内力。载荷 P 与支座反力 R_A 和 R_B 是作用在梁纵向对称面内的平衡平行力系。在距梁的左端距离为 x 处（即在 $0<x<q$ 范围内），假想用一平面在 m—n 横截面处将梁截开，分成左右两段。由于整个梁是平衡的，因而截面上的内力与左段（或右段）上的外力也必定构成平衡的平行力系。取左段为分离体，可以看出，分离体在外力 R_A 的作用下不仅有向上移动的趋势，同时有绕截面 m—n 的形心 O 顺时针方向转动的趋势。为保持分离体的平衡，在横截面 m—n 上必定有一个作用线与 R_A 平行而指向与 R_A 相反的内力 Q 以阻止分离体的向上移动，同时截面上还应有一个绕形心 O 逆时针转动的，力偶矩为 M 的内力偶，以阻止分离体顺时针转动。或者按力的平移定理来理解，如将外力 R_A，平移到截面形心 O，将得到一个力和一个附加力偶，为保持平衡，在截面内就必然引起与平移力和附加力偶大小相等、方向相反的内力和内力偶。

内力 Q 实际上是梁横截面上切向分布内力的合力，它的作用线通过截面形心，与外力平行，它有使梁沿横截面 m—n 被剪断的趋势，故 Q 称为横截面上的剪力；力偶矩为 M 的内力偶实际上是梁横截面上法向分布内力的合成，亦在纵向对称面内（即其作用面与横截面垂直），它有使梁的横截面 m—n 产生转动而弯曲的趋势，故 M 称为横截面上的弯矩。利用分离体的平衡条件，可以求出剪力 Q 和弯矩 M 的数值，即：

$$\sum Y=0 \quad R_A-Q=0 \quad 得:Q=R_A=\frac{Pb}{l}$$

$$\sum M=0(横截面形心 O 为矩心), M-R_A x=0 \quad 得:M=R_A x=\frac{Pb}{l}x$$

上面所分析左段梁在横截面 m—n 上的剪力和弯矩，实际上是右段梁对左段梁的力的作用。根据力的作用与反作用定律，右段梁在同一横截面 m—n 上的剪力和弯矩，在数值上应该分别与上述两式所表达的剪力和弯矩相等，但右段梁上剪力的指向和弯矩的转向则与左段梁上的相反。如取 m—n 截面的右段为分离体进行计算，则同样由静力平衡方程：

$$\sum Y=0 \quad Q-P+R_B=0 \quad 得:Q=P-R_B=P-\frac{Pa}{l}=\frac{Pb}{l}$$

$$\sum M=0-M-P(l-x-b)+R_B(l-x)=0 \quad 得:M=R_B(l-x)-P(l-x-b)=\frac{Pb}{l}x$$

可见，无论是用左段或右段分离体作为研究对象，同一横截面上剪力与弯矩的数值，计算结果必定相同。由此可知：梁的任一横截面上的剪力的大小等于截面之左（或右）所有外力的代数和，弯矩的大小等于截面之左（或右）所有外力（包括力偶）对该截面形心之矩的代数和。于是，可直接按照作用在横截面任意一侧梁上的外力，来计算该横截面上的剪力和弯矩。由此可见，梁弯曲时横截面上的内力一般包含剪力 Q 和弯矩 M 两个。剪力和弯矩都影响梁的强度，但当梁的跨度远大于梁的截面尺寸时，剪力对梁的强度影响很小，而工程上梁大多跨度都较大，因此，在一般计算中就都把剪力忽略掉，只考虑弯矩的作用。

在弯曲中通常是根据梁的变形来规定弯矩的正负号：如果梁在所求弯矩的截面 m—n 附近弯成上凹下凸，则弯矩为正，反之为负。见图 3-19。

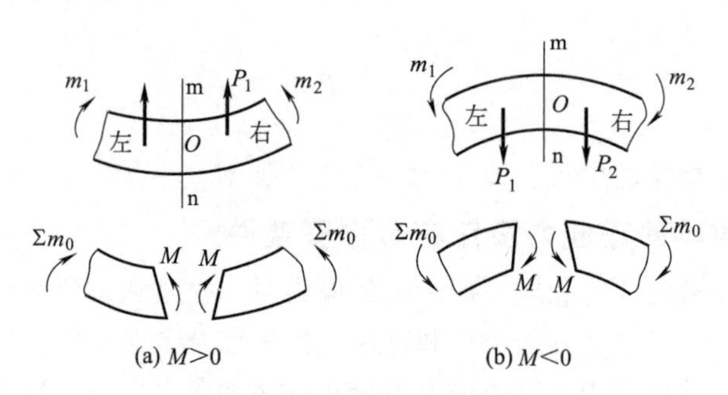

图 3-19 弯矩符号规则

据此规则，凡向上的外力，即截面左边转向为顺时针，截面右边转向为逆时针的外力偶产生的弯矩为正，因此规定它们对截面形心的力矩为正，反之为负，即“左顺右逆”为正，反之为负。这样，截面之左（或右）所有外力（包括力偶）对截面形心之矩的代数和为正时，弯矩为正，代数和为负则弯矩为负。

梁横截面上的弯矩，一般是随横截面的位置而变化的。如取梁的轴线为 x，以坐标 x 表示横截面的位置，则弯矩可表示为 x 的函数，即：

$$M=f(x) \tag{3-11}$$

以上函数表达了弯矩沿梁轴线变化的规律，称为梁的弯矩方程。

为清楚地看出梁各截面上的弯矩的大小与正负，常将弯矩方程用图像表示，这种图称为弯矩图。其基本作法是：首先求得梁的支座反力，列出弯矩方程；然后选择一个适当的比例尺，以横截面位置 x 为横坐标，弯矩 M 值为纵坐标，按方程作图。按惯例，一般将正的弯矩画在 x 轴的上方，负的画在下方。有了弯矩图，就很容易找到绝对值最大弯矩所在的横截面及数值。该截面一般就是梁的危险截面，知道了这些，才能进行梁的强度计算。以起重机横梁为例，来计算绘制它的弯矩图。见图 3-20。

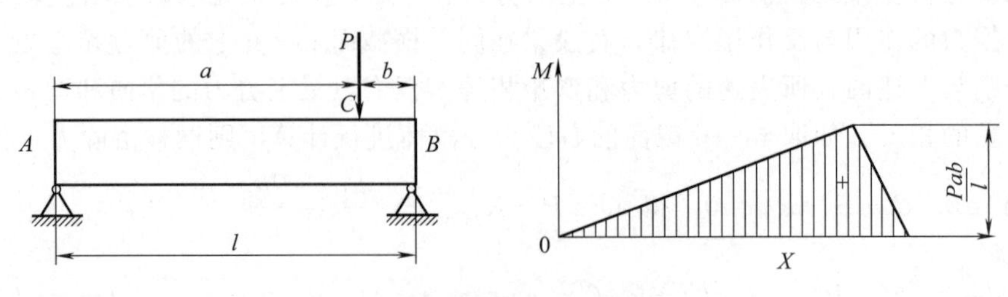

图 3-20 起重机横梁的弯矩图

由前面的计算已知，该梁 AC 段的弯矩方程为：$M=\frac{Pb}{l}x$ （$0\leqslant x\leqslant a$）

这是一直线方程，只要求出该直线上的两点，就可作图。在 $x=0$ 处，$M=0$；在 $x=a$ 处，$M=Pab/l$，由此便可作出 AC 段梁的弯矩图。

CB 段梁的弯矩方程为：

$$M=\frac{Pa}{l}(l-x)(a\leqslant x\leqslant l)$$

这也是一直线方程。在 $x=a$ 处，$M=Pab/l$，在 $x=l$ 处，$M=0$。由此即可画出 CB 段梁的弯矩图。

所得整个梁的弯矩图为一个三角形。最大弯矩发生在集中力作用点处的横截面上，其值为：

$$M_{\max}=\frac{Pab}{l}$$

如果载荷作用于横梁的中点，即 $a=b=1/2$，则 $M_{\max}=P/(4l)$。

3.2.3 纯弯曲时梁的正应力及正应力强度条件

与研究拉压、扭转的应力相同，研究梁的应力时，也是从实验开始，观察弯曲变形现象，从中做出正确的、合乎实际的假设和推论，然后综合考虑几何、物理、静力学三方面的关系，最终解决弯曲时应力在横截面上的分布规律和应力大小计算的基本问题。为使问题简化，通常先取横截面上只有弯矩而无剪力的梁来研究，此时的弯曲称为纯弯曲。如具有纵向对称面的梁，在其两端只受到在纵向对称面内的一对外力偶作用时，其弯曲即属于纯弯曲情况。若横截面上既有弯矩又有剪力作用时的弯曲称为剪切弯曲。一定条件下，由纯弯曲推出的应力公式也能适用于剪切弯曲。

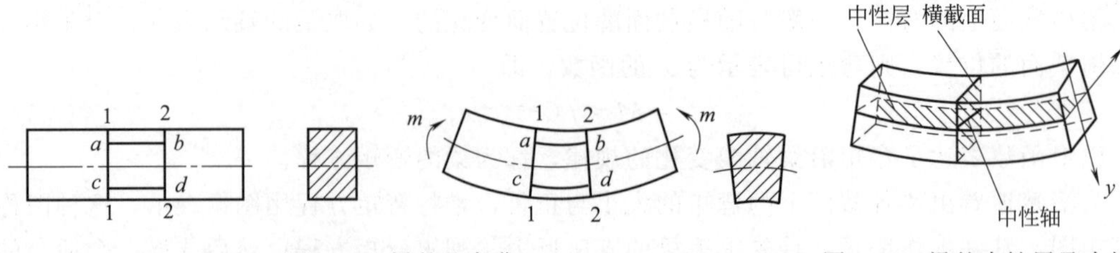

图 3-21 梁的纯弯曲 图 3-22 梁的中性层及中性轴

在实验观察和假设推论中，设有一矩形截面梁，见图 3-21，在未加载前，在梁的侧面分别画上与梁轴相垂直的横线 1—1 和 2—2，以及与梁轴相平行的纵线 ab 和 cd，前者代表梁的横截面，后者代表梁的纵向纤维。然后在梁的纵向对称平面内施加一等值反向，

力偶矩为 m 的一对力偶，梁便产生纯弯曲变形，这时可观察到如下现象：两条横线 1—1 和 2—2 变形后仍为直线，但都偏转了一个角度，偏转后仍与梁轴保持垂直；梁上纵线 ab、cd 以及轴线都弯成圆弧，且内凹一侧的纵线 ab 缩短，而外凸一侧的纵线 cd 伸长；梁横截面的高度不变，而梁的宽度，在梁凹入的顶部略为增大，在梁凸出的底部略为减小。

根据上述现象可以推想梁内部的变形。先做下面两点假设：一是，梁的横截面在发生弯曲变形后仍保持为平面，只是像刚性平面一样绕截面内某轴旋转了一个角度，且仍垂直于梁变形后的轴线，即平面假设；二是，所有纵向纤维只受到轴向拉伸或压缩，互相之间没有挤压，此即纤维互不挤压假设。

由以上假设可以推知：因为横截面只是相对偏转了一个角度，并无其他方向的相对错动，纵向纤维也只是受到轴向拉压，所以纯弯曲时梁的变形本质上是拉压变形，而非剪切变形。梁横截面宽度的改变是纵向纤维的横向变形引起的。横截面上只有正应力，无剪应力。凹侧纤维缩短（如 ab），凸侧纤维伸长（如 cd），因此凹侧受压缩，存在压缩应力，凸侧受拉伸，存在拉伸应力。ab、cd 分别代表凹侧和凸侧同一高度上的一层纤维。由于梁内部各层纤维的变形是连续的，从梁凹入的顶部的压缩纤维层，逐渐过渡到梁凸出的底部的拉伸纤维层。因此，梁的内部必有一层既没有伸长也没有缩短的纤维层，叫作中性层。中性层与横截面的交线叫作中性轴。见图 3-22。正是中性层将梁分成受拉区和受压区，即中性层一侧作用有拉伸应力，而在另一侧作用有压缩应力，中性层上正应力为零。梁横截面的偏转就是绕其中性轴偏转的。

理论和实践都证明：中性层通过梁的轴线，于是中性轴通过横截面的形心，并与横截面的对称轴垂直（通常取中性轴为 z 轴，对称轴为 y 轴）。

弯曲正应力公式的推导主要从三方面的关系进行公式推导，分别是几何关系、物理关系和静力学关系。

（1）几何关系

这里所说的几何关系，是指梁弯曲时的纵向纤维的应变变化规律。用两个横截面从受纯弯曲的梁中假想地截取长为 $\mathrm{d}x$ 的一段，见图 3-23，对其变形进行分析。

设 $\mathrm{d}x$ 微段的两横截面在变形后的夹角为 $\mathrm{d}\theta$，中性层的曲率半径为 ρ，O 点为曲率中心。现在分析距中性层距离为 y 的一层纤维上的一条纤维 c_1d_1 的变形。因为在横截面绕中性轴偏转时，离中性层距离相同的纤维变形都相同，所以纤维 c_1d_1 的变形就代表了离中性层距离为 y 的同一层上各纤维的变形。因为中性层 O_1O_2 只发生弯曲变形，长度不变，所以纵向纤维 c_1d_1 变形前的长度为：

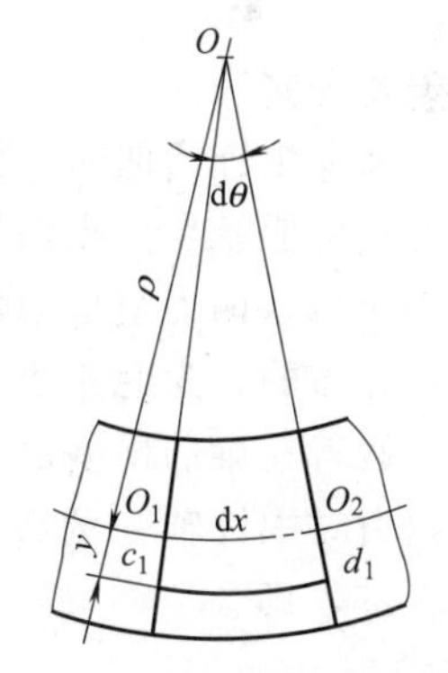

图 3-23 纵向纤维的线应变

$$\overline{O_1O_2}=\mathrm{d}x=\rho\mathrm{d}\theta$$

$$\overline{c_1d_1}=\overline{O_1O_2}=\rho\mathrm{d}\theta$$

变形后长度为：

$$c_1d_1=(\rho+y)\mathrm{d}\theta$$

由此得纵向纤维 c_1d_1 的应变为：

$$\varepsilon=\frac{(\rho+y)\mathrm{d}\theta-\rho\mathrm{d}\theta}{\rho\mathrm{d}\theta}=\frac{y}{\rho} \tag{3-12}$$

这就是横截面上各点线应变沿截面高度的变化规律。它表明任一纵向纤维的线应变 ε 与其离中性层（中性轴）的距离 y 成正比，与中性层的曲率半径 ρ 成反比。

（2）物理关系

由于假设所有纵向纤维之间无挤压，只受到轴向拉伸或压缩，故可根据轴向拉伸、压缩的胡克定律，确定横截面上的正应力。设距中性轴距离为 y 的各点正应力为 σ，则

$$\sigma = E\varepsilon = \frac{y}{\rho}E \tag{3-13}$$

这就是横截面上弯曲正应力的分布规律。它表明，梁纯弯曲时横截面上任一点的正应力与该点到中性轴的距离成正比；距中性轴同一高度上各点的正应力相等，见图 3-24。显然在中性轴上各点的正应力为零，而在中性轴的一边是拉应力，另一边是压应力；横截面上、下边缘各点正应力的数值最大。

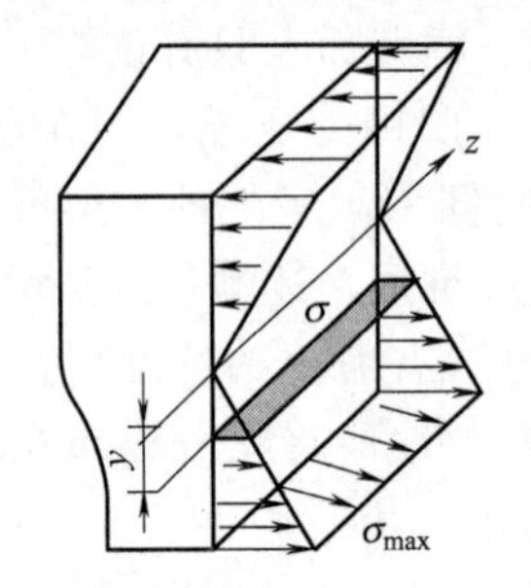

图 3-24 横截面上的正应力分布规律

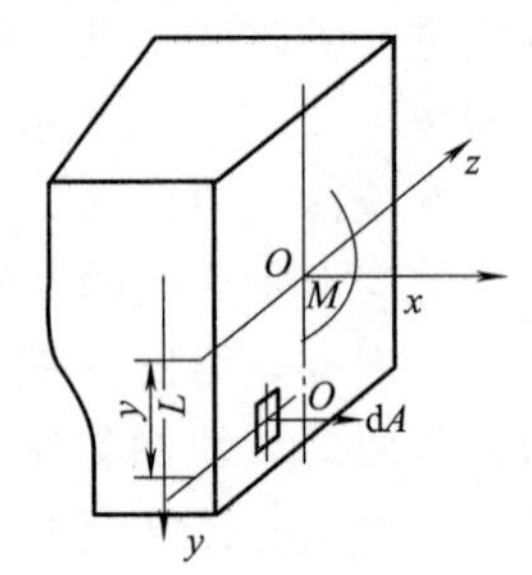

图 3-25 弯曲正应力与弯矩之间的静力学关系

（3）静力学关系

这里所说的静力学关系，是指梁横截面上的正应力、内力和弯矩 M 之间的关系。公式 $\sigma = E\varepsilon = \frac{y}{\rho}E$ 表明，要计算应力就得确定变形后梁轴圆弧的曲率 $1/\rho$，这就可通过静力学关系来解决。

梁发生纯弯曲时，横截面上内力只有弯矩，而弯矩正是截面上法向分布内力-各点正应力的合成结果。很明显，此时中性轴一边的拉应力合成一个拉力，另一边的压应力合成一个压力，两力组成力偶，其力偶矩是弯矩 M。不过，此时横截面上各点的正应力不是均匀分布的，为此正应力的合成问题要用积分来解决。

假若在梁的横截面上任取一微面积 $\mathrm{d}A$，那么作用在这微面积上的微内力为 $\sigma \mathrm{d}A$，此微内力对中性轴 z 的微力矩为 $\mathrm{d}M = \sigma \mathrm{d}Ay$，这些微力矩的总和就是截面上的弯矩 M，见图 3-25，即：

$$M = \int_A \mathrm{d}M = \int_A \sigma \mathrm{d}Ay \tag{3-14}$$

将 $\mathrm{d}M = \sigma \mathrm{d}Ay$ 代入该公式，得：

$$\frac{E}{\rho}\int_A y^2 \mathrm{d}A = M \tag{3-15}$$

上述公式中定积分 $\int_A y^2 \mathrm{d}A$ 称为横截面对中性轴 z 的轴惯性矩，以 I_z 表示，其单位为 m^4 或 mm^4。于是上式可写为：

$$\frac{1}{\rho} = \frac{M}{EI_z} \tag{3-16}$$

这是研究梁弯曲变形的一个基本公式，它说明梁轴曲线的曲率 $1/\rho$ 与弯矩 M 成正比，与 EI_z 成反比。EI_z 愈大，则 $1/\rho$ 愈小，表明梁变形小、刚度大，故称 EI_z 为梁的抗弯刚度。

把 $1/\rho$ 代入式 $\sigma=E\varepsilon=\frac{y}{\rho}E$ 中得：

$$\sigma=\frac{My}{I_z} \tag{3-17}$$

上述公式就是计算梁纯弯曲时横截面上任一点的正应力公式。利用该式计算时，通常用 M 和 y 的绝对值来计算 σ 的大小，再根据梁的变形情况，直接判断 σ 是拉应力还是压应力。梁弯曲变形后，凸边的应力为拉应力，凹边的应力为压应力。

一般来说，梁的强度由截面上的最大正应力决定。最大正应力所在的点，称为危险点。从式(3-17) 可以看出，在横截面上最外边缘处弯曲正应力最大，所以梁最外边缘各点即为危险点。当截面对称于中性轴，如对称截面，中性轴到上下两边缘处的距离相等，因此最大拉应力和最大压应力的大小相等。

当梁受到横向外力作用时，一般横截面上既有弯矩，又有剪力，这就是所谓的剪切弯曲式横力弯曲。由于剪力的存在，梁的横截面将发生翘曲，同时横向力将使梁的纵向纤维间产生局部的挤压应力，形成一种复合变形，情况较为复杂。但是，根据精确的理论分析和实验证实，当梁的跨度 l 与横截面高度 h 之比 $l/h>5$ 时，梁在横截上的正应力分布与纯弯曲时很接近，剪力影响很小，而工程上常用的梁往往 l/h 远大于 5，所以纯弯曲正应力公式对剪切弯曲仍可适用。当梁的跨高比较小时（即短而粗的梁），纯弯曲正应力公式的计算误差就将增大。在剪切弯曲中使用公式时应该注意，这时梁上各截面的弯矩已不是一个常数，因此要用相应截面上的弯矩 $M(x)$ 代替该式中的 M。

此公式完全适用于具有纵向对称面的其他截面形状的梁。如果中性轴 z 不是横截面的对称轴，如槽形截面，则横截面将有两个抗弯截面模量：

$$W_1=\frac{I_z}{y_1} \quad W_2=\frac{I_z}{y_2} \tag{3-18}$$

式中，y_1、y_2 分别表示该横截面上、下边缘到中性轴的距离。最大弯曲正应力（不考虑符号）分别为：

$$\sigma_{\max 1}=\frac{My_1}{I_z}=\frac{M}{W_1} \qquad \sigma_{\max 2}=\frac{My_2}{I_z}=\frac{M}{W_2} \tag{3-19}$$

式(3-17) 只有当梁的材料服从胡克定律，而且在拉伸或压缩时的弹性模量相等的条件下才能应用。

因为梁截面上的弯矩一般是随截面的位置而变化的，所以，在危险截面上，离中性轴最远的上下边缘各点的应力就是等截面直梁的最大弯曲正应力，破坏往往就是从这些具有最大正应力的点，即危险点开始的。因此，最大工作应力不得超过材料的许用弯曲应力，于是梁弯曲正应力的强度条件为：

$$\sigma_{\max}=\frac{M_{\max}}{W_z}\leqslant[\sigma] \tag{3-20}$$

式中，$[\sigma]$ 为弯曲许用应力，通常其值等于或略高于同一材料的许用拉（压）应力。

在使用上述公式时还要注意下列情况：如横截面不对称于中性轴时，将产生两个抗弯截面模量 W_1 和 W_2，抗弯截面模量越小，正应力就越大。所以，应取两者中的小值代入计算。另一种情况是，当材料拉压强度不相同时（如铸铁等脆性材料），则应分别列出抗拉强度条件和抗压强度条件，即：

$$\sigma_{\max拉}=\frac{M_{\max}}{W_1}\leqslant[\sigma_{拉}] \qquad \sigma_{\max压}=\frac{M_{\max}}{W_2}\leqslant[\sigma_{压}] \tag{3-21}$$

式中 W_1——拉应力的抗弯截面模量；

W_2——压应力的抗弯截面模量；

$[\sigma_{拉}]$——许用拉应力；

$[\sigma_{压}]$——许用压应力。

利用梁的正应力强度条件，可以对梁进行强度校核，确定梁的截面形状、尺寸，计算梁的许可载荷。

【例 3-5】 一简支梁如图 3-26 所示受均布载荷作用，已知梁的跨长 $l=5\text{m}$，其横截面为矩形，高度 $h=30\text{cm}$，宽度 $b=10\text{cm}$，均布载荷 $q=2000\text{N/m}$，其许用弯曲应力 $[\sigma_b]=13\text{MPa}$，试按正应力校核此梁的强度。

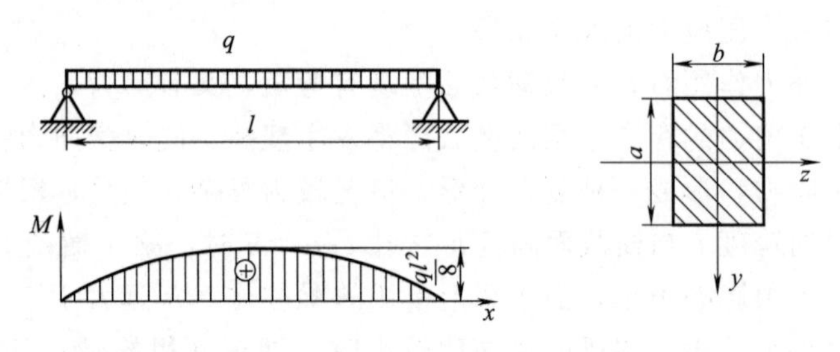

图 3-26 简支梁

解 这是强度校核问题，可直接应用公式 $\sigma_{\max}=\frac{M_{\max}}{W_z}\leqslant[\sigma]$ 来解决，其中：

$$M_{\max}=\frac{ql^2}{8}=\frac{2000\times5^2}{8}=6250(\text{N}\cdot\text{m}),W_z=\frac{bh^2}{6}=\frac{0.1\times0.3^2}{6}=1.5\times10^{-3}(\text{m}^3)$$

于是：$\sigma_{\max}=\frac{M_{\max}}{W}=\frac{6250}{1.5\times10^{-3}}=4.166\times10^6(\text{Pa})$

因为 $\sigma_{\max}=4.166\text{MPa}<13\text{MPa}$，所以正应力的强度条件得到满足，此梁可用。

【例 3-6】 一化学原料药反应釜自重 30kg，安放在跨长为 1.6m 的两根横梁中央，若梁的横截面采用图 3-27 所示的三种形状，其中矩形截面 $a/b=2$，试确定梁的截面尺寸，并比较钢材用量。梁的材料为 Q235A，许用弯曲应力为 $[\sigma_b]=120\text{MPa}$。

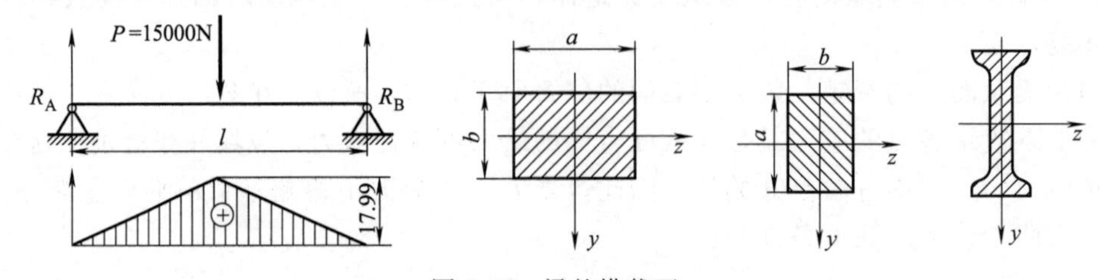

图 3-27 梁的横截面

解 从所绘制的弯矩图可知，最大弯矩：

$$M_{\max}=R_A\,\frac{l}{2}=\frac{Pl}{4}=\frac{15000\times1.6}{4}=6000(\text{N}\cdot\text{m})$$

根据正应力强度条件：

$$\frac{M_{\max}}{W_z} \leqslant [\sigma_b]$$

可得所需最小抗弯截面模量为：

$$W_z = \frac{M_{\max}}{[\sigma_b]} = \frac{6000}{120 \times 10^6} = 50 \times 10^{-6}(\mathrm{m}^3) = 50(\mathrm{cm}^3)$$

当梁的横截面采用矩形平放时，$b^3=150\mathrm{cm}^3$，$b=5.3\mathrm{cm}$，$a=10.6\mathrm{cm}$；每米（m）质量 $G=56.2\times100\times7.8\times10^{-3}=43.8(\mathrm{kg/m})$。

当梁的横截面采用矩形立放时，$a^3=600\mathrm{cm}^3$，$a=8.4\mathrm{cm}$，$b=4.2\mathrm{cm}$，所以截面积 $A=8.4\times4.2=35.3(\mathrm{cm}^2)$；每米（m）质量 $G=35.3\times100\times7.8\times10^{-3}=27.5(\mathrm{kg/m})$。

当梁采用工字钢时，根据 GB 706—2016 热轧普通工字钢型号，其中 10 号工字钢的 $W_z=49\mathrm{cm}^3$，虽然比需要的 $50\mathrm{cm}^3$ 小，但是小的量不超过 5%，所以可以用，于是根据改型钢表查得：截面积 $A=14.3\mathrm{cm}^2$，每米（m）质量 $G=14.3\times100\times7.8\times10^{-3}=11.2(\mathrm{kg/m})$。

可见，三种不同截面所需钢材质量比应为：

工字钢：矩形立放：矩形平放＝1：2.45：3.91

由此可见，两个截面面积相等而形状不同的截面中，抗弯截面模量较大的一个就比较经济合理。通常，为了便于比较，可以用 W_z/A 的比值来评定哪种截面形状较为经济合理。

3.2.4 直梁弯曲时的切应力

在剪切弯曲情况下，弯矩形成截面的正应力，剪力产生切应力。正应力沿截面高度呈线性分布，切应力沿截面分布也有它的规律。这里只介绍几种常见截面的最大剪应力计算公式。

（1）矩形截面梁

矩形截面上的切应力沿截面高度的分布规律如图 3-28 所示，当截面上的剪力为 Q，截面面积为 A 时，理论上可以证明，横截面中性轴上各点的切应力最大，其值为该截面平均切应力的 1.5 倍，即：

$$\tau_{\max} = \frac{3}{2}\frac{Q}{A} \tag{3-22}$$

此式说明矩形截面上的最大切应力是该截面上平均切应力的 1.5 倍。

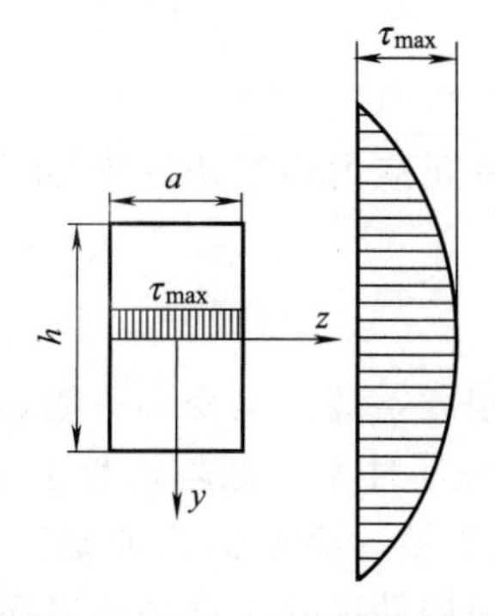

图 3-28 矩形截面上的切应力沿截面高度的分布规律

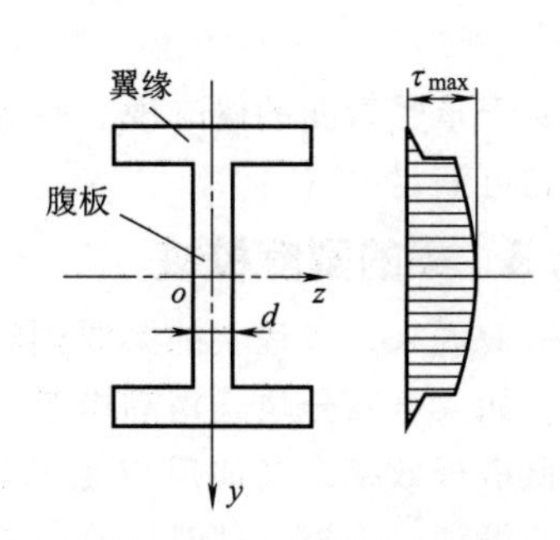

图 3-29 工字形截面梁

非薄壁截面梁剪切弯曲的强度可以按正应力计算，不必考虑切应力。

(2) 工字形截面梁

工字形截面梁腹板是一狭长矩形，如图 3-29 所示，其宽度远窄于翼缘，其切应力分布情况如图。分析表明，腹板上切应力的合力约占截面剪力 Q 的 95%，而且腹板上各点的切应力虽然也是在中性轴处最大，但其 $\tau_{\max}$ 与 $\sigma_{\max}$ 相差不大。所以工字形截面梁上最大应力，可以用腹板面积去除最大剪力来近似计算。

$$\tau_{\max} \approx \frac{Q}{h_0 d} \tag{3-23}$$

式中，h_0 是腹板高度。

(3) 环形截面梁

工厂中的卧式容器常作为环形截面梁来处理。如图 3-30 (b) 所示，该图是该梁的剪力图，假想切开截面 m—m 以暴露其中的内力，如图 3-30 (c) 所示，作用在 m—m 截面左侧上的剪力 Q（即切应力的合力）指向朝下。但是作用在该截面各点处的切应力的指向并不是朝下的，而是与过该点的圆周线相切，故常称之为切应力，如图 3-30 (d) 所示，切应力的大小沿圆周也不相等，在距中性轴最远的 C 和 C' 点处的切应力为零，而在中性轴处切应力最大，其值为平均切应力的 2 倍，即：

$$\tau_{\max} = 2\frac{Q}{A} \tag{3-24}$$

式中 Q——所讨论截面上的剪力；

A——圆环截面面积。

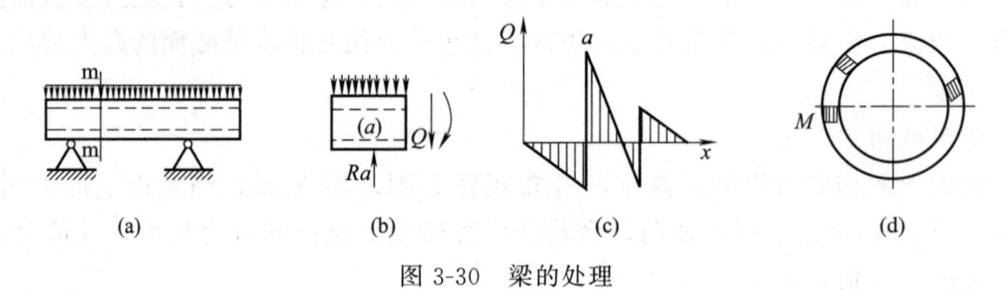

图 3-30 梁的处理

(4) 实心圆截面梁

若梁的横截面是实心圆形截面，则其最大切应力也是在中性轴上，而且可以认为在中性轴上各点的切应力相等，其指向与剪力平行，理论求得近似结果为：

$$\tau_{\max} = \frac{4}{3}\frac{Q}{A} \tag{3-25}$$

对于承受弯曲的梁来说，一般情况下，只要弯曲正应力强度条件满足了，切应力强度条件均可满足。

3.2.5 梁的刚度校核

一般说来，工程上的梁要同时满足强度条件和刚度条件，梁变形不能超过规定的许可范围。如大直径分块式精馏塔板，如果工作时塔板挠度过大，加剧塔板上液层薄厚不均，会降低塔板效率。又如反应釜的搅拌轴，如果刚度不够，会使框式或锚式搅拌器撞击釜壁。在设计这一类构件时，有的先按照强度条件确定构件尺寸，再按刚度条件校核；有的直接依据刚度要求确定尺寸。梁的刚度条件写成：

$$f \leqslant [f], \theta_{\max} \leqslant [\theta] \tag{3-26}$$

式中，$[f]$ 和 $[\theta]$ 是许可挠度和许可转角。根据工作条件可有不同要求，例如，架空管道的 $[f]=l/500$，塔盘板在承受1250Pa均布载荷及自重的情况下，最大挠度不得超过3mm。转角在装有齿轮的截面，它的许可转角 $[\theta]=0.001\text{rad}$，转轴在滚动轴承处的截面，其 $[\theta]=0.0016\sim0.0075\text{rad}$ 等。

3.3　扭转

3.3.1　扭转变形的概念

扭转是杆件变形的基本形式之一，图3-31中方向盘带动的操纵杆，上端受到从方向盘传来的主动力偶作用，下端受到来自转向器的阻力偶作用，操纵杆受扭转。又如图3-32中搅拌器主轴，上端由减速机输出的传动力偶作用，下端搅拌桨上受到物料的阻力偶作用，搅拌器主轴受扭转。当它们等速转动时，驱动力偶矩 m 等于阻力偶矩 $m_{阻}$，这时轴的两端分别受到一对大小相等、转向相反的主动力偶矩作用，并使两个不同的横截面产生相对的转动。

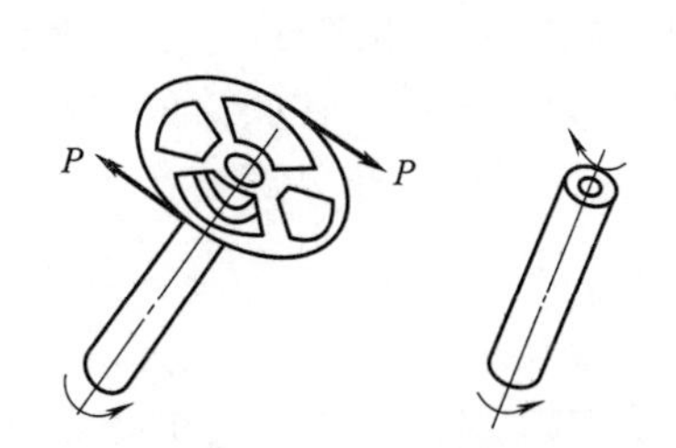

图3-31　受扭转的操纵杆

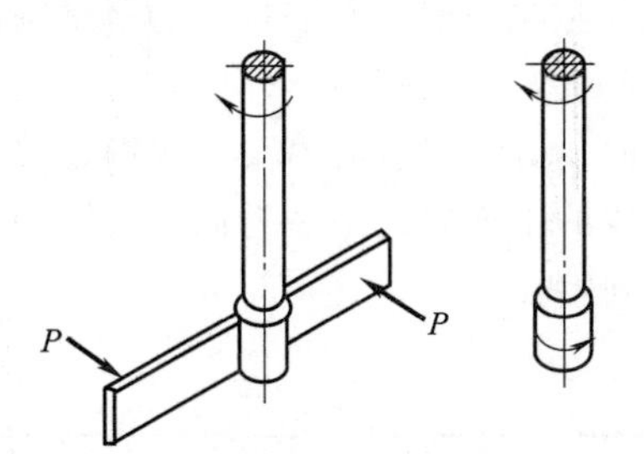

图3-32　受扭转的搅拌轴

由上述两例可以看出，杆件扭转时的受力特点是：作用在杆两端的一对力偶大小相等，方向相反；且力偶所在的平面与杆的轴线相垂直。其变形特点是：在这些外力偶的作用下，杆件的横截面将绕轴线产生相对转动，其纵向直线变成螺旋线。这种变形就称为杆的扭转变形。在一般情况下，杆件扭转时，其上可有多个（不限于两个）外力偶的作用，但当杆件处于等速转动时，这些外力偶矩的代数和等于零。对受到扭转的直杆，工程上统称为轴。为了简化起见，作用在横截面上的力偶常用一旋转符号表示。

3.3.2　扭转时所受外力分析与计算

如图3-32所示，搅拌轴有三项功能，一是传递旋转运动，二是传递扭转力偶矩，三是传递功率。三项功能并非彼此独立，下面讨论转速 n、扭转力偶矩 m 和功率 P 之间的关系。

当圆轴以转速 n 旋转工作时，通过轴所传递的扭转力矩 m 和功率 P 之间的关系，根据物理课中学过的知识可知：

$$P=m\omega \tag{3-27}$$

式中　ω——角速度，rad/s；

m——力矩，N·m；

P——功率，N·m/s，即W（瓦）。

如果已知功率 P 是以［kW］度量，轴的转速度 n 是用［r/min］度量，那么应用上式时应写成：

$$m=\frac{1000P}{\frac{2n\pi}{60}}=9550\frac{P}{n} \tag{3-28}$$

由上式可知：①功率一定时，轴转速越高，轴所受到的扭转力矩越小；②转速一定时，轴所传递的功率将随轴所受到扭转力矩的增大而增大，因此在确定电动机额定功率时，应考虑整个操作过程中的最大阻力矩；③增加转速，会使传递功率加大，可能使电机过载，所以不该随意提高电机转速。

搅拌轴工作时，所受阻力偶矩 m 和所需搅拌功率 P，既取决于轴的转速 n，又与介质性质和搅拌桨叶的形式密切相关。对于介质和桨型均已确定的反应釜，在多大的转速下需要多大的搅拌功率，要由实验确定。而上式只是将测得功率 P 转换成 m，以便为扭转强度计算提供所需数据。

3.3.3 纯剪切、角应变、剪切胡克定律

（1）纯剪切

取一左端固定、右端自由的薄壁圆筒，如图 3-33（a）所示。在圆筒表面画两条纵向线 ef 和 gh，二线相距 Δy（弧长）。再画两条圆周线 ab 和 dc，相距 Δx。这四条线围出矩形曲面 $abcd$，当 Δx 和 Δy 取得足够小时，可视 $abcd$ 为一平面。在圆筒的右端垂直于圆筒轴线的平面内作用一力偶，其矩为 m，如图 3-33（b）所示，于是圆筒产生的扭转变形有下列特点。

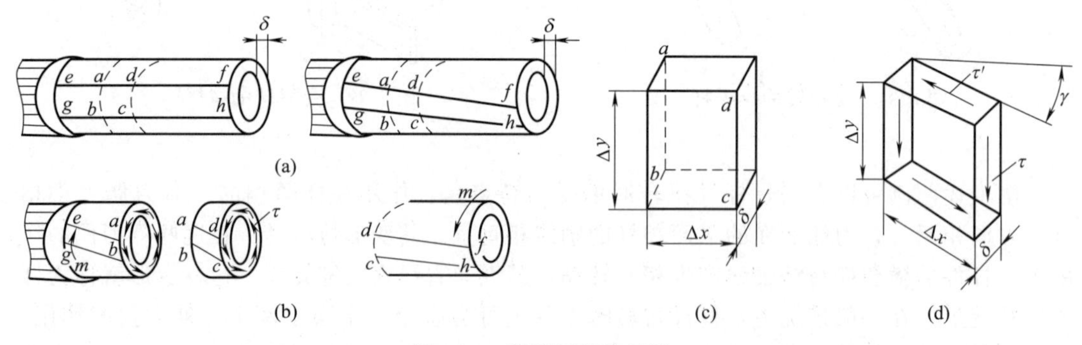

图 3-33 薄壁圆筒的扭转

① 各圆周线的形状、大小以及两圆周线间的距离 Δx 均无变化，只是绕轴线转了不同的角度。这说明圆轴受扭前的横截面，变形后仍保持为平面，且大小与形状不变，圆筒壁的纵向纤维既没有拉长也没有缩短，所以在圆筒壁的横截面内不会产生正应力，如图 3-33（b）所示，因而称之为纯剪切。

② 纵向直线 ef、gh 变成了螺旋线，原来的矩形 $abcd$ 变成平行四边形。这说明扭转变形时其各横截面像刚性平面一样地绕各自形心转动，而且各横截面转动的角度从左到右逐渐加大，端截面相对固定端转过角度，称为扭转角。离固定端愈近的横截面，转过的角度愈小。

如假想将圆筒从 ab 和 cd 二截面处切开，如图 3-33（c）所示，那么在每一个切开截面左右两侧的横截面上，都作用有沿切线方向的切应力，如果器壁很薄，可以认为这些切应力，不但沿圆周分布，而且沿壁厚也可看作是均布的。将 $abcd$ 从筒壁上截取下来，得到一个宽 Δx，高 Δy，厚为 δ 的小矩形体如图 3-33（d）所示。当圆筒没有受到外力偶作用时，矩形体左右上下四个平面内均没有切应力。当圆筒受到力偶矩 m 作用时，在左右

两个侧面上将出现指向相反的切应力 τ，即图 3-33（c）所示的在圆筒横截面上的切应力。可以断定，小矩形体上下两个平面内必定也作用有切应力，若用 τ' 表示这个切应力，则根据静力平衡条件可以写出下式：

$$(\tau \cdot \Delta y \cdot \delta)\Delta x = (\tau' \cdot \Delta x \cdot \delta)\Delta y$$

于是得：

$$\tau = \tau' \tag{3-29}$$

式(3-29) 表明：过一个点的两个互相垂直的截面内，作用着大小相等、转向相反的切应力，这就是切应力互等定理。此定理适用于各种外载荷作用下的构件。

（2）角应变

剪切变形的大小怎样度量呢？仍以图 3-33（a）所示的薄壁圆筒为例，如果所加的外力偶矩 m 越大，ab 截面与 cd 截面之间的相对转动量也会越大，反映到图 3-33（c）上就是小矩形体左右两个平面相对错动的量越大。如果这一相对错动量用图 3-34（a）中的 Δ 表示，则 Δ 的大小将直接取决于所加的力偶矩和发生相对错动的两个截面间的距离。因此，剪切变形程度应该用 $\Delta/\Delta x$ ［图 3-34（a）］来度量，由于：

$$\frac{\Delta}{\Delta x} = \tan\gamma \approx \gamma (\text{当 } \gamma \text{ 很小时}) \tag{3-30}$$

所以表示剪切变形程度的是一个角 γ ［图 3-34（a）］，这个 γ 称为角应变，它和线应变 ε 是对应的量。

（3）剪切胡克定律

正应力 σ 引起线应变 ε，当正应力不超过材料比例极限时，存在着 $\sigma = E\varepsilon$ 的关系，即拉压胡克定律。试验表明，在纯剪切应力状态下，切应力不超过材料的剪切比例极限 τ_p 时，τ 与 γ 之间也是成正比关系，即：

$$\tau = G\gamma \tag{3-31}$$

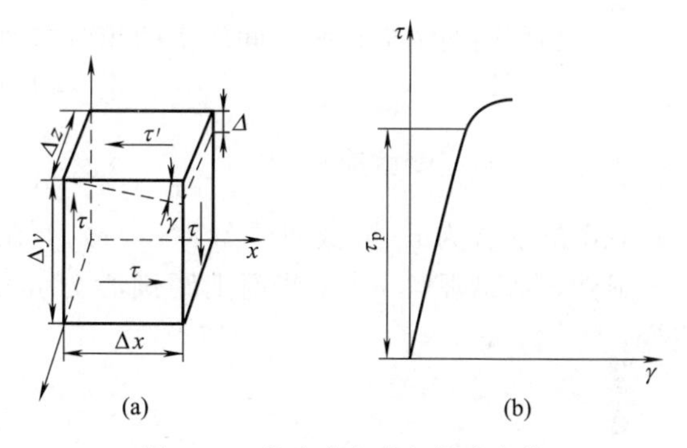

图 3-34 角应变与剪切胡克定律

这就是剪切胡克定律。式中的比例常数 G 称为材料的剪切弹性模量，它的单位与弹性模量 E 相同。钢的 G 值约为 8×10^4 MPa。

至此，共讨论过三个有关材料弹性的常数，即弹性模量 E、横向变形系数 μ 和剪切弹性模量 G，对于各向同性材料，这三个量之间存在着如下关系：

$$G = \frac{E}{2(1+\mu)} \tag{3-32}$$

利用此式可以由任意两个算出第三个。

3.3.4 圆轴在外力偶作用下的变形与内力

（1）变形分析

取一根左端固定，右端自由，半径为 R 的等截面实心轴，并在它的表面画两条纵向线 ab 和 fk 以及两条圆周线 bg 和 ch ［图 3-35（a）］。当在轴的右端作用一力偶矩 m 时，圆轴所发生的变形情况和上节薄壁圆筒的变形十分类似，在圆轴各相邻横截面之间也都发生了绕各自截面轴心的相对转（错）动［图 3-35（b）］。

现在，假想沿 n—n 和 m—m 两个相距为 dx 的横截面将轴切取下一薄片［图 3-35

（c）］，如果用 $\mathrm{d}\varphi$ 来表示这两个相邻横截面间所发生的相对转角，那么 $\mathrm{d}\varphi/\mathrm{d}x$ 就可以用来表达轴在 n—n 截面处的扭转变形程度。

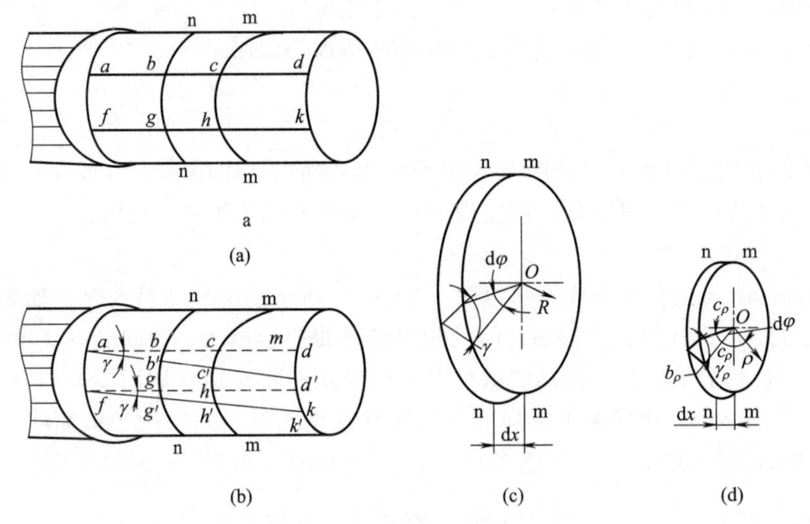

图 3-35 圆轴的扭转变形

这一相邻的两个横截面之间发生的相对错动量显然可用弧线 cc' 表示，其值为：

$$cc'=R\,\mathrm{d}\varphi$$

于是 b 点角应变就应是：

$$\gamma=\frac{\widehat{cc'}}{\mathrm{d}x}=R\,\frac{\mathrm{d}\varphi}{\mathrm{d}x}$$

式中的 γ 称为 n—n 截面［图 3-35（c）］在 b 点处的角应变。

显然，如果观察 n—n 截面上距圆心为 ρ 处的 b_ρ 点［图 3-35（d）］，b_ρ 点处的角应变：

$$\gamma_\rho=\frac{\widehat{c_\rho c'_\rho}}{\mathrm{d}x}=\rho\,\frac{\mathrm{d}\varphi}{\mathrm{d}x} \tag{3-33}$$

（2）扭转切应力及其分布规律

有了横截面上各点角应变的变化规律［式(3-33)］，引用剪切胡克定律就不难得到在切应力不超过材料的剪切比例极限时的切应力沿横截面的分布规律。

$$\tau=G\gamma$$

将式(3-33) 中的 γ_ρ 代入上式，并令相应点处的切应力为 τ_ρ，于是得：

$$\tau_\rho=G\rho\,\frac{\mathrm{d}\varphi}{\mathrm{d}x} \tag{3-34}$$

这就是横截面上切应力变化规律的表达式。由此可知 τ_ρ 与 ρ 也成正比，而在同一半径 ρ 的圆周上各点处的切应力均相同。τ_ρ 的方向应垂直于半径。

（3）转矩

从图 3-35 可见，圆轴受扭时，在其横截面上将产生非均布的切应力 τ_ρ，横截面内每一个微小面积上都作用有微小剪力 $\mathrm{d}Q$，其值为 $\tau_\rho\mathrm{d}A$。每一个 $\mathrm{d}Q$ 对于轴心 O 均有力矩 $\rho\tau_\rho\mathrm{d}A$，这些力矩存在于整个截面，并且转向一致，于是这些力矩之和 $\int_A\rho\tau_\rho\mathrm{d}A$ 就构成了圆轴受扭时横截面上的内力矩，把这个内力矩称作转矩，并用字母 M_T 表示。

这个内力矩是伴随着圆轴的扭转变形产生的，它的作用是抵抗外力矩对该截面的破坏，因此转矩 M_T 应与该截面一侧所受的外力矩平衡。由此可得转矩 M_T 的计算法则如下：受扭圆轴任一横截面上的转矩等于该截面一侧所有外力（偶）矩的代数和。右手螺旋法则来确定外力偶的正负，右手的四指沿着外力偶矩的旋转方向弯曲，如果大拇指的指向是背离所讨论的截面，则认为该外力偶在该截面上所引起的转矩为正值，因此该外力偶矩取正值，反之取负值。

（4）转矩与扭转变形 $d\varphi/dx$ 之间的关系

根据转矩的表达式 $M_T=\int_A \rho\tau_\rho dA$ (a) 及 $\tau_\rho=G_\rho \dfrac{d\varphi}{dx}$

可得
$$M_T=G\frac{d\varphi}{dx}\int_A \rho^2 dA \qquad (b)$$

式中的积分 $\int_A \rho^2 dA$ 称为横截面的极惯性矩，用 I_p 表示，也是一个只与截面尺寸有关的几何量。

这样，式(b) 便可写成：

$$M_T=GI_p\frac{d\varphi}{dx} \quad 或 \quad \frac{d\varphi}{dx}=\frac{M_T}{GI_p} \tag{3-35}$$

（5）扭转切应力的计算公式

将式(3-35) 中 $d\varphi/dx$ 代入式(3-34)，得圆轴扭转时在转矩为 M_T 的横截面上，距轴心 ρ 处扭转切应力：

$$\tau_\rho=\frac{M_T\cdot\rho}{I_p} \tag{3-36}$$

最大的扭转切应力出现在圆轴横截面的外圆周各点，其值为：

$$\tau_{max}=\frac{M_T R}{I_p}$$

由于圆轴半径 R 和截面的极惯性矩 I_p 都是与截面尺寸有关的几何量，所以通常令 $W_p=I_p/R$，于是得：

$$\tau_{max}=\frac{M_T}{W_p} \tag{3-37}$$

式中 W_p 称为截面的抗扭截面模量。计算 W_p 先要算出极惯性矩 I_p。图 3-36 是一圆截面，在距圆心为 ρ 处取一宽度为 d_p 的圆环形微面积 dA。

根据极惯性矩的定义得：

$$I_p=\int_A \rho^2 dA=\int_0^{D/2}\rho^2\cdot 2\pi\rho d\rho=2\pi\int_0^{D/2}\rho^3 d\rho=\frac{\pi D^4}{32} \tag{3-38}$$

于是：
$$W_p=\frac{I_p}{R}=\frac{I_p}{D/2}=\frac{1}{16}\pi D^3 \tag{3-39}$$

对于外径为 D，内径为 d 的空心圆轴来说，它的横截面的 I_p 和 W_p 值可用类似的方法计算：

$$I_p=\frac{\pi}{32}(D^4-d^4)=\frac{\pi D^4}{32}(1-\alpha^4) \tag{3-40}$$

$$W_p=\frac{\pi D^3}{16}(1-\alpha^4) \tag{3-41}$$

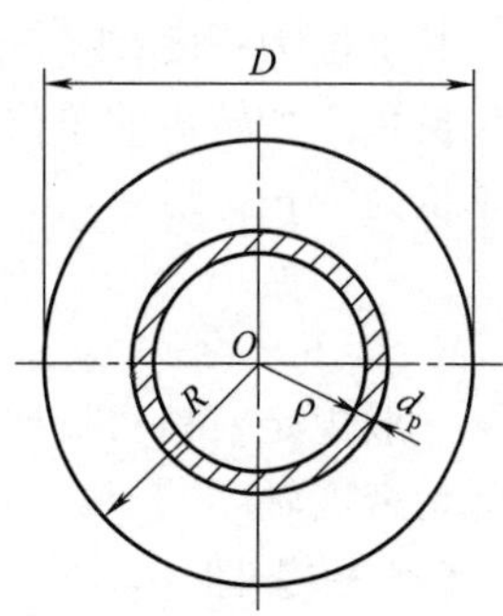

图 3-36 圆形截面及惯性矩的计算

式中 $\alpha=d/D$，显然在相同的截面面积条件下，环形截面的 I_p、W_p 要比圆形面的大。

(6) 扭转角的计算

轴扭转变形通常用两个横截面间的相对扭转角 φ 度量（图 3-37），φ 值可直接通过式(3-42) 计算，即：

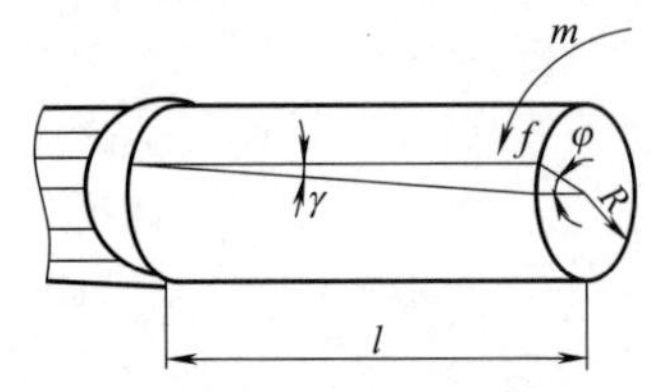

图 3-37 轴的扭转变形

$$由\frac{d\varphi}{dx}=\frac{M_T}{GI_p},得\ d\varphi=\frac{M_T}{GI_p}dx$$

式中 $d\varphi$ 是相距 dx 两横截面间的相对扭转角，若在长度为 l 的一段轴内，其各横截面上的转矩相同，则这段轴两端横截面间的相对扭转角应为：

$$\varphi=\int_l d\varphi=\frac{M_T l}{GI_p} \tag{3-42}$$

式中，φ 的单位为弧度。GI_p 称为圆轴的抗扭刚度，它与抗拉刚度 EA、抗弯刚度 EI_z 相对应。轴的抗扭刚度 GI_p 反映了圆轴抵抗扭转变形的能力。

3.3.5 圆轴扭转时的强度条件与刚度条件

(1) 圆轴扭转时的强度条件

为了使受扭的圆轴在强度上保证安全工作，必须使其危险截面上的最大扭转切应力 τ_{max} 不超过材料的许用切应力 $[\tau]$，即：

$$\tau_{max}=\frac{M_T}{W_p}\leqslant[\tau] \tag{3-43}$$

式中，M_T 和 W_p 分别是危险截面上的转矩和抗扭截面模量。

在静载荷作用下，材料的许用扭转切应力 $[\tau]$ 与许用拉应力 $[\sigma]$ 之间存在如下关系：

塑性材料 $[\tau]=(0.5\sim0.6)[\sigma]$，脆性材料 $[\tau]=(0.8\sim1.0)[\sigma]$。

(2) 圆轴扭转时的刚度条件

对于受扭转的圆轴，除需满足强度条件外，有时还要有足够的刚度。所以，对某些轴，特别是精密机械中的轴，其扭转变形必须加以限制。通常是把轴的单位长度扭转角 φ/l 限制在一个规定的许可值 $[\theta]$ 之内。因此圆轴扭转时的刚度条件为：

$$\theta=\frac{\varphi}{l}=\frac{M_T}{GI_p}\leqslant[\theta] \tag{3-44}$$

其单位为弧度/米（rad/m）。但在工程实际中 $[\theta]$ 的常用单位为 (°)/m，故需进行单位换算。如转矩的单位为 N·mm，剪切弹性模量的单位为 MPa（N/mm^2），极惯性矩的单位为 mm，则有：

$$\theta_{max}=57300\times\frac{M_{Tmax}}{GI_p}\leqslant[\theta] \tag{3-45}$$

一般规定：精密机械的轴 $[\theta]=0.15°\sim0.5°/m$；一般传动轴 $[\theta]=0.5°\sim1.0°/m$；较低精密度轴 $[\theta]=2°\sim4°/m$。

【例 3-7】 图 3-38 为双层板式桨叶搅拌器，已知电动机功率 17kW，搅拌轴转速 60r/min，机械传动效率 85%，上下层搅拌桨叶所受阻力不同，所消耗功率各占总功率的 35%和 65%，轴用 ϕ117mm×6mm 不锈钢管制成，许用应力 $[\tau]=30MPa$，剪切弹性模量 $G=8.1\times10^4MPa$，搅拌轴许用单位扭转角 $[\theta]=0.5°/m$。试校核该搅拌轴的强度和刚度。

解　① 外力偶矩和转矩的计算。机械效率 85%，所以搅拌轴实际功率是 $17\times85\%=14.45(\text{kW})$，电动机给予搅拌轴的主动力偶矩应为：

$$m_A=9.55\times\frac{P}{n}=9.55\times\frac{14.45}{60}=2.30(\text{kN}\cdot\text{m})$$

上下层桨叶形成的阻力偶矩应为：

$$m_B=9.55\times\frac{0.35\times14.45}{60}=0.80(\text{kN}\cdot\text{m})$$

$$m_C=9.55\times\frac{0.65\times14.45}{60}=1.50(\text{kN}\cdot\text{m})$$

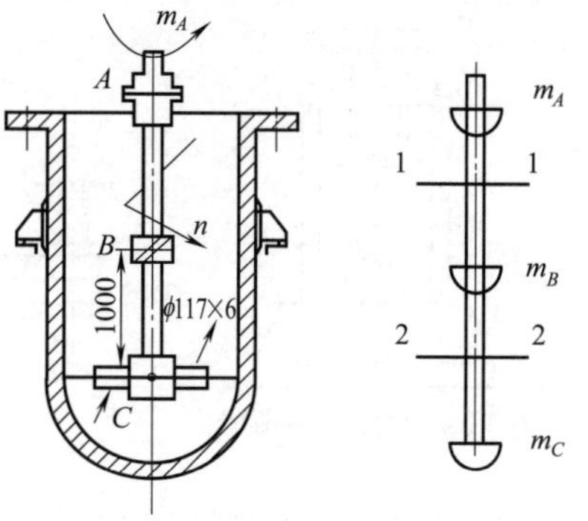

图 3-38　双层板式桨叶搅拌器

在等速转动时，主动外力偶矩与阻力偶矩相平衡。由截面法可求得 1—1 和 2—2 横截面上的转矩分别为：

$$M_{\tau1}=1.50\text{kN}\cdot\text{m}$$
$$M_{\tau2}=2.30\text{kN}\cdot\text{m}$$

故，最大转矩为 $2.30\text{kN}\cdot\text{m}$。

② 强度校核。搅拌轴的抗扭截面模量为：

$$W_{\text{p}}=0.2D^3(1-\alpha^4)=0.2\times117^3\times\left[1-\left(\frac{105}{117}\right)^4\right]=112\times10^3(\text{mm}^3)$$

得到搅拌轴内最大剪应力为：

$$\tau_{\max}=\frac{M_{\tau\max}}{W_{\text{p}}}=20.5\text{MPa}<[\tau]=30\text{MPa}$$

故，搅拌轴的强度足够。

③ 刚度校核。搅拌轴的极惯性矩为：

$$I_{\text{p}}=0.1D^4(1-\alpha^4)=0.1\times117^4\times\left[1-\left(\frac{105}{117}\right)^4\right]=6.58\times10^6(\text{mm}^4)$$

得到搅拌轴单位长度最大扭转角为：

$$\theta_{\max}=57300\times\frac{M_{\tau\max}}{GI_{\text{p}}}=0.25°/\text{m}$$

故，可知 $\theta_{\max}<[\theta]$，所以搅拌轴刚度也足够。

应用扭转强度条件和刚度条件同样也可以解决校核、设计和确定许可载荷这三类问题。在应用这些公式时，要注意各量的单位，以免发生错误。

习题

3-1　已知某压力机立柱如图 3-39 所示，$P=300\text{kN}$，立柱截面的最小直径为 42mm，材料的许用应力 $[\sigma]=140\text{MPa}$。试对立柱进行强度校核。

3-2　管架由横梁 AB、拉杆 AC 组成，如图 3-40 所示。横梁 AB 承受的管道重量分别为 $G_1=8\text{kN}$，$G_2=G_3=5\text{kN}$，横梁 AB 的长度 $l=6\text{m}$，B 端由支座支撑，A 端由直径为 d 的两根拉杆（圆钢）吊挂着。圆钢的许用应力 $[\sigma]=100\text{MPa}$，试确定圆钢截面尺寸。

3-3　已知如图 3-41 所示吊架，AB 为木杆，BC 为钢杆，$A_{AB}=10^4\text{mm}^2$，$A_{BC}=600\text{mm}^2$，$[\sigma]_{AB}=7\text{MPa}$，$[\sigma]_{BC}=160\text{MPa}$。试求 B 处可吊的最大许可载荷。

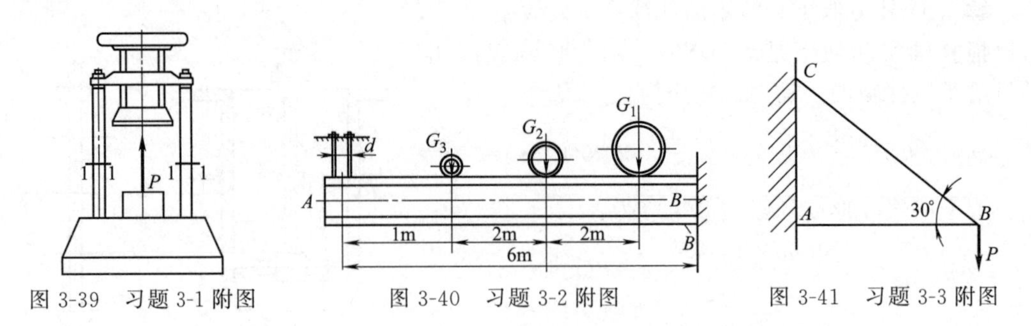

图 3-39 习题 3-1 附图　　图 3-40 习题 3-2 附图　　图 3-41 习题 3-3 附图

3-4 齿轮与轴由平键（$b \times h \times L = 20 \times 12 \times 100$）连接如图 3-42 所示，它传递的转矩 $m = 2\text{kN} \cdot \text{m}$，轴的直径 $d = 70\text{mm}$，键的许用剪应力为 $[\tau] = 60\text{MPa}$，许用挤压应力为 $[\sigma_j] = 100\text{MPa}$，试校核键的强度。

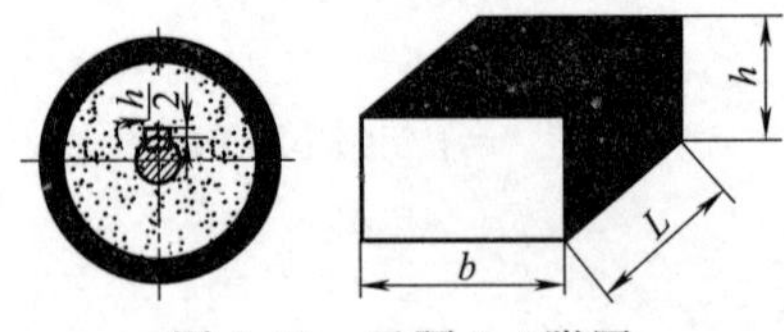

图 3-42 习题 3-4 附图

3-5 厚度 $\delta_2 = 4\text{mm}$ 的两块钢板及厚度 $\delta_1 = 10\text{cm}$ 的一块钢板用两列共 6 个铆钉接在一起，如图 3-43 所示。若用外力 $P = 100\text{kN}$，材料的许用应力 $[\tau] = 100\text{MPa}$，$[\sigma_j] = 240\text{MPa}$，试确定铆钉的最小直径。

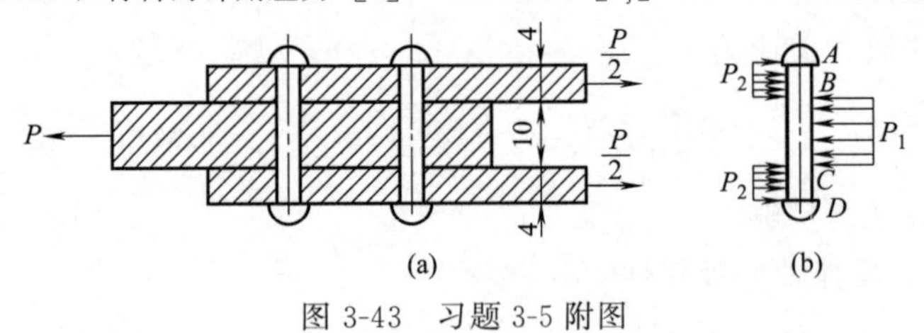

图 3-43 习题 3-5 附图

3-6 如图 3-44 所示，简支梁 AB 受集中载荷 $F = 12\text{kN}$，试画出其剪力图和弯矩图。

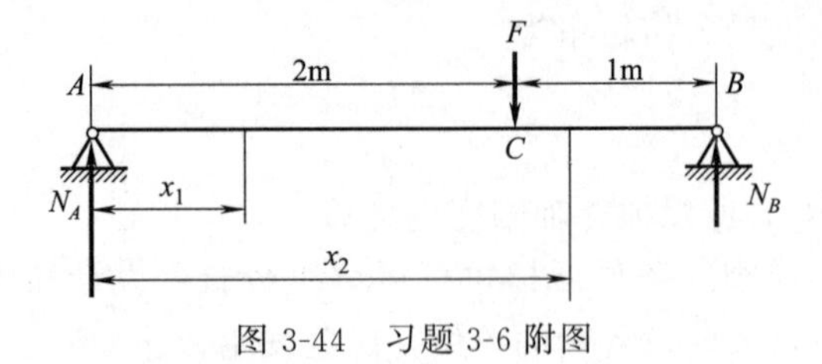

图 3-44 习题 3-6 附图

3-7 图 3-45 为简支梁。画出该梁的剪力图和弯矩图。

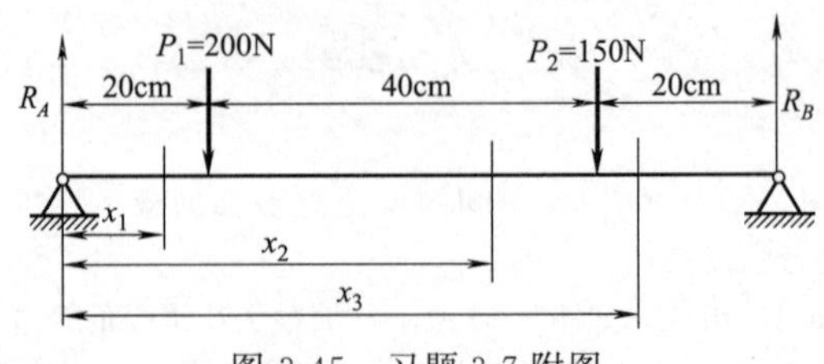

图 3-45 习题 3-7 附图

3-8 一外伸梁 ABC 如图 3-46 所示，在外伸端 BC 内受均布载荷 q 作用，试画出该梁的剪力图和弯矩图，并找出最大剪力和弯矩。

3-9 图 3-47 蒸馏塔外径 $D = 1\text{m}$，总高 $l = 17\text{m}$，所受平均风压 $q = 0.7\text{kN/m}^2$，塔底部用裙式支座支撑，

裙式支座的外径与塔外径相同，其壁厚 $\delta=8\text{mm}$。试求：

① 最大弯矩数值，它位于哪一个截面？

② 最大弯曲应力。

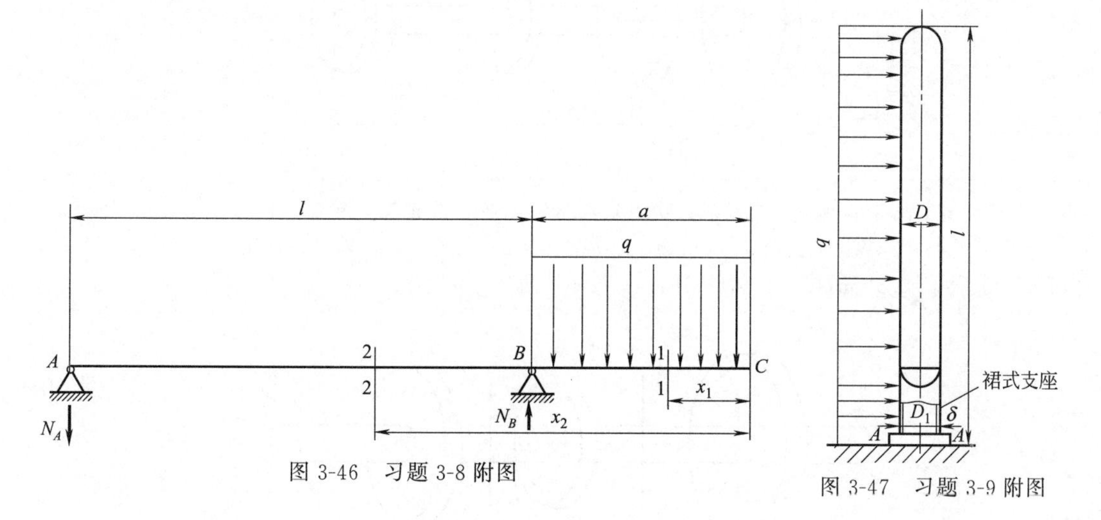

图 3-46　习题 3-8 附图

图 3-47　习题 3-9 附图

3-10　某建筑工地上，用长为 $l=3\text{m}$ 的矩形截面木板做跳板，木板横截面尺寸 $b=500\text{mm}$，$h=50\text{mm}$，木板材料的许用应力 $[\sigma]=6\text{MPa}$，试求：

① 一体重为 700N 的工人走过是否安全？

② 要求两名体重均为 700N 的工人抬着 1500N 的货物安全走过，木板的宽度不变，重新设计木板厚度 h。

3-11　图 3-48 为平直桨叶搅拌器，已知电动机的额定功率是 17kW，搅拌轴的转速是 60r/min，机械传动的效率是 90%，上下层桨叶所受到的阻力是不同的，它们各自消耗的功率分别占电机实际消耗的总功率的 35%和 65%，轴是用 $\phi117\text{mm}\times6\text{mm}$ 碳钢管制成，材料的许用切应力 $[\tau]=30\times10^6\text{Pa}$。试校核该轴在电动机满负荷运转的强度。

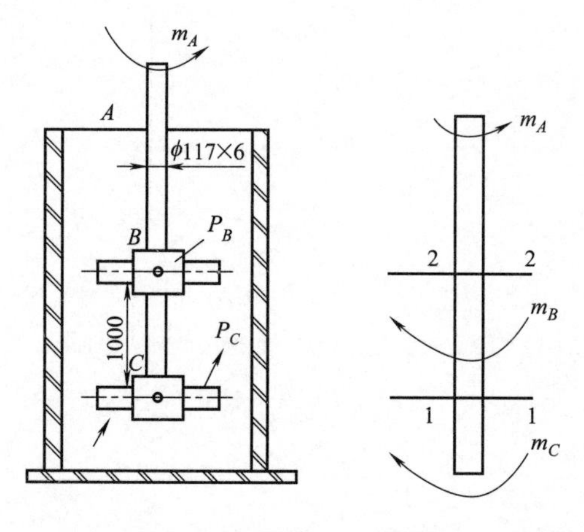

图 3-48　习题 3-11 附图

3-12　图 3-49 为直径等于 75mm 的等截面圆轴，上面作用有驱动力偶矩 $m_1=1\text{kN}\cdot\text{m}$ 阻力偶矩共三个：$m_2=0.6\text{kN}\cdot\text{m}$，$m_3=0.2\text{kN}\cdot\text{m}$，$m_4=0.2\text{kN}\cdot\text{m}$。

试问：

① 该轴的最大转矩及最大扭转切应力？

② 若将驱动力偶矩 m_1 与阻力偶矩 m_2 的位置互换，仅从强度考虑，轴径可以作怎样的改变。

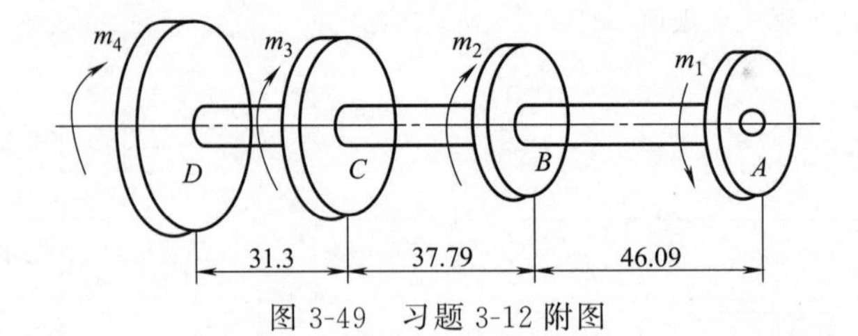

图 3-49 习题 3-12 附图

3-13 一传动轴如图 3-50 所示，电动机将功率输入 B 轮，再由 A 轮及 C 轮输出，已知 $N_B=7$kW，$N_A=4.5$kW，$N_C=2.5$kW，轴直径 $d=40$mm，以 $n=50$r/min 匀速回转，轴材料许用应力 $[\tau]=80$MPa，许用扭转角 $[\theta]=0.5°/\text{m}$，$G=8\times10^4$MPa，试校核轴的强度和刚度。

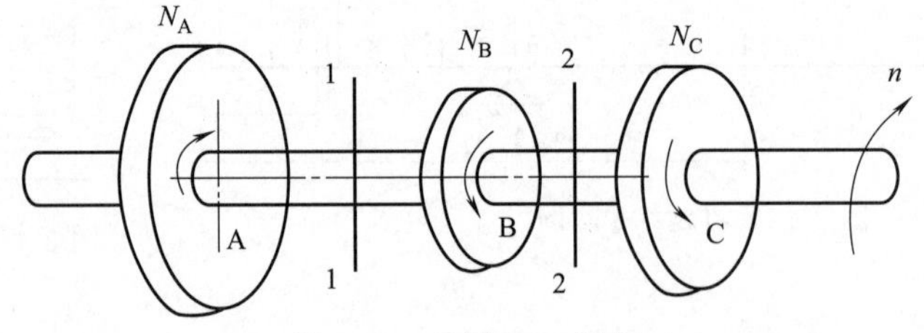

图 3-50 习题 3-13 附图

第2篇

材料基础

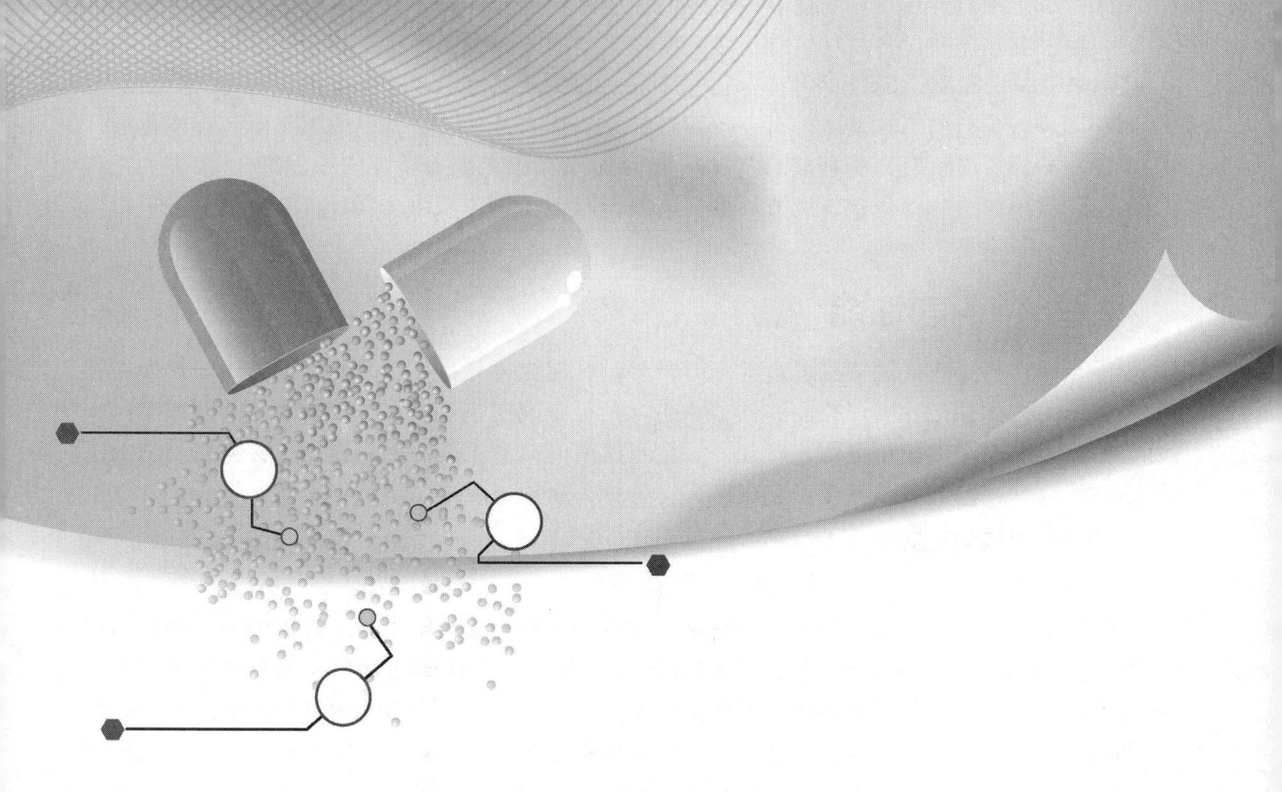

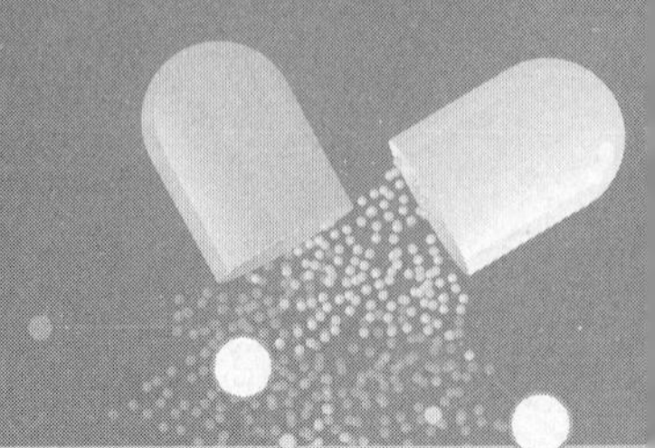

第4章 制药设备材料及选择

4.1 概述

材料是构成制药设备的物质基础，能否合理地选用材料对正确设计制造制药设备有极为重要的影响。制药设备承受的工作压力、工作温度波动范围广，处理的介质往往有腐蚀性。不同的生产条件决定了制药设备对材料有不同的要求，为节约制造成本，减轻设备自重，延长设备使用寿命与检修周期，保证设备的正常运转以及安全地完成生产计划，制药技术人员必须对各种材料的性能、设备的选材有一定的了解。

用来制作制药设备的材料有很多，按物质结构分为金属材料、非金属材料、有机高分子材料、复合材料、陶瓷材料等。其中最常用的是金属材料及其合金。

随着新工艺的不断发展，对设备材料的要求更为苛刻，这就要求不断研制性能更加优良的新品种、新材料。非金属材料的耐腐蚀性能在很多场合优于金属材料，原料来源广泛、容易生产、价格便宜，能节约大量金属，所以在制药厂非金属材料已愈来愈多地得到应用。

4.2 材料的性能

金属材料是现代制造机械最常用的材料，其性能可分为使用性能和工艺性能。使用性能又分为力学性能、物理性能和化学性能，是指金属材料在使用过程中反映出来的特性，它决定金属材料的应用范围、安全可靠性和使用寿命。工艺性能是指金属材料在制造加工过程中反映出来的各种特性，它决定材料是否易于加工或如何进行加工。

4.2.1 力学性能

(1) 强度

强度是指材料在外力作用下抵抗永久变形和断裂的能力。工程上常用的强度包括屈服强度σ_s和抗拉强度σ_b，可通过拉伸实验测出，是零件设计和选材时的主要依据之一。屈服强度和抗拉强度的比值称为屈强比。材料的屈强比越大，承载能力越强，同时设备材料的塑性储备降低，缺口敏感性增加；材料的屈强比越小，构件的可靠性越高。对于机械零件，在保证安全的前提下，屈强比可适当高些，节约材料、减轻重量；压力容器不要求太高的屈强比。

(2) 刚度

刚度是指材料在外力作用下抵抗变形的能力。弹性模量E和泊松比μ是材料的刚度指标，反映材料弹性变形阶段的变形能力。刚度不仅与材料性质有关，还与零件的几何形状、外力作用形式等条件有关。

（3）硬度

硬度是指金属表面抵抗硬物压入其内的能力，是衡量金属材料软硬程度的一种性能指标。通常使用压入法来测定。由于实验中采用的压头形状、加压方式、硬度计算方法的不同，硬度有许多表示方法，常用的硬度指标有布氏硬度（HB）、洛氏硬度（HR）、维氏硬度（HV）。布氏硬度和洛氏硬度多用于生产中，维氏硬度计虽然所测得的硬度值更精确，但成本较高，多用于实验室。

（4）塑性

塑性是指金属材料在外力作用下，产生不可逆永久变形而不破坏的能力。伸长率和断面收缩率是金属材料常用的塑性指标。良好的塑性是金属材料进行锻造、焊接、轧制等工艺加工的前提。塑性好的材料在使用过程中若出现超载的情况，首先会产生塑性变形，可避免突然断裂。

（5）韧性

韧性是指材料断裂前吸收能量的能力。冲击韧性和断裂韧性可以综合地反映材料的强度和塑性。

冲击韧性是指材料抵抗冲击载荷的作用而不破坏的能力。许多零件在工作时都会承受冲击载荷，多次重复的外力冲击所引起的变形、应力甚至破坏，比静载荷时要大很多，所以必须考虑材料的冲击韧性。

金属材料中存在各种缺陷，如裂纹。当材料受外力作用时，裂纹尖端附近会出现应力集中，裂纹逐步扩展直至断裂。因此将材料抵抗裂纹失稳扩展的能力称为断裂韧性。通过工艺处理可提高材料的断裂韧性。

（6）疲劳

制药工业中很多设备的零件在工作中承受交变应力，即应力大小随时间做周期性变化，如轴承、齿轮、弹簧等。承受交变应力的零件，往往工作时的应力低于屈服强度却发生断裂，这种现象称为疲劳断裂。其原因主要是材料的内部含有杂质、表面有划痕及其他能引起应力集中的缺陷，从而产生微小裂纹。微裂纹随应力循环次数的增加而逐渐扩展，承载的截面积逐渐减小，直至不能承受所加载荷而突然断裂。金属材料在交变载荷的作用下而不致引起断裂破坏的最大应力，叫作疲劳强度。

为提高零件的疲劳强度，可以从零件的材料、工艺、结构设计三方面来改善。材料方面，减少杂质、疏松等缺陷；工艺上，提高零件的表面光洁度，对零件进行表面强化处理（喷丸处理、表面淬火等）；设计上，尽量避免应力集中，如避免结构突变。

4.2.2　物理性能

物理性能是指材料在自然界如力、热、光、电等各种物理作用下所反映出的各种特性，主要有密度、熔点、热膨胀性、导热性、导电性、磁性等。

零件的工作条件和用途不同，对材料的物理性能的要求也不同。在高温下工作的零件需采用熔点高的材料来制造，熔断器则使用熔点低的材料来制造；热交换器等传热设备常采用铜、铝及其合金等导热性好的材料来制造，而陶瓷、塑料等导热性差的材料可以用来制造绝热材料；有的设备在设计时需考虑消除静电，则选用导电性好的材料，银的导电性最好，铜、铝次之，一般高分子材料都是绝缘体；而变压器、电机的铁芯则要求导磁性要好。

4.2.3　化学性能

化学性能主要指材料在常温或高温时抵抗各种活泼介质化学侵蚀的能力。如耐腐蚀性、抗氧化性等。

医疗器械常用不锈钢制造零件，以抵抗化学介质的腐蚀。非金属材料的耐腐蚀性远高于金属材料。

抗氧化性指金属材料在高温时抵抗氧化作用的能力。金属在高温下能在表面形成一层组织致密、连续并且附着在金属表面不易脱落的氧化膜，可阻止金属进一步氧化，起到保护的作用。

4.2.4 加工工艺性能

加工工艺性能的好坏直接影响制造零件的工艺方法、质量及成本，因此在设备的制造过程中必须考虑材料的加工工艺性能，包括铸造性能、锻造性能、焊接性能、切削加工性能、热处理性能等。

（1）铸造性能

铸造是将液态金属浇注到铸型空腔中，冷却凝固后得到毛坯或零件的一种成形工艺方法，是金属在铸造过程中所表现出来的工艺性能，包括流动性、收缩性、偏析等。流动性好的材料易于充满铸型空腔，便于浇注出轮廓清晰的铸件，减少浇注缺陷；收缩性会影响铸件质量，主要表现在缩孔缩松、铸造应力、变形和裂纹等缺陷的产生。偏析指铸件内部化学成分和组织结构不均匀，降低铸件的力学性能。

（2）锻造性能

锻造性能是指材料经过外力加压产生塑性变形，获得优质锻件难易程度的一项工艺性能。决定材料铸造性能好坏的两个重要指标是材料的塑性和变形抗力。材料的塑性高，变形抗力低，则锻造性能好。

（3）焊接性能

将两块材料局部加热至熔融状态，使其达到结合的能力叫作该材料的焊接性能。材料焊接性能的好坏主要取决于材料的化学成分，含碳量低的材料往往焊接性能较好。如低碳钢焊接性能好，中碳钢的焊接性能差，焊接接头易形成气孔和裂纹，高碳钢的焊接性能更差，一般不用于制造焊接结构件。

（4）切削加工性能

切削加工是利用切削工具将工件上的多余材料切去以获得所要求的几何形状、尺寸精度和表面质量的零件加工工艺。切削加工性能好的材料，切削时耗能少、刀具使用寿命长、切削后表面粗糙度低。材料硬度适当并具有足够脆性时较易切削，例如灰铸铁的切削性能优于钢。

（5）热处理性能

通过对固态金属进行不同程度的加热、保温、冷却，来改变金属的内部组织结构，从而得到所需性能的加工工艺方法，称为金属的热处理。常用的热处理方法有退火、正火、淬火、回火和表面热处理（表面淬火、化学热处理）等。

热处理不同于其他加工工艺，它只改变组织性能，不改变零件形状尺寸。通过热处理可提高材料的力学性能，改善切削加工性能、焊接性能等。

4.3 金属材料

制药生产环境条件（如温度、压力）各异，使用的介质种类较多，且大多具有腐蚀性。由于金属材料具有良好的物理性能、化学性能和力学性能，以及产量大、价格便宜等优势，被大量用于制造各种设备。

4.3.1 金属材料的分类及牌号

金属材料最常见的分类方法是按照其最高价氧化物的颜色分为黑色金属和有色金属两大类。黑色金属包括铁及其合金、钢、铬及锰等。由于钢铁是应用最广泛的金属材料，一般而言，黑色金属就是钢铁的总称。黑色金属又可分为生铁和钢。生铁可分为炼钢生铁、铸造生铁和合金生铁；钢可分为碳素钢和合金钢。除了黑色金属以外的其他金属及其合金，称为有色金属，主要有铜、铝、铅、镍、钛及其合金。

国家标准《钢分类》（GB/T 13304—2008）分两部分对钢材进行分类。第一部分，按化学成分，分为非合金钢（碳素钢）、低合金钢和合金钢。第二部分，按主要质量等级分为普通质量钢（S、P 含量≥0.040%）、优质钢（S、P 含量为 0.025%～0.040%之间）和特殊质量钢（S、P 含量≤0.025%）。

常见的钢材分类方法还有如下几种。

按冶炼方法分类：①按冶炼设备分为平炉钢、转炉钢、电炉钢；②按脱氧程度和浇注制度分为沸腾钢（F）、镇静钢（Z）、半镇静钢（B）、特殊镇静钢（TZ）。

按金相组织类型分类：铁素体钢、奥氏体钢、珠光体钢、马氏体钢等。

按用途分类：①结构钢，包括建筑及工程用钢（普通碳素结构钢、低合金结构钢、低温钢、钢筋钢等）、机械制造用钢（优质碳素结构钢、合金结构钢、易切削结构钢、弹簧钢、滚动轴承钢）；②工具钢，包括碳素工具钢、合金工具钢、高速工具钢；③特殊性能钢，包括不锈耐酸钢、耐热钢、电热合金钢、耐磨钢、低温用钢、电工用钢；④专业用钢，如桥梁用钢（Q）、锅炉用钢（G）、容器用钢（R）等。

钢铁产品牌号表示方法。根据国家标准《钢铁产品牌号表示方法》(GB/T 221—2008）中规定，采用大写汉语拼音字母、化学元素符号和阿拉伯数字，按顺序排列的形式表示。即：

① 产品名称、用途、特性和工艺方法等，采用代表该产品汉语拼音的缩写字母表示。

② 钢号中化学元素采用国际化学符号表示，例如 Si、Mn、Cr 等。

③ 钢中主要化学元素含量（%）采用阿拉伯数字表示。

4.3.2 碳钢与铸铁

钢和铸铁是在制药工业中广泛应用的金属材料，由铁和碳两种主要元素组成，故称“铁碳合金”。铁碳合金中，含 95%以上的铁元素和 0.05%～4%的碳元素及 1%左右的杂质元素。这些杂质主要有 Mn、Si、S、P 等元素。一般而言，含碳量介于 0.02%～2%的为钢；含碳量大于 2%的为铸铁。含碳量小于 0.02%时为工业纯铁，含碳量大于 4.3%时其性质极脆而无使用价值。碳的含量决定钢材的力学性质，含碳量增加会使钢的强度和硬度提高，塑性和韧性下降。

（1）碳钢

碳钢也叫碳素钢（非合金钢），指含碳量小于 2%的铁碳合金。由于原材料和冶炼方法的限制，碳钢除含碳外一般还含有少量的硅、锰、硫、磷等杂质。一般认为，硫、磷在大多数情况下是有害杂质，而硅、锰是钢中的有益元素。这是因为，硫在钢中与铁化合形成低熔点（985℃）的 FeS，使钢材在热加工时容易开裂（热脆现象），磷在低温时使钢材显著变脆（冷脆现象）；而硅、锰含量不高（<1%）时，锰与硫形成高熔点（1600℃）的 MnS，可以提高钢的强度和硬度，而不降低钢的塑性和韧性。因此，碳钢的质量主要是

以硫、磷的含量来衡量，硫、磷的含量越低，钢的质量越好。

按质量等级及用途分类，碳钢可分为普通碳素结构钢和优质碳素结构钢。

① 普通碳素结构钢　含硫、磷等杂质元素较多（S含量≤0.050%，P含量≤0.045%），质量一般。但冶炼方法简单，工艺性好，价格低廉，且在性能上能满足一般工程结构件及普通零件的要求，因此应用面广。

国家标准《碳素结构钢》（GB/T 700—2006）中，列有Q195、Q215、Q235和Q275四个钢种12个等级。

普通碳素结构钢牌号的表示方法：由代表屈服强度的字母（Q）、屈服点数值（单位为MPa）、质量等级符号、脱氧方法、产品用途等表示符按顺序组成（参见GB/T 700—2006）。钢的质量等级用A、B、C、D表示，其中A等级最低；脱氧方法分别以F、B、Z、TZ表示沸腾钢、半镇静钢、镇静钢、特殊镇静钢，其中“Z”与“TZ”符号可以省略；产品用途的常见表示符R、DR分别表示锅炉和压力容器用钢、低温压力容器用钢。如“Q235-AF”，代表屈服点值为235MPa的碳素结构钢之A级沸腾钢。Q235含碳适中，综合性能较好，强度、塑性和焊接等性能得到较好配合，用途最广泛。非承压件应用最多的是Q235-A，承压件应用最多的是Q235-B和Q235-C。普通碳素结构钢的常用牌号、等级、化学成分等见表4-1。

表4-1　普通碳素结构钢的牌号和化学成分表（摘自GB/T 700—2006）

牌号	等级	化学成分(质量分数)/%，不大于					脱氧方法	厚度(或直径)/mm
		C	Si	Mn	P	S		
Q195	—	0.12	0.30	0.50	0.035	0.040	F、Z	—
Q215	A	0.15	0.35	1.20	0.045	0.050	F、Z	—
	B					0.045		
Q235	A	0.22	0.35	1.40	0.045	0.050	F、Z	—
	B	0.20				0.045		
	C	0.17			0.040	0.040	Z	
	D				0.035	0.035	TZ	
Q275	A	0.24	0.35	1.50	0.045	0.050	F、Z	—
	B	0.21			0.045	0.045	Z	≤40
		0.22						>40
	C	0.20			0.040	0.040	Z	—
	D				0.035	0.035	TZ	

② 优质碳素结构钢　含硫、磷量较少（S含量≤0.035%，P含量≤0.035%），冶炼工艺较严格，故质量好，强度高，但成本较高。

国家标准《优质碳素结构钢》（GB/T 699—2015）中，列有两类28种优质碳素结构钢。一类是普通锰含量（0.25%～0.80%）的优质碳素钢17个；另一类是较高锰含量（0.70%～1.20%）的优质碳素钢11个。

优质碳素结构钢牌号的表示方法：用平均含碳量的万分数表示，如“35”，表示平均含碳量为0.35%（万分之三十五）的优质碳素钢。若钢中锰含量较高，则在其钢号后面将锰元素标出，如“45Mn”，表示平均含碳量为0.45%的含较高锰元素的优质碳素钢。

优质碳素结构钢主要用来制造各种机器零件。08F 钢是优质沸腾钢，塑性、韧性极好，可制造冷冲压件。45 钢是最常用的中碳优质钢，综合力学性能好，但焊接性能较差，主要用于制造强度高的运动件（如轴、齿轮、蜗杆等），不适合做设备的壳体。60、65、70、80 钢是高碳优质钢，其强度与硬度均较高。60、65 钢用来制造弹簧。70、80 钢用来制造钢丝绳等。

（2）铸铁

铸铁是含碳量大于 2%的铁碳合金，并含有 S、P、Si、Mn 等杂质。铸铁是脆性材料，生产成本低，具有良好的耐磨性、铸造性、减震性和切削加工性，在一些介质中（浓硫酸、盐溶液、有机溶剂等）具有良好的耐腐蚀性。根据铸铁中石墨的形态，铸铁分为灰铸铁、球墨铸铁、可锻铸铁等。

① 灰铸铁　灰铸铁中碳元素以自由状态的片状石墨形式存在，断口呈灰色，简称灰铁。

灰铸铁含碳量较高（2.7%～4.0%），抗压强度较高，耐磨性、耐蚀性好，具有良好的铸造性、切削加工性、减震性，可用于制造要求减震、耐磨的零件。但其抗拉强度、塑性、韧性较低，不适于制造承受弯曲、拉伸、剪切和冲击载荷的零部件。

灰铸铁牌号由代表“灰铁”的字母 HT、最低抗拉强度值（MPa）、最低伸长率（%）按顺序组成。如 HT200，表示抗拉强度 σ_b=200MPa 的灰铸铁。

② 球墨铸铁　将灰口铸铁铁水经球化处理后获得，析出的石墨呈球状，简称球铁。

球墨铸铁比普通灰口铸铁有较高强度、较好韧性和塑性，同时也有良好的耐磨性、减震性，其综合力学性能接近于钢，是“以铁代钢、以铸代锻”的良好材料。球墨铸铁缺点主要表现在凝固收缩率较大，对原铁水成分要求严格，并对熔炼与铸造工艺有较高的要求。

球墨铸铁牌号表示方法：由代表“球铁”的字母 QT、最低抗拉强度值（MPa）、最低伸长率（%）按顺序组成。如 QT400-15，表示抗拉强度 σ_b=400MPa，伸长率 δ_s=15%的球墨铸铁。

③ 可锻铸铁　可锻铸铁是用碳、硅含量较低的铁碳合金铸成白口铸铁坯件，再经过长时间高温退火处理，使渗碳体分解出团絮状石墨而成，简称韧铁。其组织性能均匀，耐磨损，有良好的塑性和韧性。

可锻铸铁多用来制造承受冲击载荷的铸件。按组织成分和性能分为：黑心可锻铸铁（H）、珠光体可锻铸铁（Z）、白心可锻铸铁（B）。黑心可锻铸铁具有较高强度和一定韧性，用于制造形状复杂、能承受强动载荷的零件，如管道配件、低压阀门、转向机构等；珠光体可锻铸铁用于制造强度要求较高、耐磨性较好的铸件，如齿轮箱、凸轮轴、活塞环等；白心可锻铸铁用于制造薄壁铸件和焊接后不需进行热处理的铸件。

可锻铸铁牌号由代表“可铁”的字母 KT、可锻铸铁类型标识符（H、Z、B）、最低抗拉强度（MPa）、最低伸长率（%）按顺序组成。如 KTH350－10，表示抗拉强度 σ_b=350MPa，伸长率 δ_s=10%的黑心可锻铸铁。

4.3.3 低合金钢及化工设备用特种钢

碳钢因价格低廉、工艺简单，是应用最广泛的金属材料。但碳钢在某些性能方面，也有明显的不足：

① 碳钢的淬透性低。一般情况下，碳钢水淬的最大直径只有 10～20mm。对于大尺

寸的零件，因淬透性不够而不能满足对强度与塑性、韧性的要求。

② 碳钢的强度和屈强比（σ_s/σ_b）较低。如40钢屈强比为0.43，合金钢35MnNi3Mo屈强比高达0.74。

③ 碳钢不能满足特殊性能的要求。如不适合要求具有较高的耐热性、韧性和耐磨性的零件。

为改善和提高钢的性能，人们有意识地选择一种或多种合金元素加入钢中，这种钢称为合金钢，有意加入的元素称为合金元素。目前常用的合金元素有：Mn、Si、Cr、Ni、Al、Mo、Ti等。

(1) 合金钢的分类

按钢中合金元素的总含量可分为：低合金钢（合金元素总量<5%）；中合金钢（5%～10%）；高合金钢（>10%）。按钢中主要合金元素的种类还可分为锰钢、铬钢、硅钢等。

按合金钢的用途可分为：结构钢、工具钢、特殊性能钢。合金结构钢一般是低、中碳钢，用于制作各种机器零件及钢结构；合金工具钢用于制造工具，如切削刀具、量具和冷、热模具；特殊性能钢大多是高合金钢，具有各种特殊物理化学性能，如不锈钢、耐热钢、低温用钢等。

(2) 合金钢的牌号表示方法

以钢材的含碳量、所含合金元素的种类和数量以及质量级别，按顺序组成，其含义如下。

① 钢材的含碳量标识方法　对于合金结构钢，以万分之一的碳作为一个数字单位，其数字是两位。如35CrMo，表示这种钢的含碳量平均为0.35%，含铬和钼分别为1%左右。

对于合金工具钢，以千分之一的碳作为一个数字单位，其数字为一位。如9CrSi，表示平均含碳量为0.9%，各含有约1%的铬和硅。如果有些合金工具钢含碳量超过1%，这时在钢号中将会出现两位数字，为避免与结构钢编号相混，对含碳量超过1%者，在钢号中不表示其含碳量，如CrWMn，表示含碳量超过1%的铬、钨、锰三元合金工具钢。

② 合金元素的种类和数量　当某一元素的上限含量≥1.5%、≥2.5%、≥3.5%时，则在元素符号后面注出其近似百分比2、3、4，否则只写上化学符号。如09Mn2V，表示平均含碳量为0.09%，含锰量约2%，含有少量钒的低碳合金结构钢。

③ 特殊性能高合金钢的编号方法视具体钢种而定。如2Cr13，表示其平均含碳量为0.2%，含铬量为13%的不锈钢。0Cr13，表示含碳量低于或等于0.08%，含铬量约为13%的微碳铬不锈钢。00Cr17Ni14Mo2，表示含碳量低于或等于0.03%，并Cr含量为17%、Ni含量为14%和Mo含量为2%的超低碳铬镍钼不锈钢。

④ 对于含硫、磷较低的高级优质钢、特级优质钢，在钢号末尾加一个“A”和（E）字。例如35CrMoA，表示平均含碳量为0.35%的铬钼高级优质合金结构钢。

(3) 合金元素对钢的影响

不同的合金元素以及它们不同的含量，都会对钢的力学性能、化学性能和物理性能产生不同的影响。

Mn是低合金钢的重要合金元素。在适量下，锰量增加可提高钢的最大强度、硬度及低温冲击韧性。锰能削弱和消除硫的不良影响，明显增加钢的淬透性，含锰量很高的高合金钢（高锰钢）具有良好的耐磨性和其他的物理性能。锰量增高，减弱钢的抗腐蚀能力，降低焊接性能。

Si是常用的脱氧剂，有固熔强化作用，可适度提高强度，增强耐大气腐蚀性能。硅能显著提高钢的弹性极限、屈服强度和屈强比，并提高疲劳强度，广泛用于制造弹簧钢。过量的硅会降低钢的塑性和冲击韧性，降低钢材的抗腐蚀性和焊接性。硅是多元合金结构钢中的主要合金元素之一。

Cr能增加钢的淬透性，能显著提高钢的强度、硬度和耐磨性，又能提高钢的抗氧化性和耐腐蚀性。铬是不锈钢、耐热钢的重要合金元素。

Ni既是强化元素又是耐大气腐蚀元素。镍能提高钢的强度，对塑性及韧性也有改善；对酸碱有较高的耐腐蚀能力，在高温下有防锈和耐热能力。镍本身不是有效的抗氧元素，很少单独用作不锈钢的合金元素，但与铬、钼联合使用，能提高热强性，是热强钢及不锈耐酸钢的主要合金元素之一。

Al是钢中常用的脱氧剂，极易与氧结合形成氧化铝，脱氧能力比硅、锰还强。铝还具有抗氧化性和抗腐蚀性，铝与铬、硅合用，可显著提高钢的高温不起皮性能和耐高温腐蚀的能力。铝的缺点是影响钢的热加工性能、焊接性能和切削加工性能。

Mo可明显地提高钢的淬透性和热强性，防止回火脆性，使钢的韧性提高。钼能增加钢的最大强度及硬度。由于增加钢的热强性，钼含量较高时，会增加热加工的难度。

Ti和氮、氧、碳都有极强的亲和力，它是一种良好的脱氧去气剂与固定氮和碳的有效元素。钛能提高不锈耐酸钢的耐蚀性，特别是对晶间腐蚀的抗力。钛在普通低合金钢中能提高塑性和韧性，含钛的合金结构钢，有良好的力学性能和工艺性能。

(4) 低合金结构钢

合金结构钢是制造机械零件和各种工程构件的合金钢。包括低合金结构钢、渗碳钢、调质钢、非调质钢、弹簧钢、轴承钢和易切削钢等，其中低合金结构钢在制药设备领域应用较广。

为了得到较好的焊接性、冷成形性和低温韧性，低合金结构钢含碳的质量分数均比较低（$<0.20\%$），以加入少量合金元素（$<3\%$）来提高钢的强度。锰为主加元素，一般加入量小于2%。加入锰、硅等元素，可起到对铁素体的强化作用。钒、钛等元素，可以细化组织，提高韧性。铜、磷等元素在钢中提升钢的耐蚀性。

低合金结构钢常用来制造建筑结构、锅炉、容器、车辆、船舶压力容器。典型牌号有16Mn、16MnR、15MnTi、15MnV。

国家标准《低合金高强度结构钢》(GB/T 1591—2008)，Q295已被取消，新增加的Q500、Q550、Q620、Q690四个强度级别，在工程机械、高强船板、大型低温压力容器用钢板等方面，已大量使用。

(5) 容器用钢

压力容器常在高温或低温、高压力、腐蚀性介质等环境状况下运行，对材料性能要求高。在考虑强度的同时，也需具有足够的韧性，以防止脆性断裂。制造过程中，开孔和焊接会产生局部应力，要求材料有较低的缺口敏感性，以防止产生裂纹。还要有良好的加工工艺和焊接性能，以及与介质的相容性。

低温容器（$<-20℃$）用钢有16MnDR、15MnNiDR等，“DR”表示“低温容器”。温度较高（400～600℃）时，可用18MnMoNbR、15CrMoR等。压力容器常用合金钢板的成分、性能及用途参见表4-2。

表 4-2 压力容器常用合金钢板的成分、性能及用途（摘自 GB 713—2014）

钢号	化学成分(质量分数)/%						厚度/mm	力学性能			用途
	S	P	C	Mn	Si	其他		抗拉强度 σ_b/MPa	屈服强度 σ_s/MPa	伸长率 δ_s/%	
20R	≤0.03	≤0.035	≤0.20	0.40～0.90	0.15～0.30	—	6～16	400～520	245	25	中常温压力容器受压元件
16MnR	≤0.03	≤0.035	≤0.20	1.20～1.60	0.20～0.55	—	6～16	510～640	345	21	－20～475℃的卷焊容器、球形容器
15MnVR	≤0.03	≤0.035	≤0.18	1.20～1.60	0.20～0.55	—	6～16	530～665	390	19	－20～400℃的多层包扎容器、工业锅炉
18MnMoNbR	≤0.03	≤0.035	≤0.22	1.20～1.60	0.15～0.50	Mo 0.45～0.65 Nb0.025～0.050	30～60	590～740	440	17	－10～475℃的卷焊容器、大型电站汽包
15CrMoR	≤0.03	≤0.030	0.12～0.18	0.40～0.70	0.15～0.40	Mo 0.45～0.60	6～60	450～590	295	19	500～550℃的蒸汽管道、锅炉构件

（6）不锈钢

一般在弱腐蚀介质中耐腐蚀的钢称为不锈钢，而在各种强腐蚀介质（酸、碱、盐）中耐腐蚀的钢称为耐酸钢，通常将两者统称为不锈钢。普通不锈钢一般不耐化学介质腐蚀，而耐酸钢则一般均具有不锈性。

根据所含主要合金元素的不同，不锈钢分为以铬为主的铬不锈钢，以铬、镍为主的铬镍不锈钢。

① 铬不锈钢　铬是不锈钢中最重要的合金元素，其在不锈钢中的含量一般为 11.5%～32.1%，铬含量愈多愈耐腐蚀。但碳能与铬形成铬的碳化物，使有效铬减少，使钢的耐蚀性降低，故不锈钢中的含碳量要有最佳控制值。

常用铬不锈钢含碳量为 0.1%～0.4%，含铬量为 12%～14%，多用于力学性能要求高、而耐蚀性要求较低的零件。常用的钢种有 Cr13 系列，包括 1Cr13、2Cr13、3Cr13、4Cr13，Cr 的含量一般在 13%左右，首位数字表示钢的含碳量从 0.1%～0.4%。其中 1Cr13、2Cr13 不锈钢常用作耐蚀结构件，制造锅炉管附件等；3Cr13、4Cr13 经淬火、低温回火处理后，用作医疗器械和不锈刀具等。

② 铬镍不锈钢　为了改变钢材的组织结构，扩大铬钢的耐蚀范围，在铬钢中加入镍就成了铬镍不锈钢。最常用的是 18-8 型不锈钢，其含 C≤0.14%，含 Cr 17%～19%，含 Ni 8%～11%，故常以其 Cr、Ni 平均含量“18-8”作为标志这种钢的代号。压力容器常用牌号有 1Cr18Ni9、0Cr18Ni10Ti、0Cr17Ni12Mo2 等。

在 18-8 型不锈钢的成分基础上增加 Cr、Ni 含量，并加入 Mo、Cu、Ti、Nb 等元素制成高铬镍不锈钢。这类钢具有良好的力学性能，冷、热加工和成型性能，可焊性和耐蚀性，是制造各种储槽、塔器、反应釜、阀件等设备的常用不锈钢材料。在铬镍钢中加入 Mo、Cu，可扩展钢的耐蚀性（如 00Cr17Ni14Mo2），这是因为高铬镍不锈钢在强氧化性介质（如硝酸）中具有很高的耐蚀性，但在还原性介质（如盐酸、稀硫酸）中则是不耐蚀的。以 0Cr18Ni9 为代表的铬镍不锈钢用量最大，在医药、化工、食品、酿酒等行业中得到广泛应用。常用不锈钢的牌号、性能及用途见表 4-3。

表 4-3 常用不锈钢的牌号、性能及用途

组织类	牌号	性能	主要用途
铁素体	1Cr17	具有耐蚀性强、力学性能和热导率高的特点，在自然介质中具有不锈性，但当介质中含较多氯离子时，不锈性则不足	通用钢种，主要用于制造化工设备，如吸收塔、换热器、储槽等；薄板主要用于建筑内装饰、厨房器具、气体燃烧器等
	00Cr30Mo2	高纯铁素体不锈钢，脆性转变温度低，耐蚀性好，并具有良好的韧性、加工成型性和可焊接性	主要用于化工、食品、水处理等换热器、压力容器、罐体和其他设备
马氏体	1Cr13	具有较高的强度、韧性，良好的耐蚀性和机械加工性能	用于强度和韧性较高的零部件，如泵轴等；也常用于常温条件耐弱腐蚀介质的设备和零件，如医疗器械、刀具、餐具等
	2Cr13		
	1Cr17Ni2	具有较高的力学性能，耐蚀性优于 1Cr13	耐硝酸及有机酸腐蚀的零件、容器和设备
奥氏体	1Cr18Ni9	有良好的塑性、韧性和冷加工性，在氧化性酸和大气、水、蒸汽等介质中耐蚀性较好	历史最悠久的奥氏体不锈钢，主要用于对耐蚀性和强度要求不高的结构件和焊接件，广泛用于制药设备材料
	0Cr18Ni9	在 1Cr18Ni9 基础上发展而来，性能相似，但耐蚀性优于 1Cr18Ni9	应用最广泛的不锈钢。可用于医药、食品设备，适用于深冲成形部件和输酸管道、容器、结构件，也可以制造无磁、低温设备和部件
	00Cr17Ni14Mo2	同"316L"（美标），为超低碳钢，具有热加工容易、耐晶间腐蚀性能好的特点	广泛用于制药设备的蒸馏水机、储水罐、热交换器、管道及制药用水输送泵等

（7）耐热钢

高温条件下能保持足够的强度和抗氧化性能的钢称为耐热钢，主要用于锅炉、动力机械、石油化工等工业领域高温下工作的零部件。耐热钢和不锈耐酸钢在使用范围上互有交叉，一些不锈钢兼具耐热钢特性，既可用作不锈耐酸钢，也可作为耐热钢使用。耐热钢分为抗氧化钢和热强钢。

① 抗氧化钢　抗氧化钢又称不起皮钢，主要能抗高温氧化，但强度并不好，常用作直接着火但受力不大的零部件，如热裂解管、热交换器等。当钢中加入铬、硅、铝等合金元素（铬的影响最大）后，这些元素与氧有很大的亲和力而首先被氧化，形成一层致密、高熔点并牢固覆盖于钢表面的氧化膜，将金属与外界高温氧化性气体隔绝，避免进一步氧化。工程中使用的抗氧化钢，大多是在铬钢、铬镍钢或铬锰氮钢的基础上添加硅或铝配制而成的。常用钢号有 3Cr18Mn12Si2N、2Cr20Mn9Ni2Si2N 等。

② 热强钢　热强钢是指在高温下具有良好的抗氧化性能并具有较高的高温强度的钢。常用作高温下受力的零部件，如加热炉管、再热蒸汽管等。根据使用温度的不同，常用耐热钢有以下几种。

a. 珠光体耐热钢。其含碳量较低，合金元素以铬、钼为主，合金元素总量为 3%～5%。在 500～600℃有良好的高温强度及工艺性能，用于制作在 600℃以下的耐热部件。主要牌号有 15CrMo、12CrMoV、10Cr2Mo1 等，12Cr1MoV 是用量较大的钢管材料。

b. 马氏体耐热钢。含铬量一般为 7%～13%，在 650℃以下有较高的高温强度、抗氧化性和耐水汽腐蚀的能力，但焊接性较差。为提高Cr13型钢热强性，在Cr13型钢基础上常添加钼、钨、钒、硼等合金元素。主要牌号有1Cr13、1Cr11MoV、1Cr12WMoV等。

c.奥氏体耐热钢。含有较多的镍、锰、氮等奥氏体形成元素，在600℃以上时，有较好的耐蚀性和耐热性，焊接性能良好。通常用于600℃以上工作的热强材料。主要牌号有1Cr18Ni9、1Cr25Ni20Si2、4Cr14Ni14W2Mo等。常用耐热钢的特性、用途及适用温度范围见表4-4。

表4-4 常用耐热钢的特性、用途及适用温度范围（摘自GB/T 1220—2007）

钢号	特性与用途	最高使用温度/℃
1Cr17	用于制作耐氧化用部件、散热器、炉用部件、油喷嘴等	900
1Cr13	用于制作耐氧化用部件	800
06Cr18Ni9	通用耐氧化钢，可承受高温反复加热	870
0Cr18Ni11Nb	抗高温腐蚀氧化用部件，高温用焊接结构部件	400～900
0Cr23Ni13	抗高温氧化，耐蚀性好。炉用材料	980
0Cr25Ni20	抗高温氧化。炉用材料、汽车排气净化装置等	1035

（8）低温用钢

《压力容器》（GB 150—2011）对低温容器的定义是设计温度低于－20℃的碳素钢、低合金钢、双相不锈钢和铁素体不锈钢容器，以及设计温度低于－196℃的奥氏体不锈钢制容器。因而，通常把在－196～－20℃的低温下使用的钢叫低温钢，把在－196℃以下的低温下使用的钢叫超低温用钢。

低温用钢应具有足够的强度和充分的韧性，以及良好的加工工艺性和可焊性。其中，低温韧性是低温钢最重要的性能。钢加入合金元素镍，其固溶于铁素体中，使钢的低温韧性明显提高。

低温用钢一般分为无镍钢和有镍钢。镍系低温钢包括0.5Ni、1.5Ni、3.5Ni、5Ni、9Ni钢（含镍量分别为0.5%、1.5%…9%）等。其中，1.5Ni、3.5Ni可满足－101～－60℃低温设备及容器用钢；5Ni最低使用温度可达－170℃；而9Ni在－196℃低温状况下，仍具有较高的强度及良好的低温韧性，使其应用于液化气体运输船（LNG储存温度为－163℃）储罐内壁用钢。

受资源状况的约束，国内大多使用无铬镍的低温用钢系列。低温压力容器用低合金钢的力学性能和使用温度下限见表4-5。牌号表示方法与低合金结构钢类似，其中“D”代表低温用钢，“R”代表容器用钢。

表4-5 低温压力容器用低合金钢的力学性能和最低使用温度（摘自GB 3531—2014）

钢号	钢板厚度/mm	抗拉强度 R_m/MPa	下屈服强度 R_{el}/MPa	断后伸长率 A/%	最低使用温度/℃
16MnDR	6～60 ＞60～120	460～620 440～580	285～315 265～275	21	－40 －30
15MnNiDR	6～60	470～620	305～325	20	－45
15MnNiNbDR	10～60	520～630	350～370	20	－50
09MnNiDR	6～120	420～570	260～300	23	－70
08Ni3DR	6～100	480～610	300～320	21	－100
06Ni9DR	5～50	680～820	550～560	18	－196

注：力学性能符号R_m、R_{el}、A，分别对应旧符号σ_b、σ_{sl}、伸长率。

4.3.4 有色金属材料

通常把非铁金属及其合金称为有色金属材料。常用如铝、铜、钛及其合金。

（1）铝及其合金

铝是银白色金属，铝的密度低（2.72g/cm^3），仅为铁的1/3，属于轻金属；铝的熔点为660.4℃，塑性好（伸长率δ_s= 30%～50%，断面收缩率ψ=80%），可进行冷热压力加工成各种型材；铝具有良好的导电性，仅次于金、银和铜（电导率为铜的64%），因而铝广泛地代替铜作电缆；铝的导热性强，大量用于制作炊具，还可以作换热设备。

铝及铝合金所具有的优良物理性质性能，在制药生产中有着许多特殊的应用。铝冲击不会产生电火花，常用于制作含易挥发性介质的容器。铝不会引起食物中毒，不玷污物品，可用于药物、食品和饮料的包装材料。铝对许多介质有良好的耐蚀性，但是其强度低，不宜做结构材料，为此多采用铝合金。

铝合金种类很多，根据生产工艺的不同，可分为变形铝合金和铸造铝合金。

① 变形铝合金　包括工业纯铝和防锈铝。

工业纯铝：不像化学纯铝那么纯，常见的杂质为铁和硅。铝中所含杂质的数量愈多，其导电性、导热性、塑性以及抗大气腐蚀性就愈低。按纯度分为工业纯铝（98.0%～99.0%）、工业高纯铝（98.85%～99.9%）和高纯铝（99.93%～99.99%）。工业纯铝的纯度越高，耐蚀性越好，强度越低。合金可大幅度提高其强度。工业纯铝大量用于制药、食品工业中耐腐蚀、防污染而不要求强度的设备，如反应器、热交换器、塔器等。

防锈铝：主要是Al-Mn系及Al-Mg系合金，主加元素是锰和镁，其特点是耐腐蚀性较高。锰的主要作用是提高铝合金的抗蚀能力，并起固溶强化作用。而镁亦起固溶强化作用，并使合金的密度降低。防锈铝合金锻造退火后形成单相固溶体，其特点是时效效果极微弱，不能用时效热处理强化，属于不能热处理强化的铝合金，只能用冷加工硬化方法进行强化。变形铝合金的主要牌号、成分及性能见表4-6。

表4-6　变形铝合金的主要牌号、成分及性能

类别	合金系	牌号	旧牌号	主要化学成分(质量分数)①/%					力学性能≥②		厚度/mm
				Cu	Mn	Mg	Zn	Al	抗拉强度 R_m/MPa	伸长率 A/%	
纯铝	—	1A90	LG2	0.01	—	—	0.008	99.90	60	19	12.50～20.00
防锈铝	Al-Mn	3A21	LF21	0.20	1.00～1.60	0.05	0.10	余量	120	16	12.50～25.00
	Al-Mg	5A05	LF5	0.10	0.30～0.60	4.80～5.50	0.20	余量	265	14	12.50～25.00

① 摘自GB/T 3190—2008。

② 摘自GB/T 3880.2—2012。

② 铸造铝合金　铸造铝合金与变形铝合金具有相同的合金体系与强化机理（除应变强化外），但铸造铝合金中合金化元素硅的最大含量超过多数变形铝合金中的硅含量。根据主要合金元素差异，可分为Al-Si系、Al-Cu系、Al-Mg系和Al-Zn系四类铸造铝合金。

铝硅（Al-Si）铸造合金，有良好铸造性能和耐磨性能，热胀系数小，是铸造铝合金中品种最多、用量最大的合金。添加适量镁的硅铝合金，广泛用于结构件，如壳体、缸体、箱体等。添加适量的铜和镁，能提高合金的力学性能和耐热性，此类合金广泛用于制造活塞、汽车缸体等部件。

铝铜（Al-Cu）铸造合金，适当加入锰和钛能显著提高室温、高温强度和铸造性能。主要用于制作承受大的动、静载荷和形状不复杂的砂型铸件。

铝镁（Al-Mg）铸造合金，是密度最小（2.55g/cm³）、强度最高（355MPa 左右）的铸造铝合金。在空气和海水中具有优良的抗腐蚀性，室温下有良好的综合力学性能，可用于制作飞机的螺旋桨、起落架等零件。

铝锌（Al-Zn）铸造合金，为改善性能常加入硅、镁元素。经变质热处理后，铸件有较高的强度，但耐蚀性差。常用于制作模型、型板及设备支架等。

铸造铝合金的主要牌号、成分及性能见表 4-7。

表 4-7 铸造铝合金的主要牌号、成分及性能（摘自 GB/T 1173—2013）

合金类别	牌号	代号	主要化学成分(质量分数)/%							力学性能≥			铸造方法①	状态②
			Si	Cu	Mg	Zn	Mn	Ti	Al	抗拉强度 R_m/MPa	伸长率 A/%	硬度 HBW		
Al-Si	ZAlSi7Cu4	ZL107	6.5～7.5	3.5～4.5	—	—	—	—	余量	165	2	65	S、B	F
										245	2	90	S、B	T6
										195	2	70	J	F
										275	2	100	J	T6
Al-Cu	ZAlCu10	ZL202	—	9.0～11.0	—	—	—	—	余量	104	—	50	S、J	F
										163	—	100	S、J	T6
Al-Mg	ZAlMg5Si	ZL303	0.8～1.3	—	4.5～5.5	—	0.1～0.4	—	余量	143	1	55	S、J、R	F
Al-Zn	ZAlZn6Mg	ZL402	—	—	0.5～0.65	5.0～6.5	0.2～0.5	0.15～0.25	余量	235	4	70	J	T1
										220	4	65	S	T1

① 铸造方法：S—砂型铸造；J—金属型铸造；R—熔模铸造；B—变质处理。

② F—铸态；T1—人工时效；T2—退火；T4—固溶处理加自然时效；T5—固溶处理加不完全人工时效；T6—固溶处理加完全人工时效；T7—固溶处理加软化处理。

（2）铜及其合金

纯铜呈紫红色，又称紫铜，是抗磁性金属。纯铜密度为 8.94g/cm³，熔点为 1083℃，具有优良的导电性、导热性、延展性和耐蚀性。制药工业中，各类蒸、煮、真空装置等都用纯铜制作。

纯铜的牌号有 T1、T2、T3 三种。“T”为“铜”的汉语拼音第一个字母，T1 是高纯度铜，含杂质小于 0.05%，T2、T3 含杂质分别为 0.1%、0.3%。纯铜的强度、硬度低，不宜作为结构材料使用，故在机械、结构零件中使用的都是铜合金。传统上将铜合金分为黄铜、白铜、青铜三大类。

① 黄铜　黄铜是由铜和锌所组成的合金，具有良好的耐腐蚀性和压力加工性能，并具有一定的塑性和强度，在制药工业应用广泛（如制作药筛筛面的金属丝）。在普通黄铜的基础上加入其他合金元素（如铝、锡、锰、镍、铅、铁、硅等）的黄铜称为特殊黄铜，又叫特种黄铜，它强度高、硬度大、耐化学腐蚀性强，且切削加工的力学性能也较突出。普通黄铜的牌号用 H 加数字表示。“H”是黄铜的汉语拼音第一个字母，其后面的数字代表平均含铜量的百分数。如 H62 即表示含铜 62%的铜锌合金。常用黄铜见表 4-8。

表 4-8　常用黄铜的主要牌号、成分、性能和用途（摘自 GB/T 5231—2012）

类别	牌号	主要化学成分(质量百分数)/%				性能和用途
		Cu	Mn	Sn	Zn	
黄铜	H95	94.0～96.0	—	—	余量	强度低，导热、导电性好，用作冷凝管、散热片、导电零件等
	H62	60.5～63.5	—	—	余量	力学性能、热塑性良好，切削性、焊接性、耐蚀性良好，用作各种深引伸和弯折的受力件、如销钉、螺母、气压表弹簧、散热件、环形件
特殊黄铜	HSn90-1	88.0～91.0	—	0.25～0.75	余量	锡黄铜，具有高的耐蚀性和减摩性，用作耐蚀减摩零件如衬套等
	HMn58-2	57.0～60.0	1.0～2.0	—	余量	锰黄铜，力学性能良好，导电、导热性低，耐腐蚀性好，有腐蚀开裂倾向，用作耐腐蚀的重要零件及弱电流工业用零件

② 白铜　白铜是以镍为主加元素的铜合金。铜镍二元合金称普通白铜；加有锰、铁、锌、铝等元素的白铜合金称复杂白铜。铜合金中，白铜的耐腐蚀性最优，有良好的抗冲击腐蚀性能，在医疗器械中有广泛使用。

③ 青铜　原指铜锡合金，颜色呈青灰色而得名。现把除黄铜、白铜以外的铜合金通称为青铜。青铜具有很高的耐腐蚀性、良好的力学性能、铸造性能和耐磨性能，用于制造各种耐磨零件和与腐蚀介质（酸、碱、蒸汽等）接触的零件。青铜的牌号以字母“Q”为首，后面标注主添加元素符号和所加元素的平均含量（质量分数）。如 QSn4-3，表示含锡4%，含锌3%，其余为铜的青铜。常用的青铜是铸造锡青铜和铸造铝青铜。

（3）钛及其合金

纯钛是银白色的金属，密度小（4.51g/cm^3），比钢轻43%，机械强度却与钢相差不多。钛的耐腐蚀性强，尤其是抗氯离子的孔蚀能力近乎或超过不锈钢。钛熔点高（1682℃），在300～400℃的高温下，其合金的比强度（强度/密度）优于别的合金；在−253℃的超低温下，钛合金不仅强度升高，还保持良好的塑性及韧性。钛还具有亲生物性的特点，在人体内，能抵抗分泌物的腐蚀且无毒，对任何杀菌方法都适应。钛在高温下是一种极为活泼的金属，所以钛的冶炼工艺较为严格和复杂，致使成本提高。

由于钛及其合金具有上述优点，因而在化工、航天、医疗工业中，得到广泛应用。如钛因其亲生物性特点，被广泛用于制作医疗器械和制作人造髋关节、膝关节、肩关节、骨骼固定夹等。工业纯钛按杂质含量不同分为三个等级，即 TA1、TA2 和 TA3。“T”为钛的汉语拼音字头，数字编号越大则杂质越多，致使钛的纯度降低、抗拉强度提高、塑性下降。在钛中添加锰、铝或铬、钒等元素，能获得性能优良的钛合金。常用的钛合金有 Ti-6Al-4V（TC4）、Ti-5Al-2.5Sn（TA7）。Ti-6Al-4V 合金使用量已占全部钛合金的75%～85%。

4.3.5 非金属材料

非金属材料具有较高的强度和优良的耐腐蚀等性能，即可以单独做设备材料，又可做金属设备的保护衬里、涂层，也可做设备的密封材料、保温材料和耐火材料。

非金属材料分为无机非金属材料（陶瓷、搪瓷、玻璃等）和有机非金属材料（塑料、涂料）等。

（1）无机非金属材料

无机非金属材料一般均耐蚀、质脆，不耐温度剧变，不能机械加工。

① 耐酸陶瓷。具有优异的耐腐蚀性（除氢氟酸和浓热碱外），对各种介质都是耐蚀的，其耐腐蚀性、耐磨性、不污染介质等性能远超耐酸不锈钢，且耐高温，绝缘性好。常用来制作塔、储槽、容器、搅拌器、管道、耐酸瓷砖和设备衬里等。

② 耐酸搪瓷。是由含硅量高的瓷釉经过900℃的高温煅烧，使瓷釉密着在金属胎表面而形成的。常用的耐酸搪瓷以钢板或铸铁为胎体，而高温搪瓷则以不锈钢或耐热合金板为底材。因搪瓷层与钢的热膨胀系数相差大，冷热剧变易引起瓷釉层破裂，故最高使用温度不超过300℃，急变温差幅度不超过120℃。适合制作反应罐、聚合釜、蒸发锅、冷凝器、分馏塔、储罐、阀门、管道等。

③ 玻璃。这里是指硼玻璃（耐热玻璃）或高铝玻璃，有好的热稳定性和耐腐蚀性。常用作管道或管件、容器、反应器等。由于玻璃透明，也常用作透镜、液位计等。玻璃虽然耐蚀性好，且具有表面光滑、流动阻力小、容易清洗、质地透明、价廉等优点，但质脆、耐温度急变性差，不耐冲击和振动。

（2）有机非金属材料

① 工程塑料　以合成树脂为主要成分，在一定的温度和压力条件下塑制成型的有机高分子材料，故称塑料。工程塑料具有质轻、耐蚀和一定的强度，及良好的加工性能和电绝缘性能等特点，价格低廉，因此应用十分广泛。

a. 聚乙烯（PE）塑料。其原料来源于石油、天然气等，可分为高压、中压和低压三种。高压聚乙烯质地较软，常用来制作塑料薄膜、软管等。低压聚乙烯质地刚硬，耐磨性、耐蚀性和电绝缘性好，使用较广。常用来制作塑料硬管、板材和一般机械结构零件。

b. 聚丙烯（PP）塑料。无毒、无味，具有优异的抗弯曲疲劳特性。密度小（0.90g/cm^3），是塑料中最轻的品种之一。具有较高的耐热性，连续使用温度可达110～120℃，是唯一能经受高温消毒的常用塑料。化学性能好，几乎不吸水，与绝大多数化学药品不反应。但其制品耐寒性差，使用中易受光、热和氧的作用而老化。适于制作一般机械零件、耐腐蚀零件和绝缘零件。抗常见的酸、碱等有机溶剂，可用于食具。

c. 耐酸酚醛（PF）塑料。是以酚醛树脂为基本成分，以耐酸材料（石棉、石墨、玻璃纤维等）作填料的热固性塑料。其具有良好的耐蚀性和耐热性。能耐多种酸、盐和有机溶剂的腐蚀，使用温度为－30～130℃。可制作成管路、阀门、容器、储罐等。

d. 硬聚氯乙烯（PVC）塑料。是使用最广泛的通用塑料材料。硬聚氯乙烯的密度仅为钢的1/5，但其力学性能较高，并具有良好的耐蚀性。应用广泛，可代替不锈钢、铜、铝、铅等制作耐蚀设备与零件。

e. 聚四氟乙烯（PTFE）塑料。无色、无毒、耐高低温范围宽（－260～250℃）。对大多数化学药品和溶剂呈现出惰性，耐强酸、强碱、各种有机溶剂，有“塑料王”之称。具非黏附性、易清洁的特点，在制药工业应用广泛。

f. 丙烯腈-丁二烯-苯乙烯（ABS）塑料。具有抗冲击性、耐低温性、耐化学药品性和易加工、表面光泽性好等特点，易涂装、着色，也可进行二次加工（表面喷镀金属、电镀、焊接、热压和粘接等）。常用作齿轮、叶片、轴承、管道、仪表壳等。

g. 玻璃钢。也称为玻璃纤维热固性塑料，它是以玻璃纤维（或玻璃布）为增强材料、以热固性树脂（如环氧、聚酯、酚醛和有机硅等）为基体制成的复合材料。玻璃钢具有绝缘、绝热、耐蚀、隔音、吸水性低、防磁、易着色、易加工成形等优点。主要用于制造要求自重轻的受力构件和要求无磁性、绝缘和耐蚀的零件，用作耐酸、耐碱和耐油的容器、管道、储槽等，还可用作机械结构零部件以及日常生活用品等。

② 涂料　涂料（或有机涂料）是一种高分子胶体混合液，涂在设备表面固化成薄涂层后，用来保护设备免遭大气腐蚀及酸、碱等介质的腐蚀。常用涂料有防锈漆、底漆、大漆、酚醛树脂漆、环氧树脂漆以及聚乙烯涂料、聚氯乙烯涂料等。

4.3.6 制药设备的腐蚀及防腐措施

材料腐蚀是材料与环境介质发生化学作用、电化学作用或物理作用而引起的变质和破坏的现象。金属腐蚀在现代工业中是一种最为主要的破坏形式，因此，提高材料的耐腐蚀性对节约材料、节省成本、延长设备使用寿命、减少环境污染有重要的意义。

(1) 金属材料腐蚀的分类

按腐蚀机理分类，金属材料腐蚀可分为化学腐蚀和电化学腐蚀。

① 化学腐蚀　金属与干燥气体或非电解质溶液发生纯化学作用所引起的腐蚀叫作化学腐蚀。其特点是金属表面的原子与非电解质中的氧化剂发生氧化还原反应，在金属表面生成腐蚀产物，腐蚀过程中无电流产生。

a. 高温氧化及脱碳　制药工业中很多设备都工作在高温条件下。金属在高温介质（O_2、NO_2、CO_2、SO_2 等）中被腐蚀的现象叫作高温氧化。

当温度在 300℃左右时，铸铁和碳钢的表面开始出现氧化膜，随着温度升高，氧化速度加快。

温度在 570℃以下时，氧化膜由 Fe_2O_3 和 Fe_3O_4 组成。这两种氧化物的结构致密，牢固地覆盖在材料表面，可减缓腐蚀的进一步发生，起到保护的作用。

温度在 570℃以上时，氧化膜由 Fe_2O_3 和 Fe_3O_4 组成。由于有晶格缺陷，质地疏松，使该氧化膜易脱落，对材料起不到保护作用。可通过在钢材中加入 Cr、Si、Al 等合金元素，提高钢材的抗氧化性。

碳钢在含氧气体中的氧化反应如下：

$$2Fe+O_2 \longrightarrow 2FeO$$

$$2C+O_2 \longrightarrow 2CO$$

脱碳是指在高温氧化的过程中，与氧化膜相连的金属表层发生渗碳体减少的现象。Fe_3C 的性质是既硬又脆，其与高温气体中的 O_2、CO_2 等反应，会减少金属表面的含碳量，降低表面硬度和疲劳强度，还会破坏氧化膜，降低氧化膜的保护作用。因此对强度和硬度要求较高的设备零件一定要注意这一问题。

脱碳的化学反应如下：

$$Fe_3C+CO_2 \longrightarrow 3Fe+2CO$$

b. 氢腐蚀　钢材受高温高压氢气的作用而其强度和塑性显著下降甚至鼓泡、开裂的现象，叫作氢腐蚀。氢腐蚀可分为两个阶段：氢脆阶段和氢侵蚀阶段。

第一阶段：氢脆阶段。温度和压力较低或氢与钢材接触时间较短，氢以原子的状态向钢材内部扩散。随着扩散的进行，氢原子会在晶格缺陷处转变为分子状态形成氢气，氢气的不断积聚会使钢材内部产生很高的内应力，材料变脆，韧性降低。可通过消氢处理使氢从钢材中逸出，将性能恢复到原来状态。

第二阶段：氢侵蚀阶段。温度和压力较高或钢材与氢接触时间较长，氢原子渗入钢中，把渗碳体还原成甲烷。

$$Fe_3C+2H_2 \longrightarrow 3Fe+CH_4$$

随着反应的进行，甲烷气体不能扩散到金属表面，就在金属内的晶界或钢材表层夹杂的缺陷处积累，使得局部压力升高而产生裂纹和鼓泡。同时，由于渗碳体还原为铁素体后体积缩小，也产生一部分组织应力，使得裂纹进一步扩展。通过向钢中加入铬、钼、钨、钛、钒等能形成碳化物的合金元素，可以提高钢的抗氢腐蚀的能力。

② 电化学腐蚀　金属与电解质溶液接触发生电化学作用所引起的破坏叫作电化学腐蚀。电化学腐蚀的过程是一种原电池工作过程，其特点是腐蚀过程中有电流产生。

a. 腐蚀原电池　金属在电解质溶液中形成腐蚀原电池，电位低的金属部分成为阳极，失去电子被腐蚀，以正离子的形式溶解在溶液中。电子流入电位高的金属部分（阴极），并和溶液中能够吸收电子的物质结合，发生还原反应。图 4-1 是铁-铜在稀硫酸中构成的腐蚀原电池示意图。在阳极，铁被溶解并释放出电子，所放出的电子经外部导线流动到阴极，被溶液中的阳离子吸收，释放出氢气。

b. 浓差电池　同种金属与同一电解质接触，由于金属所处的区域不同，电解质的浓度、温度、流动状态等不同，会造成不同部位之间存在电位差而导致腐蚀的发生，这种腐蚀电池称为浓差电池。

c. 微电池　金属与电解质溶液接触时，在金属表面由于各种原因，造成同一介质中有很多个相邻微小区域具有不同的电位，使在整个金属表面有很多微小的阳极和阴极，形成许多微小的电池，称为微电池或局部电池。如图 4-2 所示。造成微电池产生的原因有很多：常见的有金属表面组织存在着不同的相（如钢中的铁素体和渗碳体）；制造设备的金属材料中含有杂质；金属表面有微孔或划痕；金属受到不均匀应力等。

（2）金属腐蚀破坏的形式

金属腐蚀按腐蚀形态可分为均匀腐蚀和局部腐蚀。

① 均匀腐蚀是指在腐蚀介质作用下，金属整个表面上产生程度基本相同的腐蚀。如图 4-3 所示。这种腐蚀的危险性较小，因为腐蚀均匀，在设备的定期厚度检测中容易被发现，腐蚀速率可以预测，同时只要设备或零件具有一定的厚度，均匀腐蚀就不会导致其力学性能产生大的改变。

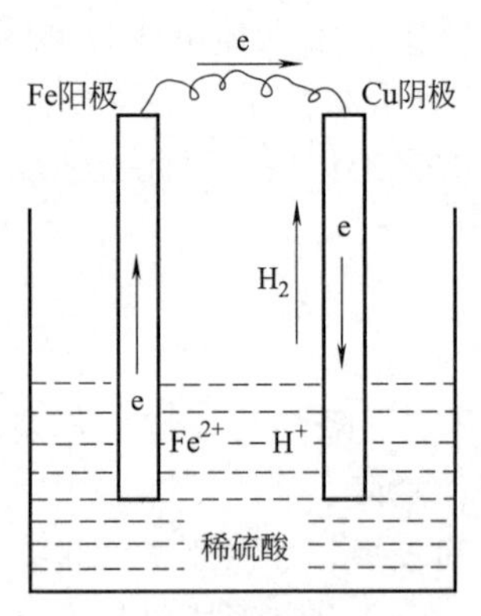

图 4-1　Fe-Cu 原电池装置示意图

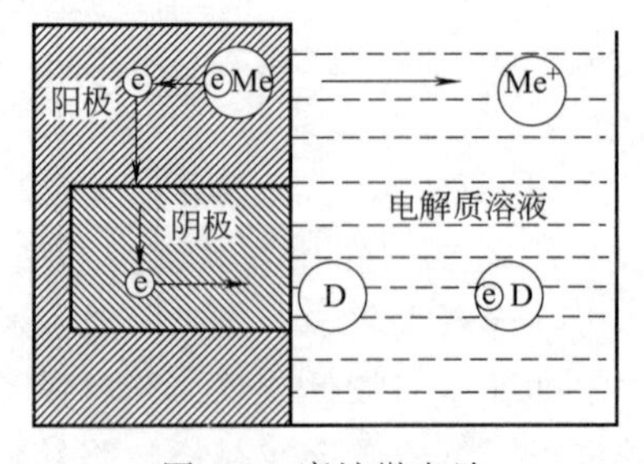

图 4-2　腐蚀微电池

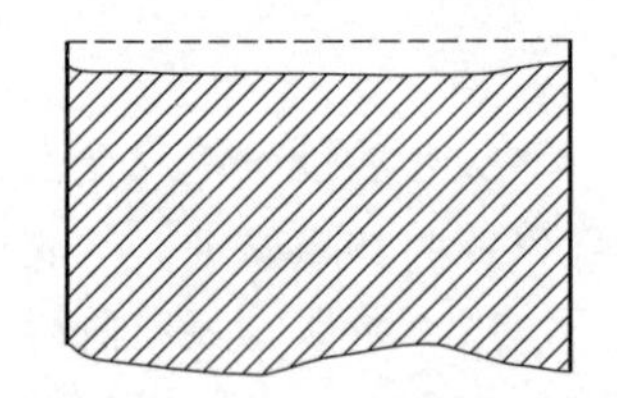
图 4-3　均匀腐蚀

工程上常按金属腐蚀深度来评价金属耐均匀腐蚀的性能，可分为四个等级，见表4-9。1 级材料的耐腐蚀性能优良，适用于精密零部件，如分度机构齿轮、泵轴等；2 级材料耐腐蚀性能良好，可用于制造管道、一般容器等；3 级材料可用，但腐蚀较严重，应适当增加零件的壁厚；4 级材料一般不宜使用。

表 4-9　金属材料耐均匀腐蚀性能四级标准

腐蚀速率/(mm/a)	耐腐蚀等级	评定
＜0.05	1	耐腐蚀
0.05～0.5	2	较耐腐蚀
0.5～1.5	3	可用
＞1.5	4	不可用

② 局部腐蚀是指在金属表面的局部区域发生腐蚀，而其他区域几乎不发生腐蚀或腐蚀很轻微，由于大部分区域的厚度减薄不明显，难预测，局部腐蚀会使其强度大大降低，因此局部腐蚀的危险性很大。

如图 4-4 所示，局部腐蚀又可分为点蚀、晶间腐蚀、应力腐蚀、缝隙腐蚀等。

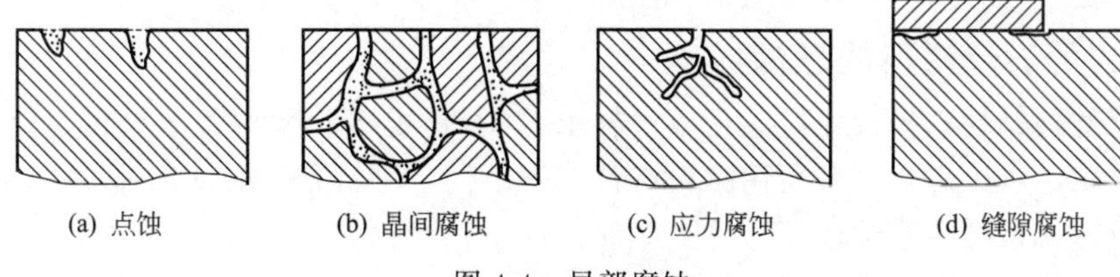

图 4-4　局部腐蚀

点蚀。也称孔蚀或坑蚀，是指在金属表面的局部地方出现小的深坑或密集斑点的腐蚀。点蚀的孔一般都很小，且有腐蚀产物覆盖，不易被发现，往往只有穿孔后才发现，会使设备和管道报废，物料泄漏。

晶间腐蚀。发生在金属或合金的晶粒边界处，并沿晶粒边缘向深处发展，破坏了晶粒间的连续性，使材料的机械强度和塑性明显降低。这种腐蚀从外表不易被发现，易造成突发性事故。

应力腐蚀。是指金属在特定腐蚀介质和拉应力共同作用下所产生的开裂现象，腐蚀与应力相互促进。拉应力主要来源于工作应力、热应力和加工残余应力。焊接是最容易产生应力腐蚀的。

缝隙腐蚀。当金属与金属或金属与非金属之间存在很小的缝隙时，在缝隙内积存了少量静止的电解质溶液，而发生电化学反应，导致金属腐蚀。常发生在金属孔穴、螺纹连接、垫片底面、搭接缝等缝隙内。

(3) 防腐方法

为了防止制药设备被腐蚀，除了合理地选择设备材料、合理地进行结构设计外，还可以采用多种其他的防腐措施对设备进行防腐。常用的防腐措施有以下三种。

① 涂覆保护层　涂覆保护层是将耐腐蚀性能较强的金属或非金属覆盖在耐腐蚀性能较弱的金属上，目的是避免介质与耐腐蚀性能较弱的金属直接接触。

常见的金属保护层有热镀、电镀、喷镀及金属衬里保护层等。

非金属保护层常用的有金属设备内部衬以非金属衬里或涂防腐涂料。例如可以在金属设备内部衬砖、板，常用的砖板衬里材料有酚醛胶泥衬瓷板、瓷砖、不透性石墨板、水玻璃胶泥衬辉绿岩板等。除砖板衬里外，还有塑料衬里和橡胶衬里。

② 电化学保护　电化学保护法是通过改变金属的电极电位来控制金属腐蚀的方法，包括阴极保护和阳极保护两种。

阴极保护是使被保护的金属成为电化学腐蚀中的阴极从而受到保护的电化学保护方法，可分为外加电流法和牺牲阳极法。外加电流法是将被保护的金属设备与外加直流电源的负极相连，获得电子被保护。牺牲阳极法是在被保护的金属设备上连接一块电位更低的金属作为牺牲阳极，来防止管路腐蚀。

阳极保护是将被保护的金属设备与外加直流电源的正极相连，把金属的阳极极化到一定电位，在金属表面生成钝化膜，起到保护设备的作用，只适用于在介质中具有钝化倾向的金属和合金。

③ 对介质进行缓蚀处理　在腐蚀介质中加适量缓蚀剂可以使金属的腐蚀速度降低甚至消除。缓蚀剂有重铬酸盐、过氧化氢、磷酸盐、亚硫酸钠、硫酸锌、硫酸氢钙等无机缓蚀剂和生物碱、有机胶体、氨基酸、酮类、醛类等有机缓蚀剂两大类。按使用情况分三种：在酸性介质中常用硫脲（二甲苯硫脲）、乌洛托平（六亚甲基四胺）；在碱性介质中常用硝酸钠；在中性介质中用重铬酸钠、亚硝酸钠、磷酸盐等。

4.3.7 制药设备材料的选择

制药设备材料的选择首先应满足生产要求，GMP 规定制药设备的材料不得对药品性质、纯度、质量产生影响，其所用材料需具有安全性、可辨别性及使用强度。因此在选择材料时需考虑材料的耐腐蚀性能，可查腐蚀数据手册，根据设备所处的介质、浓度、温度等条件选出合适的材料，必要时可做腐蚀试验。

选用的制药设备材料在具有一定耐腐蚀性的前提下，还应满足设备对力学性能、物理性能和加工工艺性能的要求。例如设备材料应具有一定的强度、塑性和韧性，对于大型设备因为常采用焊接所以要求材料具有良好的焊接性能，换热器选用的材料应具有良好的导热性等。

在满足以上要求的前提下，要尽量节约成本，优先选用便宜的满足要求的材料，同时同一设备选用的材料种类应尽量少而集中，便于采购和管理。

例如，工作压力处于 1.6MPa 至 10MPa 之间的中压容器，综合考虑力学性能和材料成本的因素，宜选用普通低合金钢，因其成本和碳素钢接近，但强度比碳素钢高 30%～60%；工作压力处于 10MPa 至 100MPa 之间的高压容器，宜选用普通低合金钢和中强度钢；若容器与强腐蚀性介质相接触，则应尽量采用含 Si、Al、Mo、V 而不含 Ni、Cr 合金钢。

习题

4-1　盐酸生产吸收塔选用 S30408 这种材料是否合适？

4-2　选择制造下列容器合适的材料。

①浓硫酸储罐；②氨合成塔；③列管式换气器，换热介质为水和混合气体（氢气、一氧化碳、二氧化碳、甲烷），换热温度 210℃。

4-3　指出下列材料牌号的含义、类别、特性和用途。

45 钢　S31608　06Cr19Ni13Mo3　Q235B

4-4　请举例说明常用的金属防腐使用的方法。

第3篇 容器基础

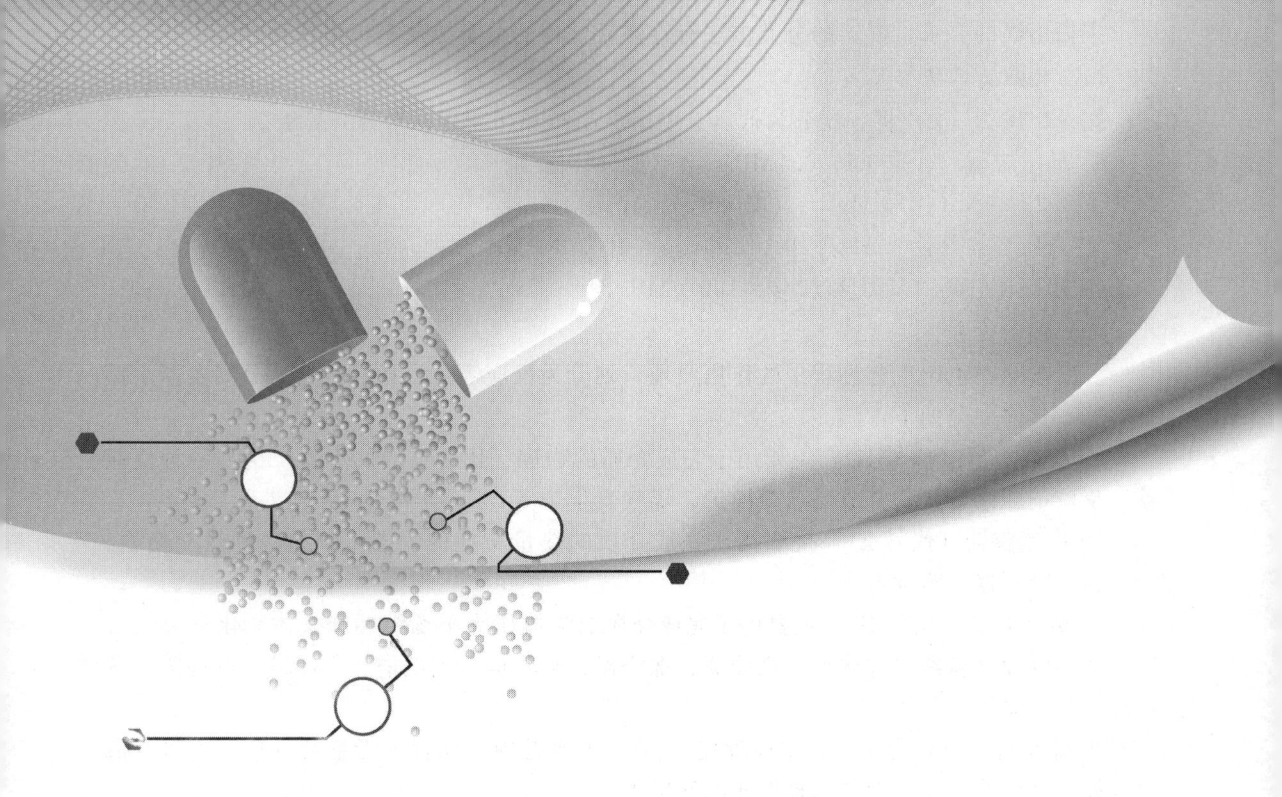

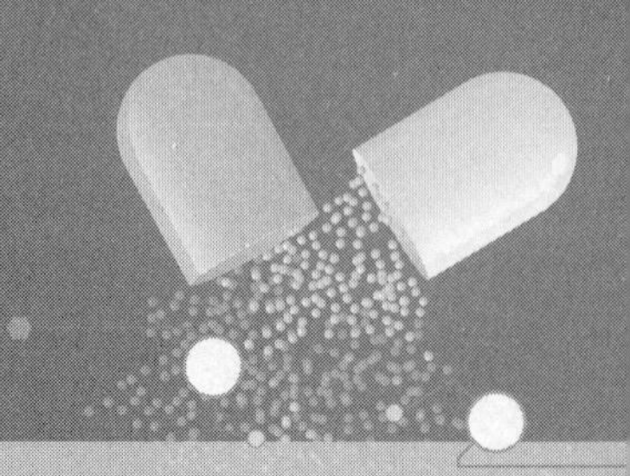

第5章 容器设计基本知识

5.1 容器的分类与结构

压力容器是指盛装气体或者液体，承受一定压力的密闭容器。它广泛应用于工业、民用、军工等许多领域，石化工业中应用的压力容器占压力容器总数的50%左右，主要用于传热、传质、反应等工艺过程，以及储存、运输有压力的气体或液化气体。

5.1.1 容器的分类

根据不同的要求，容器的分类方法有许多，常用的分类方法有以下几种。

(1) 按压力等级分类

按设计压力（p）将容器分为低压、中压、高压和超高压四个压力等级。

① 低压容器（代号L），$0.1\text{MPa} \leqslant p < 1.6\text{MPa}$；

② 中压容器（代号M），$1.6\text{MPa} \leqslant p < 10.0\text{MPa}$；

③ 高压容器（代号H），$10.0\text{MPa} \leqslant p < 100.0\text{MPa}$；

④ 超高压容器（代号U），$p \geqslant 100.0\text{MPa}$。

(2) 按用途分类

容器按照在生产工艺过程中的作用原理，划分为反应容器、换热容器、分离容器、储存容器。具体划分如下：

① 反应容器（代号R），主要用于完成介质的物理、化学反应的容器，例如各种反应器、反应釜、聚合釜、合成塔、变换炉、煤气发生炉等；

② 换热容器（代号E），主要用于完成介质的热量交换的容器，例如各种热交换器、冷却器、冷凝器、蒸发器等；

③ 分离容器（代号S），主要用于完成介质的流体压力平衡缓冲和气体净化分离的容器，例如各种分离器、过滤器、集油器、洗涤器、吸收塔、铜洗塔、干燥塔、汽提塔、分汽缸、除氧器等；

④ 储存容器（代号C，其中球罐代号B），主要是用于储存或者盛装气体、液体、液化气体等介质的容器，例如各种形式的储罐等。

在一种容器中，如同时具备两个以上的工艺作用原理时，应当按照工艺过程中的主要作用来划分。

(3) 按"大容规"（全称为《固定式压力容器安全技术监察规程》）分类

根据压力容器的介质特征、设计压力和容积，"大容规"将适用范围内的压力容器划分为Ⅰ、Ⅱ、Ⅲ类。

（4）按厚度分类

可将容器分为薄壁容器和厚壁容器。容器的厚度与其最大截面圆的内径之比小于0.1的容器称为薄壁容器，超出这一范围的容器称为厚壁容器。

（5）按承压性质分类

可将容器分为内压容器和外压容器。当容器内部介质压力大于外部压力时，称为内压容器，反之称为外压容器。其中，内部压力小于一个绝对大气压的外压容器，称为真空容器。

（6）按容器的壁温分类

可将容器分为常温容器、中温容器，高温容器和低温容器。

① 常温容器：指壁温在－20～200℃ 条件下工作的容器。

② 高温容器：指壁温达到材料蠕变温度的容器。碳素钢或低合金钢容器温度超过420℃、合金钢温度超过450℃、奥氏体不锈钢温度超过550℃时，该容器均属高温容器。

③ 中温容器：指壁温介于常温和高温之间的容器。

④ 低温容器：指壁温低于－20℃条件下工作的容器，分为浅冷容器（壁温为－40～－20℃）和深冷容器（壁温低于－40℃）。

5.1.2 容器的结构

虽然制药设备服务的对象、操作条件、内部结构不同，但它们都有一个外壳，这个外壳称为容器，它是制药生产所用各种设备外部壳体的总称。容器设计是所有制药设备设计的基础。

容器一般由筒体（如圆筒形、椭球形、球形、圆锥形等)、封头（也称端盖)、接管、法兰、支座、人孔、手孔等零部件组成。图5-1为一卧式容器的结构形式。

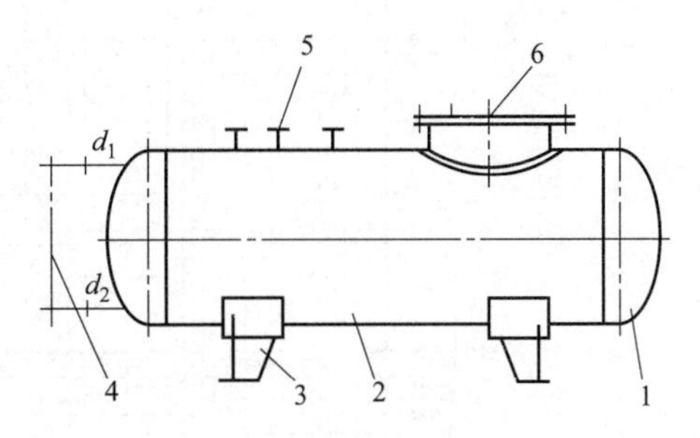

图5-1　卧式容器的结构形式

1—封头；2—筒体；3—支座；4—液面计；5—接管及法兰；6—人孔

5.1.3 压力容器类别

按照TSG 21—2016《固定式压力容器安全技术监察规程》的规定，根据危险程度，将该规程适用范围内的压力容器划分为Ⅰ、Ⅱ、Ⅲ类，该规程划分的第Ⅰ、Ⅱ、Ⅲ类压力容器，等同于特种设备目录品种中的第一、二、三类压力容器，该规程中超高压容器划分为第Ⅲ类压力容器。

压力容器类别的划分应当根据介质特征，设计压力和容积，确定压力容器类别。

（1）介质分组

压力容器的介质分为以下两组：

① 第一组介质毒性程度为极度危害、高度危害的化学介质、易爆介质、液化气体；

② 第二组介质指除第一组以外的介质。

（2）介质危害性

介质危害性是指压力容器在生产过程中因事故致使介质与人体大量接触，发生爆炸或者因经常泄漏引起职业性慢性危害的严重程度，用介质毒性危害程度和爆炸危害程度表示。

① 毒性介质。综合考虑急性毒性、最高容许浓度和职业性慢性危害等因素，极度危害介质最高容许浓度小于0.1mg/m^3；高度危害介质最高容许浓度0.1～1.0mg/m^3；中

度危害介质最高容许浓度 $1.0 \sim 10.0 mg/m^3$；轻度危害介质最高容许浓度大于或者等于 $10.0 mg/m^3$。

② 易爆介质。指气体或者液体的蒸汽、薄雾与空气混合形成的爆炸混合物，并且其爆炸下限小于10%，或者爆炸上限和爆炸下限的差值大于或者等于20%的介质。

③ 介质毒性危害程度和爆炸危险程度的确定。按照 HG 20660—2000《压力容器中化学介质毒性危害和爆炸危险程度分类》确定。HG 20660 没有规定的，由压力容器设计单位参照 GBZ 230—2010《职业性接触毒物危害程度分级》的原则，决定介质组别。

(3) 压力容器分类方法

① 基本划分压力容器的分类应当根据介质特征，按照以下要求选择分类图，再根据设计压力 p（单位 MPa）和容积 V（单位 m^3），标出坐标点，确定压力容器类别：

第一组介质，压力容器分类见图 5-2。

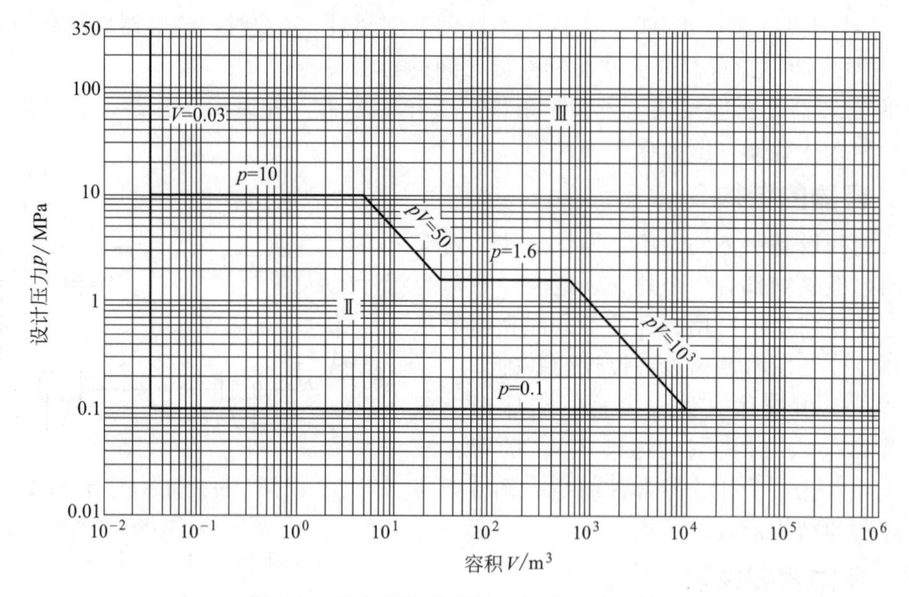

图 5-2 压力容器分类图——第一组介质

第二组介质，压力容器分类见图 5-3。

② 多腔压力容器分类。多腔压力容器（如换热器的管程和壳程、夹套压力容器等）应分别对各压力腔进行分类，划分时设计压力取本压力腔的设计压力，容积取几何容积；以各压力腔最高类别作为该多腔压力容器的类别并按该类别进行使用管理，但应当按照每个压力腔各自的类别分别提出设计、制造技术要求。

③ 同腔多种介质压力容器分类。一个压力腔内有多种介质时，按照组别高的介质分类。

④ 介质含量极小的压力容器分类。当某一危害性物质在介质中含量极小时，应当根据其危害程度及其含量综合考虑，按照压力容器设计单位确定的介质组别分类。

⑤ 特殊情况的分类。坐标点位于图 5-2 或者图 5-3 的分类线上时，按照较高的类别划分；简单压力容器统一划分为第Ⅰ类压力容器。

同时满足以下条件的压力容器称为简单压力容器：

a. 压力容器由筒体和平盖、凸形封头（不包括球冠形封头），或者由两个凸形封头组成；

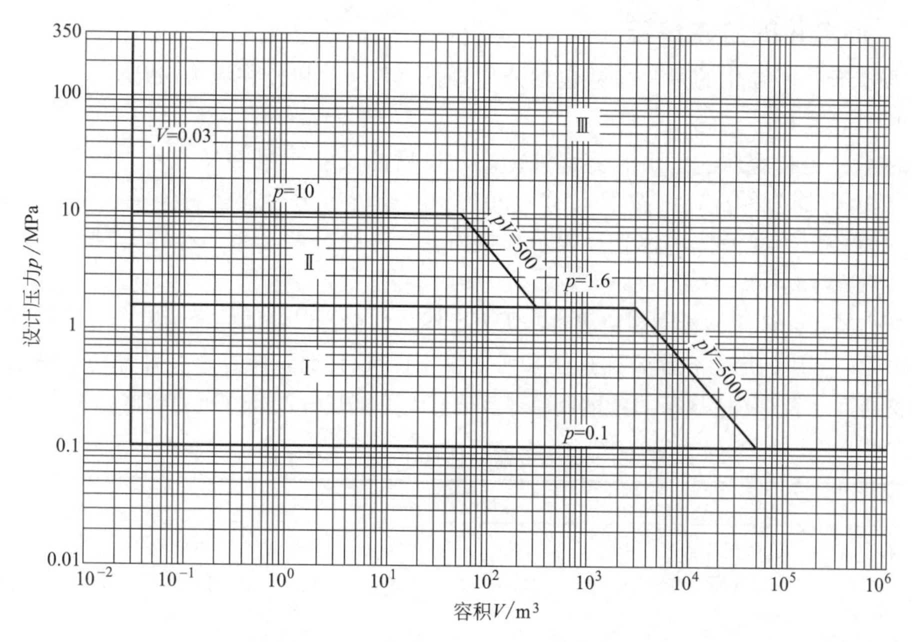

图 5-3　压力容器分类图——第二组介质

b. 筒体、封头和接管等主要受压元件的材料为碳素钢、奥氏体不锈钢或者 Q345R；

c. 设计压力小于或者等于 1.6MPa；

d. 容积小于或者等于 $1m^3$；

e. 工作压力与容积的乘积小于或者等于 $1MPa \cdot m^3$；

f. 介质为空气、氮气、二氧化碳、惰性气体、医用蒸馏水蒸发而成的蒸汽或者上述气（汽）体的混合气体，允许介质中含有不足以改变介质特性的油等成分，并且不影响介质与材料的相容性；

g. 设计温度大于或者等于－20℃，最高工作温度小于或者等于 150℃；

h. 非直接火焰加热的焊接压力容器（当内直径小于或者等于 550mm 时允许采用平盖螺栓连接）。

危险化学品包装物、灭火器、快开门式压力容器不在简单压力容器范围内。

简单压力容器一般组批生产。如果数量较少不进行组批生产时，应当按照 GB 150 设计制造（不需进行形式试验），按照“大容规”7.1.11 进行使用管理。

使用图 5-2 和图 5-3 确定压力容器类别时，首先根据介质特征确定选用图 5-2 或者图 5-3，然后根据设计压力 p 和容积 V 确定图中所处的区域。如果正好处于分界线上，确定属于高一类别压力容器。如当容器处在Ⅰ类压力容器和Ⅱ类压力容器的分界线上时，则确定该容器属于Ⅱ类压力容器。

5.2　容器零部件的标准化

5.2.1　标准化的意义

实现容器零部件的标准化，有利于批量生产，降低成本、提高产品质量。标准化为组织专业化生产提供了有利条件，有利于合理地利用国家资源、节省原材料。采用国际性的标准，可以消除贸易障碍，提高竞争能力。我国已经制定了一系列容器零部件的标准，如封头、法兰、支座、人孔、手孔、视镜和液面计等都制定了相关的标准，设计时可直接选用。

5.2.2 标准化的基本参数

容器零部件标准化的基本参数包括公称直径（DN）和公称压力（PN）。

（1）公称直径

公称直径是指容器、管道、零部件标准化以后的尺寸，用 DN 表示，单位为 mm。

① 压力容器公称直径。按照 GB/T 9019—2015《压力容器公称直径》的规定，压力容器公称直径以容器筒体公称直径表示，按内径、外径分两个系列。容器封头的公称直径与筒体一致。

当压力容器筒体用钢板卷制而成时，压力容器公称直径以筒体内径为基准，公称直径是指筒体的内径，常用的压力容器公称直径系列见表 5-1。设计时，应将工艺计算初步确定的设备内径调整到符合表 5-1 所规定的公称直径（节选 GB/T 9019—2015《压力容器公称直径》）。

表 5-1 压力容器公称直径（内径为基准）

公称直径/mm									
300	350	400	450	500	550	600	650	700	750
800	850	900	950	1000	1100	1200	1300	1400	1500
1600	1700	1800	1900	2000	2100	2200	2300	2400	2500
2600	2700	2800	2900	3000	3100	3200	3300	3400	3500
3600	3700	3800	3900	4000	4100	4200	4300	4400	4500
4600	4700	4800	4900	5000	5100	5200	5300	5400	5500
5600	5700	5800	5900	6000	6100	6200	6300	6400	6500

当压力容器直径较小时，可以采用无缝钢管制作筒体，此时，压力容器公称直径以无缝钢管的外径为基准，压力容器公称直径与无缝钢管外径的对应关系见表 5-2。

表 5-2 压力容器公称直径（外径为基准） 单位：mm

公称直径	150	200	250	300	350	400
外 径	168	219	273	325	356	406

② 管子公称直径。在管子使用时需要和管件等相连接，这时涉及两个零件（管子与管件）之间的连接问题。管子的公称直径既不是它的内径，也不是外径，而是为了设计、制造和维修的方便，使管子与管件之间实现互相连接而标准化后的系列尺寸。管子的公称直径与管子的外径逐一对应，同一公称直径管子的内径则根据壁厚的不同有多种尺寸。无缝钢管的公称直径（DN）与外径（D_o）对应关系见表 5-3。

表 5-3 无缝钢管的公称直径与外径 单位：mm

DN	D_o	DN	D_o	DN	D_o
10	14	65	76	225	245
15	18	80	89	250	273
20	25	100	108	300	325
25	32	125	133	350	377
32	38	150	159	400	426
40	45	175	194	450	480
50	57	200	219	500	530

化工生产过程中用于输送水、煤气、空气、油以及采暖的管子通常采用有缝钢管，公称直径可采用公制单位（mm）或英制单位（in）表示。常用输送水、煤气钢管的公称直径与外径对应关系见表5-4。

表5-4 输送水、煤气钢管的公称直径与外径

DN		D_o	*DN*		D_o	*DN*		D_o
mm	in	mm	mm	in	mm	mm	in	mm
6	1/8	10	25	1	33.5	80	3	88.5
8	1/4	13.5	32	1¼	42.25	100	4	114
10	3/8	17	40	1½	48	125	5	140
15	1/2	21.25	50	2	60	150	6	165
20	3/4	26.75	70	2½	75.5			

③ 其他容器零部件的公称直径。压力容器法兰、支座等零部件的公称直径是指与它匹配筒体、封头的公称直径，管法兰的公称直径是指与它匹配的管子的公称直径。例如，*DN*1200 压力容器法兰是指公称直径为1200mm容器筒体或封头用的法兰，*DN*1600 鞍式支座是指公称直径为1600mm容器使用的鞍式支座，*DN*25 管法兰是指连接公称直径为25mm管子用的管法兰。有些容器零部件，其公称直径是指结构中的某一重要尺寸，例如，*DN*80 视镜，其窥视孔的直径为80mm。

（2）公称压力

公称直径相同的筒体、封头或法兰，如工作压力不同，尺寸就不同。所以需要将压力容器和管子等零部件所承受的压力，分成若干个规定的压力等级。这种规定的标准压力等级就是公称压力，用 *PN* 表示。压力容器法兰与管法兰的公称压力见表5-5。支座等非受压元件，没有公称压力的概念。

表5-5 压力容器法兰与管法兰的公称压力

压力容器法兰/MPa	管法兰/bar	压力容器法兰/MPa	管法兰/bar	压力容器法兰/MPa	管法兰/bar
0.25	*PN*2.5	1.60	*PN*16	6.40	*PN*64
0.60	*PN*6	2.50	*PN*25	—	*PN*100
1.00	*PN*10	4.00	*PN*40	—	*PN*160

注：$1bar=10^5Pa$。

设计时，如果选用标准零部件，必须将操作温度下的最高工作压力（或设计压力）调整到规定的某一公称压力等级，然后根据公称直径和公称压力选定该零部件的尺寸。

5.3 压力容器规范

5.3.1 压力容器相关的法规和标准

压力容器是生产和生活中广泛使用、具有爆破危险的一类设备。为了规范压力容器设计、制造和使用，确保压力容器在设计寿命内安全可靠地运行，世界各国依据自己的生产技术和管理要求，先后设置专门机构负责压力容器的安全监察工作，制定了适合本国国情的相应安全法规和技术标准体系。目前国际上具有权威性的压力容器规范有：美国ASME规范、英国BS5500《非直接火焰加热焊接压力容器》、日本JIS B8270《压力容器

（基础标准）》以及德国 AD 规范等。

（1）美国 ASME 规范

ASME 规范是由美国机械工程师学会制定的锅炉及压力容器美国国家标准。分为规范、规范案例、条款解释、规范增补 4 个层次，共十二卷，包括锅炉、压力容器、核动力装置、焊接、材料、无损检测等内容。ASME 规范每三年更新版本，每年进行两次增补，其主要特点为：是当前国际上最大的封闭型标准体系，基本上不必借助于其他标准，可完成压力容器选材、设计、制造、检验、试验、安装及运行等全部工作环节。ASME 规范实行压力容器基础标准的双轨制。ASME Ⅷ-1 按“常规设计”，安全系数较高、设计方便，制造检验不太严格，足以保证一般压力容器的安全，但用于较苛刻的容器则难以确保其安全性。ASME Ⅷ-2 按“分析设计”，安全系数低，要求对压力容器各区域的应力进行详细计算，对不同类型应力采用不同的应力强度条件加以限制，该方法工作量极大，需借助于电子计算机，制造检验严格。

（2）英国 BS5500 规范

英国的非直接火焰加热压力容器规范 BS5500，由英国标准学会（BSI）负责制定。它由两部规范合并而成，一部相当于 ASME Ⅷ-1 的 BS1500 一般用途的熔融焊压力容器标准，另一部近似于德国 AD 规范的 BS1515 化工及石油工业中应用的熔融焊压力容器规范。它既包括“常规设计”也包括“分析设计”，其疲劳设计中所采用的疲劳曲线与 ASME 不同。BS5500 采用统一的许用应力值，并且以抗拉强度为基础的安全系数也低于 ASME Ⅷ-1。

（3）日本 JIS B 8270《压力容器（基础标准）》

JIS B 8270 将压力容器按所受压力大小分为三种，其各项规定保持了与 ASME Ⅷ 的一致性，是一部压力容器结构的基础标准，规定了压力容器的设计压力、设计温度、焊接接头形式、材料许用应力、分析设计方法、质量管理及质量保证体系、焊接工艺评定试验和无损检测等压力容器的通用基础部分，是日本重要的压力容器标准。

（4）德国 AD 规范

AD 规范与 ASME 规范相比较，具有如下特点：它只对材料的屈服极限取安全系数，且数值较小，因此产品壁厚较薄、重量轻，允许采用较高强度级别的钢材。在制造方面，AD 规范没有 ASME 详尽，可使制造厂具有较大的灵活性，易于发挥各厂的技术特长和创新。

5.3.2 我国压力容器常用法规和标准

（1）《中华人民共和国特种设备安全法》

此法分总则，生产、经营、使用、检验、检测、监督管理，事故应急救援与调查处理、法律责任、附则等共 7 章 101 条，自 2014 年 1 月 1 日起施行。

该法所称特种设备是指对人身和财产安全有较大危险性的锅炉、压力容器（含气瓶）、压力管道、电梯、起重机械、客运索道、大型游乐设施、场（厂）内专用机动车辆，以及法律、行政法规规定适用该法的其他特种设备。

《特种设备安全法》突出了特种设备生产、经营、使用单位的安全主体责任，明确规定在生产环节，生产企业对特种设备的质量负责。在经营环节，销售和出租的特种设备必须符合安全要求，出租人负有对特种设备使用安全管理和维护保养的义务；在事故多发的使用环节，使用单位对特种设备使用安全负责，并负有对特种设备的报废义务，发生事故造成损害的依法承担赔偿责任。

(2) TSG 21—2016《固定式压力容器安全技术监察规程》

为了保障固定式压力容器安全使用，预防和减少事故，保护人民生命和财产安全，促进国民经济社会发展，根据《中华人民共和国特种设备安全法》《特种设备安全监察条例》，制定了 TSG 21—2016《固定式压力容器安全技术监察规程》（简称“大容规”）。

“大容规”所称固定式压力容器是指安装在固定位置使用的压力容器（以下简称压力容器），对于为了某一特定用途、仅在装置或者场区内部搬动、使用的压力容器，以及可移动式空气压缩机的储气罐等按照固定式压力容器进行监督管理；过程装置中作为工艺设备的按压力容器设计制造的余热锅炉依据本规程进行监督管理。

“大容规”适用于特种设备目录所定义的、同时具备以下条件的压力容器：

① 工作压力大于或者等于 0.1MPa [指正常工作情况下，压力容器顶部可能达到的最高压力（表压力）]。

② 容积大于或者等于 $0.03m^3$，且内直径（非圆截面指截面内边界最大几何尺寸）大于或者等于 150mm。容积是指压力容器的几何容积，即由设计图样标注的尺寸计算（不考虑制造公差）并且圆整。一般需要扣除永久连接在压力容器内部的内件的体积。

③ 盛装介质为气体、液化气体以及介质最高工作温度高于或者等于其标准沸点的液体。容器内介质为最高工作温度低于其标准沸点的液体时，如果气相空间的容积大于或者等于 $0.03m^3$ 时，也属于“大容规”的适用范围。

适用范围的特殊规定详见“大容规”1.4 的规定。

“大容规”不适用于以下容器：

① 移动式压力容器、气瓶、氧舱；

② 军事装备、核设施、航空航天器、铁路机车、海上设施和船舶以及矿山井下使用的压力容器；

③ 正常运行工作压力小于 0.1MPa 的容器（包括与大气连通的在进料或者出料过程中需要瞬时承受压力大于或者等于 0.1MPa 的容器）；

④ 旋转或者往复运动的机械设备中自成整体或者作为部件的受压器室（如泵壳、压缩机外壳、涡轮机外壳、液压缸、造纸轧辊等）；

⑤ 板式热交换器、螺旋板热交换器、空冷式热交换器、冷却排管；

⑥ 常压容器的蒸汽加热盘管、过程装置中的管式加热炉；

⑦ 电力行业专用的全封闭式组合电器（如电容压力容器）；

⑧ 橡胶行业使用的轮胎硫化机以及承压的橡胶模具；

⑨ 无增强的塑料制压力容器。

“大容规”规定了压力容器的基本安全要求，有关压力容器的技术标准、管理制度等不得低于“大容规”的要求，压力容器的设计、制造、安装、改造、修理、使用单位和检验、检测等机构应当严格执行“大容规”的规定，接受特种设备监督管理部门的监督、管理，按照特种设备信息化管理的规定，及时将所要求的数据输入特种设备信息化管理系统。

(3) GB 150—2011《压力容器》

GB 150—2011《压力容器》是全国锅炉压力容器标准化技术委员会负责制定和归口的压力容器大型通用技术标准之一，用以规范在中国境内建造或使用的压力容器设计、制造、检验和验收的相关技术要求。该标准的技术条款包括了压力容器建造过程（即指设计、制造、检验和验收工作）中应遵循的强制性要求、特殊禁用规定以及推荐性条款，其中推荐性条款不是必须执行的部分。钢制容器的设计、制造、检验和验收，还应遵守国家颁布的有关法律、法规和安全技术规范。

GB 150—2011《压力容器》适用于设计压力（对于钢制压力容器）不大于 35MPa，设计温度范围为－269～900℃的压力容器。

该标准分为以下四部分：GB 150.1—2011《压力容器　第 1 部分：通用要求》、GB 150.2—2011《压力容器　第 2 部分：材料》、GB 150.3—2011《压力容器　第 3 部分：设计》、GB 150.4—2011《压力容器　第 4 部分：制造、检验和验收》。内容涵盖金属制压力容器材料、设计、制造、检验和验收的通用要求；压力容器受压元件用钢材允许使用的钢号及其标准，钢材的附加技术要求，钢材的使用范围（温度和压力）及许用应力；压力容器基本受压元件的设计要求；钢制压力容器的制造、检验与验收要求。

GB 150—2011《压力容器》不适用于以下几种压力容器：

① 设计压力低于 0.1MPa 且真空度低于 0.02MPa 的容器；

②《移动式压力容器安全技术监察规程》管辖的容器；

③ 旋转或往复运动的机械设备中自成整体或作为部件的受压器室（如泵壳、压缩机外壳、涡轮机外壳）；

④ 核能装置中存在中子辐射损伤失效风险的容器；

⑤ 直接火焰加热的容器；

⑥ 内直径（对非圆形截面指截面内边界的最大几何尺寸，如：矩形为对角线、椭圆为长轴）小于 150mm 的压力容器；

⑦ 搪玻璃容器和制冷空调行业中另有国家标准或者行业标准的容器。

GB 150—2011《压力容器》界定的范围除壳体本体外，还包括容器与外部管道焊接连接的第一道环向接头坡口端面、螺纹连接的第一个螺纹接头端面、法兰连接的第一个法兰密封面，以及专用连接件或管件连接的第一个密封面。其他如接管、人孔、手孔等承压封头、平盖及其紧固件，以及非受压元件与受压元件的连接焊缝，直接连接在容器上的非受压元件如支座、裙座等，容器的超压泄放装置，均应符合 GB 150—2011《压力容器》的有关规定。

5.3.3 容器设计基本要求

容器设计过程中，首先要确定总体尺寸及相关参数，如反应釜釜体容积的大小，釜体长度与直径的比例，传热方式及传热面积的大小；精馏塔的直径与高度，接管的数目、方位等。根据生产工艺要求，通过化工工艺计算和生产经验确定的这些尺寸，通常称为设备的工艺尺寸。

当设备的工艺尺寸初步确定以后，需要进行零部件的结构和强度等方面的设计，基本设计要求如下：

① 强度。容器应有足够的强度，以保证安全生产。

② 刚度。容器及其构件必须有足够的刚度，以防止在使用、运输或安装过程中发生不允许的变形。有时设备构件的设计主要取决于刚度而不是强度。如塔设备的塔板，其厚度通常由刚度确定。因为塔板的允许挠度很小，一般在 3m 左右，如果挠度过大，则塔板上液层的高度有较大差别，使通过液层的气流不能均匀分布，进而影响塔板效率。

③ 稳定性。稳定性是指容器或构件在外力作用下保持原有形状的能力。承受压力的容器或构件，必须保证足够的稳定性，以防止被压瘪或出现折皱。

④ 耐久性。制药设备的设计使用年限一般为10～15年，这就要求设备具有耐久性。耐久性不仅取决于腐蚀情况，某些特殊情况还取决于设备的疲劳、蠕变或振动等因素。为了保证设备的耐久性，要求选择适当的耐腐蚀材料，或采用有效的防腐蚀措施以及正确的防腐施工方法。

⑤ 密封性。制药生产中的很多物料具有易燃、易爆或有毒性，物料泄漏将造成经济损失，使操作人员中毒，甚至引起爆炸。如果空气进入负压容器，会影响正常生产或引起爆炸。因此，制药设备必须具有可靠的密封性，以保证安全，创造良好的劳动环境，维持正常的操作条件。

⑥ 节省材料和便于制造。制药设备在结构设计上尽可能节省材料，尤其是贵重材料。同时，以便于制造、保证质量为原则，减少或避免复杂的加工工序，采用标准设计，选择标准零部件。

⑦ 方便操作和便于运输。进行结构设计时，要考虑设备安装、操作、维护、检修方便等问题。在制药设备的尺寸和形状方面，还应考虑运输的问题。若制造厂与使用厂相距很远，由水路运输时，一般尺寸限制问题不大，但由陆路运输时，必须考虑到设备的直径、重量与长度是否符合铁路或公路运输的规定。

⑧ 技术经济指标合理。制药设备的主要技术经济指标包括单位生产能力、消耗系数、设备价格、管理费用和产品总成本五项。单位生产能力是指制药设备单位体积、单位质量或单位面积在单位时间内所能完成的生产任务。通常单位生产能力愈高愈好。消耗系数是指生产单位产品所需消耗的原料及能量，包括原料、燃料、蒸汽、水、电能等。消耗系数不仅与所采用的工艺路线有关，而且与设备的设计有关系。一般情况下，消耗系数愈低愈好。

习题

5-1 填空题

① 低温容器指壁温低于________条件下工作的容器。

② 标准化的基本参数包括________和________。

③ 内部压力小于________的外压容器称为真空容器。

④ 容器的厚度与其最大截面圆的内径之比小于________的容器称为薄壁容器。

⑤ 筒体用钢板卷制时，压力容器公称直径是指筒体________径。

⑥ 无缝钢管做筒体时，压力容器公称直径是指筒体的________径。

5-2 压力容器的设计压力分为哪几个压力等级？每个等级的压力范围是什么？

5-3 压力容器按用途如何分类？代号是什么？

5-4 压力容器由哪些零件构成？其中哪些属于主要受压元件？

5-5 压力容器的介质如何分组？

5-6 压力容器类别的基本划分方法是什么？

5-7 压力容器法兰和管法兰的公称压力分别有哪些等级？

5-8 我国压力容器常用法规和标准有哪些？

第6章 内压薄壁容器

6.1 薄膜理论

薄膜理论是指，假定整个薄壳的所有横截面均没有弯矩和转矩，而只有薄膜内力的壳体分析理论。也就是对承受气体内压的回转壳体进行应力分析，进而可以推导出计算回转壳体经向应力和环向应力的一般公式。这些分析和计算，都是以应力沿厚度方向均匀分布为前提，这种情况只有当器壁较薄以及离两部分连接区域稍远才是正确的。这种应力与承受内压的薄膜非常相似，因此又称为“薄膜理论”。

薄壁无力矩应力状态的存在，必须满足壳体是轴对称的，即几何形状、材料、载荷的对称性和连续性，同时需保证壳体应具有自由边缘。当这些条件不能全部满足时，就不能应用无力矩理论去分析发生弯曲时的应力状态。但远离局部区域的情况，如远离壳体的连接边缘、载荷变化的分界面、容器的支座以及开孔接管等处，无力矩理论仍然有效。

6.1.1 薄壁容器及其应力特点

薄壁容器不是指容器的壁厚的大小，而是指容器外径与内径的比值，是以一个无量纲的数值来衡量的。

（1）薄壁容器与厚壁容器

一个容器是薄壁还是厚壁容器，是根据容器的外径 D_o 与内径 D_i 的比值 K 来判断的。公式如下：

$$K=\frac{D_o}{D_i}=\frac{D_i+2\delta}{D_i}=1+\frac{2\delta}{D_i} \tag{6-1}$$

如果 $K\leqslant1.2$，则为薄壁容器；如果 $K>1.2$，则为厚壁容器。

（2）圆筒形薄壁容器承受内压时的应力

图6-1为圆筒形薄壁容器承受内压时的应力分布图。

假设圆筒形薄壁容器承受的只有拉应力，于是可以看成是容器的器壁只有“环向纤维”和“纵向纤维”受到的拉力。图中的 σ_1（或 $\sigma_{轴}$）是圆筒母线方向（即轴向）拉应力，σ_2（或 $\sigma_{环}$）是圆周方向的拉应力。

根据力的平衡原理，可以导出以下结论。

① 轴向应力　由于容器两端是封闭的，在承受内压后，筒体的“纵向纤维”要伸长，筒体横向截面内也必定有应力产生，此应力称为轴向应力，以 σ_1 表示。根据力的平衡法则可以列出等式：

$$-p\,\frac{\pi}{4}D^2+\sigma_1\pi D\delta=0$$

其中 D 是筒体的平均直径，也叫作中径，mm。

由此可以得出：

$$\sigma_1=\frac{pD}{4\delta} \tag{6-2}$$

② 环向应力　当筒体承受内压作用以后，其直径会略有增大，筒壁内的“环向纤维”将会伸长，因此在筒体的纵向截面上必定有应力产生，此应力称为环向应力，以 σ_2 表示。由于筒壁很薄，可以认为环向应力沿壁厚均匀分布。根据力的平衡法则可以列出等式：

$$-pDl+\sigma_2 2\delta l=0$$

由此可以得出：

$$\sigma_2=\frac{pD}{2\delta} \tag{6-3}$$

由此可见，当圆筒形薄壁容器承受内压时，其应力分布不是各向同性的，而是在轴向与环向有所区别，具体到公式上，环向应力是轴向应力的两倍。

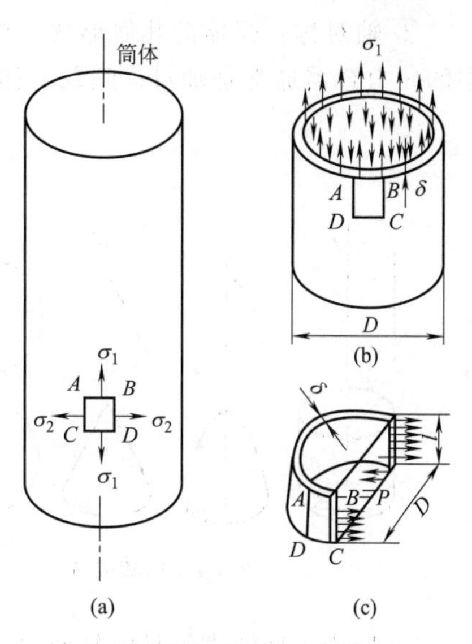

图 6-1　圆筒形薄壁容器承受内压时的应力分布图

(3) 薄壁容器的应力特点

① 由 σ_1 和 σ_2 的公式比较可以看出，内压筒壁的应力和 δ/D 成反比，δ/D 值的大小体现着圆筒承压能力的高低。所以，分析一个设备能耐多大的压力，不能只看厚度的绝对值，而必须看这一无量纲的比值，这也是薄壁容器与厚壁容器划分依据的由来。

② 如果要在筒体上开椭圆形的孔，椭圆形长短轴方向的选择不是随意的。如图 6-2 所示，在筒体上开椭圆形孔的时候，根据环向应力比轴向应力大的原理，为了使容器器壁的强度损失尽量小，应使其短轴与筒体的轴线平行，使环向应力不至于增加很多。

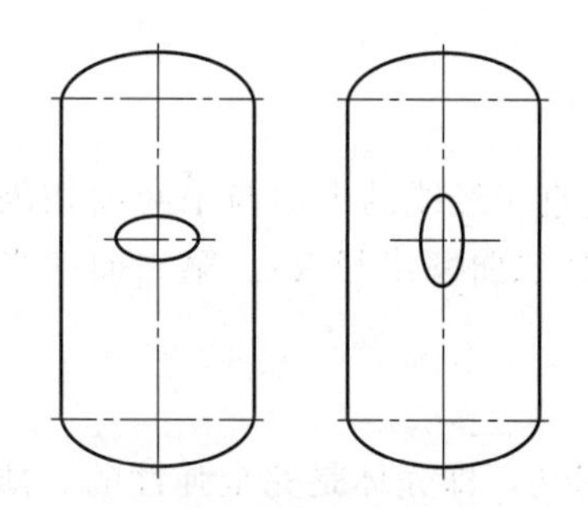

图 6-2　圆筒形薄壁容器上开椭圆孔

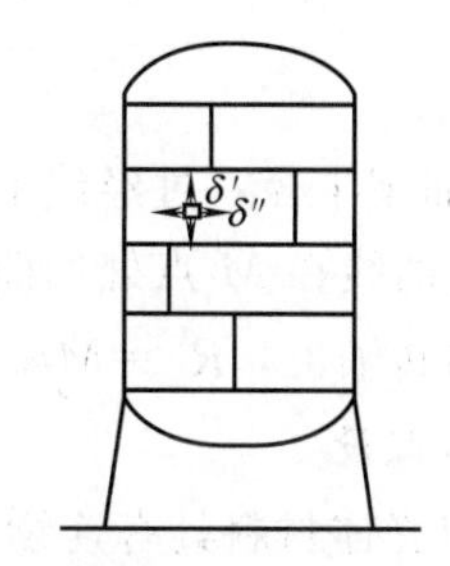

图 6-3　钢板卷制圆筒形容器焊缝

③ 当用钢板卷制圆筒形容器时（图 6-3），纵焊缝与环焊缝的开裂概率不是一样的。因为筒体纵向焊缝受力大于环向焊缝，所以纵焊缝容易开裂，实施焊接时要予以注意。

6.1.2　基本概念与基本假设

(1) 基本概念

① 回转壳体：是直线或平面曲线绕其同平面内的固定轴线旋转 360°而成的壳体，如图 6-4 所示。

② 轴对称：壳体的几何形状、约束条件和所受外力都是对称于回转轴的。制药设备中的压力容器通常是轴对称问题。如图 6-5 所示，对于回转壳体还有其他一些基本概念。

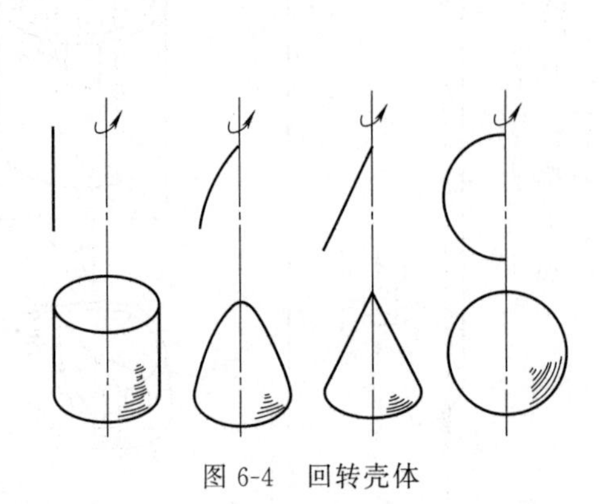

图 6-4 回转壳体

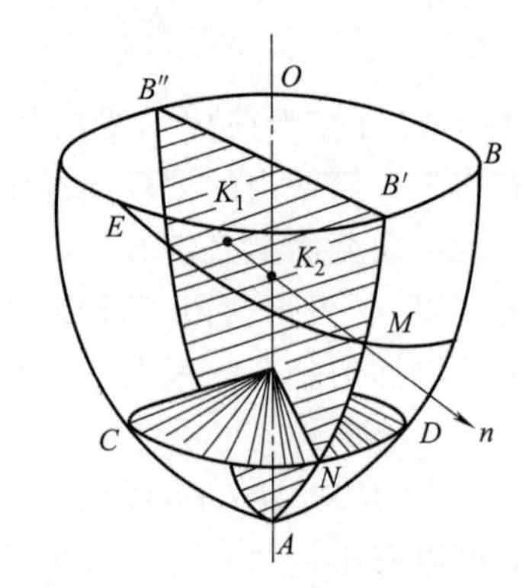

图 6-5 回转壳体几何特性

③ 母线：回转壳体是由平面曲线绕回转轴旋转一周而成的，形成中间面的平面曲线称为母线。

④ 经线：过回转轴作一纵截面与壳体曲面相交所得的交线。经线与母线的形状完全相同。

⑤ 法线：过经线上任意一点 M 垂直于中间面的直线，称为中间面在该点的法线。

⑥ 纬线：如果作圆锥面与壳体中间面正交，得到的交线叫作“纬线”；过 N 点作垂直于回转轴的平面与中间面相割形成的圆称为“平行圆”，平行圆即是纬线。

⑦ 平行圆：垂直于回转轴的平面与中间面的交线称平行圆。显然，平行圆即纬线。

⑧ 中间面：中间面是与壳体内外表面等距离的中曲面，内外表面间的法向距离即为壳体壁厚。

⑨ 第一曲率半径：中间面上任一点 M 处经线的曲率半径，$R_1=MK_1$。其公式可以写成：

$$R_1=\frac{(1+y'^2)^{\frac{3}{2}}}{|y''|} \tag{6-4}$$

⑩ 第二曲率半径：过经线上一点 M 的法线作垂直于经线的平面与中间面相割形成的曲线 EM，此曲线在 M 点处的曲率半径称为该点的第二曲率半径 R_2。第二曲率半径的中心 K_2 落在回转轴上，$R_2=MK_2$。

(2) 基本假设

首先假定壳体材料具有连续性、均匀性和各向同性，即壳体是完全弹性的。薄壁壳体通常还做以下假设，以便使后续设计计算问题得到简化。

① 小位移假设。壳体受力以后，各点位移都远小于厚度。于是，可用变形前尺寸代替变形后尺寸，这样就使得变形分析中高阶微量可忽略，简化计算过程和计算公式。

② 直法线假设。壳体在变形前垂直于中间面的直线段，在变形后仍保持直线，并垂直于变形后的中间面。变形前后的法向线段长度不变，沿厚度各点的法向位移均相同，变形前后壳体壁厚不变。

③ 不挤压假设。壳体各层纤维变形前后相互不挤压。壳壁法向（半径方向）的应力与壳壁其他应力分量比较是可以忽略的微小量，其结果就变为平面问题。

6.1.3 平衡方程式

(1) 区域平衡方程

区域平衡方程是用于经向应力计算的公式，其推导过程如下。

如图 6-6 所示，首先，在薄膜壳体中划出分离的受力单元体。为了求得任一纬线上的经向应力，以该纬线为锥底作一圆锥面，其顶点在壳体轴线上，圆锥面的母线长度即是回转壳体曲面在该纬线上的第二曲率半径 R_2，圆锥面将壳体分成两部分，后续推导公式过程中，选取下面部分作为分离体受力单元。

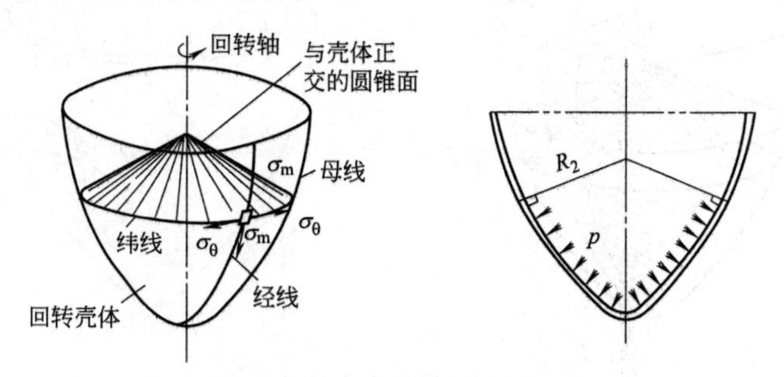

图 6-6 回转壳体经向应力受力单元的选取

然后，如图 6-7 所示，对受力单元进行静力学受力分析。

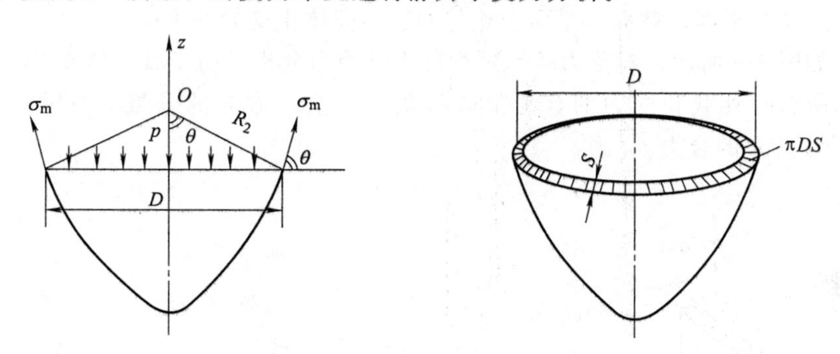

图 6-7 回转壳体经向应力受力分析

由图 6-7 可知：作用在分离体上外力在轴向的合力 p_z 为：

$$p_z=\frac{\pi}{4}D^2p \tag{6-5}$$

截面上应力的合力在 z 轴上的投影 N_z 为：

$$N_z=\sigma_m\pi DS\sin\theta \tag{6-6}$$

根据平衡条件：$\Sigma F_z=0$，得：$p_z-N_z=0$，将式（6-5）和式（6-6）带入得：

$$\frac{\pi}{4}D^2p-\sigma_m\pi DS\sin\theta=0 \tag{6-7}$$

由几何关系知：$R_2=\dfrac{D}{2\sin\theta}$，即 $D=2R_2\sin\theta$

于是得到区域平衡方程式：

$$\sigma_m=\frac{pR_2}{2S} \tag{6-8}$$

式中 S——壳体的壁厚，mm；

R_2——回转壳体曲面在所求应力点的第二曲率半径，mm；

σ_m——经向应力，MPa；

p——壳体的内压力，MPa。

（2）微体平衡方程

是环向应力计算公式。微体受力单元的选择，由三对曲面截取微元体得到，如图 6-8 所示。

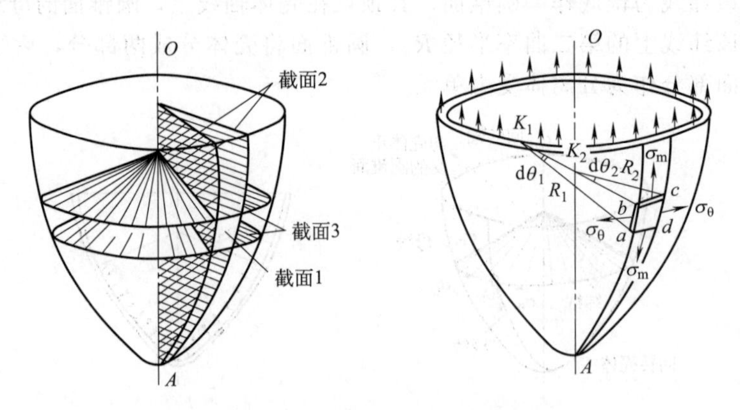

图 6-8 回转壳体环向应力受力单元的选取

由图可见，这三对曲面分别是：截面 1 是壳体的内外表面；截面 2 是两个相邻的、通过壳体轴线的经线平面；截面 3 是两个相邻的、与壳体正交的圆锥面。

然后，如图 6-9 所示，对受力单元进行静力学受力分析。由于微元体在其法线方向呈平衡状态，所有的外载和内力的合力都取沿微元体法线方向的分量。内压 p 在微元体 $abcd$ 面积沿法线 n 的合力 p_n 为：

$$p_n = p\,dl_1\,dl_2 \tag{6-9}$$

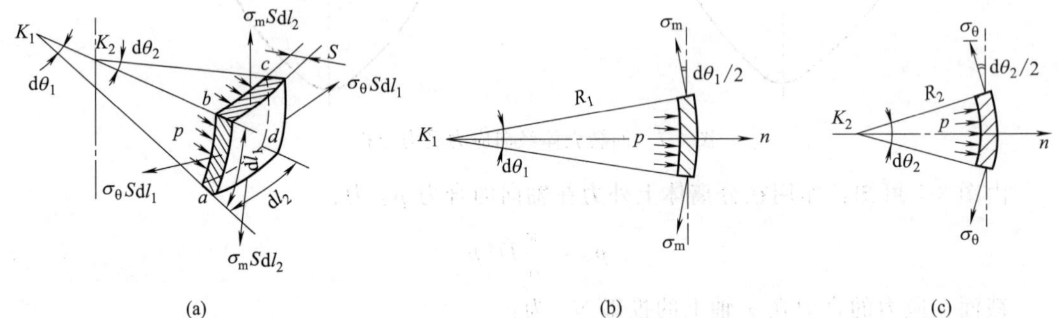

图 6-9 回转壳体环向应力受力分析

经向应力的合力在法线方向上的分量 N_{mn} 为：

$$N_{mn} = 2\sigma_m S\,dl_2 \sin\frac{d\theta_1}{2} \tag{6-10}$$

环向应力的合力在法线方向的分量 $N_{\theta n}$ 为：

$$N_{\theta n} = 2\sigma_\theta S\,dl_1 \sin\frac{d\theta_2}{2} \tag{6-11}$$

由法线 n 方向力的平衡条件 $\sum F_n = 0$，即：$p_n - N_{mn} - N_{\theta n} = 0$，将式（6-9）、式（6-10）和式（6-11）代入得到：

$$p\mathrm{d}l_1\mathrm{d}l_2-2\sigma_m S\mathrm{d}l_2\sin\frac{\mathrm{d}\theta_1}{2}-2\sigma_\theta S\mathrm{d}l_1\sin\frac{\mathrm{d}\theta_2}{2}=0 \tag{6-12}$$

因 $\mathrm{d}\theta_1$ 及 $\mathrm{d}\theta_2$ 都很小，所以有：

$$\sin\frac{\mathrm{d}\theta_1}{2}\approx\frac{\mathrm{d}\theta_1}{2}=\frac{1}{2}\frac{\mathrm{d}l_1}{R_1},\sin\frac{\mathrm{d}\theta_2}{2}\approx\frac{\mathrm{d}\theta_2}{2}=\frac{1}{2}\frac{\mathrm{d}l_2}{R_2} \tag{6-13}$$

将式（6-13）代入式（6-12），即代入平衡方程式，并对各项都除以 $S\mathrm{d}l_1\mathrm{d}l_2$ 整理得到微体平衡方程：

$$\frac{\sigma_m}{R_1}+\frac{\sigma_\theta}{R_2}=\frac{p}{S} \tag{6-14}$$

式中　S——壳体的壁厚，mm；

R_1——回转壳体曲面在所求应力点的第一曲率半径，mm；

R_2——回转壳体曲面在所求应力点的第二曲率半径，mm；

σ_m——经向应力，MPa；

σ_θ——环向应力，MPa；

p——壳体的内压力，MPa。

式（6-14）也称拉普拉斯方程式，说明了回转壳体上任一点 σ_m、σ_θ 与内压及该点曲率半径、壁厚的关系。

6.2 薄膜理论的应用

区域平衡方程和微体平衡方程可以用来推导和分析薄壁回转壳体经向应力和环向应力。在受力分析中忽略了弯矩的作用，所以只有在应力沿壁厚方向均匀分布，即壳体壁厚截面上只有拉压正应力，没有弯曲正应力的情况下，才可得到较准确的结果。这种情况只有在容器的器壁较薄以及离边缘区域稍远的区域才是正确的，与承受内压的薄膜非常相似，所以这一理论被命名为薄膜理论，又称无力矩理论。

6.2.1 应用范围

由于公式推导的开始应用了几点近似假设，影响了公式的准确性，使得公式在实际应用中有一定的局限性。所以薄膜理论的应用是有一定范围限制的，除满足薄壁壳体外，还应满足如下几点。

① 回转壳体曲面是轴对称的几何形体，壳壁厚度无突变；曲率半径是连续变化的，材料是各向同性的，且物理性能（主要是 E 和 μ）应该是相同的。

② 载荷在壳体曲面上的分布是轴对称且是连续的，没有突变情况。因此，壳体上任何有集中力作用处或壳体边缘处，存在着边缘力和边缘力矩时，会伴有弯曲变形发生，在这些地方薄膜理论不适用。

③ 壳体边界的受力形式是自由支承，否则壳体边界上的变形将受到约束，在载荷作用下将会引起弯曲变形和弯曲应力，不会保持无力矩状态。

④ 壳体的边界力应当在壳体曲面的切平面内，在边界上无横剪力和弯矩。

⑤ $S/D_i\leqslant 0.1$，即厚径比不大于 0.1。

总之，归纳起来就是：壳体形状、材料、载荷的对称性和连续性、边缘自由。

6.2.2 受气体内压的圆筒形壳体

受气体内压的圆筒形壳体的受力情况如图 6-10 所示。

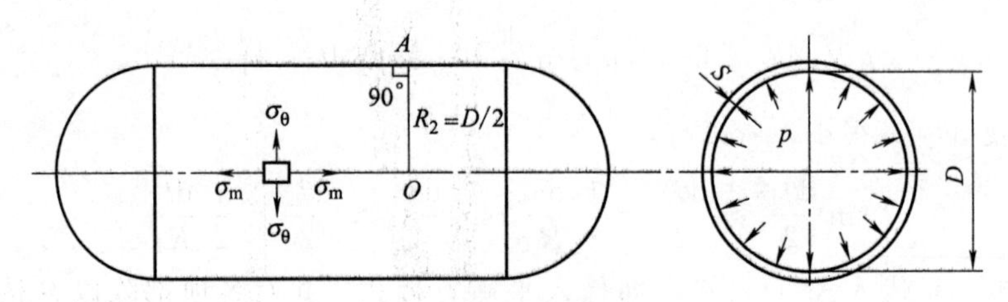

图 6-10 内压的圆筒受力分析

根据圆筒的形状特点可知，第一曲率半径 $R_1=\infty$，第二曲率半径 $R_2=D/2$。将此条件代入式（6-8）区域平衡方程和式（6-14）微体平衡方程，得圆筒形壳体薄膜应力公式：

$$\sigma_m=\frac{pD}{4S},\sigma_\theta=\frac{pD}{2S}$$

此结果和式（6-2）与式（6-3）一致。

6.2.3 受气体内压的球形壳体

球壳是中心对称的几何形体，不仅各处的应力均相等，而且经向应力与环向应力也相等，即 $R_1=R_2=D/2$。将此条件代入式（6-8）区域平衡方程和式（6-14）微体平衡方程，得球壳薄膜应力公式：

$$\sigma_m=\sigma_\theta=\frac{pD}{4S} \tag{6-15}$$

由式（6-15）可见，相同的内压 p 作用下，球壳的环向应力要比同直径、同壁厚的圆筒壳体小一半。

6.2.4 受气体内压的椭圆形封头

受气体内压的椭圆形封头的公式推导，关键问题是要确定椭球壳上任意一点的第一和第二曲率半径。

（1）第一曲率半径 R_1

如图 6-11 所示。由图可知，一般曲线 $y=f(x)$ 上任意一点的曲率半径：

$$R_1=\left|\frac{[1+(y')^2]^{3/2}}{y''}\right|$$

根据椭圆曲线方程：$\frac{x^2}{a^2}+\frac{y^2}{b^2}=1$，得到：

$$y'=-\frac{b^2x}{a^2y}=-\frac{bx}{a\sqrt{(a^2-x^2)}},y''=-\frac{b^4}{a^2y^3}=-\frac{ab}{a\sqrt{(a^2-x^2)^3}}$$

于是得到椭圆上某点的第一曲率半径为：

$$R_1=\frac{1}{a^4b}[a^4-x^2(a^2-b^2)]^{3/2} \tag{6-16}$$

（2）第二曲率半径 R_2

由图可见，$R_2=\sqrt{x^2+l^2}=\sqrt{x^2+\left(\frac{x}{\tan\theta}\right)^2}$

θ 为圆锥面的半顶角，它在数值上等于椭圆在同一点的切线与 x 轴的夹角。

根据 $\tan\theta=\frac{dy}{dx}=y'$，并将此式代入上式得椭圆上某点的第二曲率半径为：

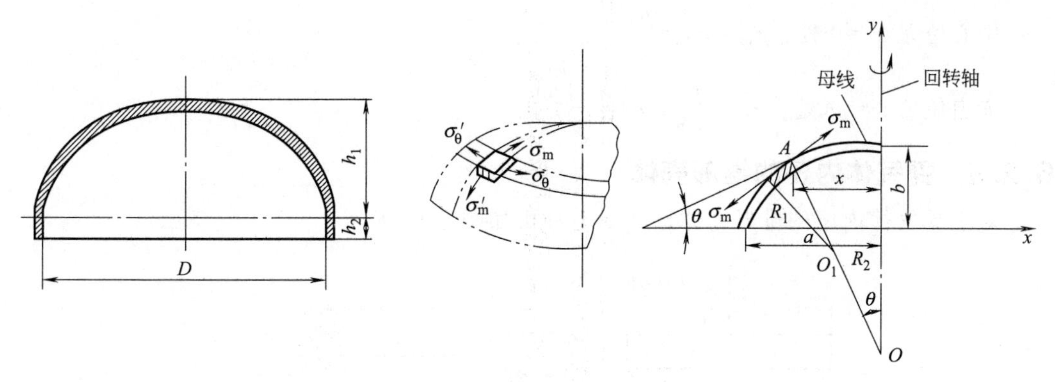

图 6-11 椭圆封头受力分析

$$R_2=\sqrt{x^2+\left(\frac{x}{y'}\right)^2}=\frac{1}{b}\left[a^4-x^2(a^2-b^2)\right]^{1/2} \tag{6-17}$$

将此条件式（6-16）和式（6-17）代入式（6-8）区域平衡方程和式（6-14）微体平衡方程，得：

经向应力：$\sigma_m=\frac{p}{2Sb}\sqrt{a^4-x^2(a^2-b^2)}$

环向应力：$\sigma_\theta=\frac{p}{2Sb}\sqrt{a^4-x^2(a^2-b^2)}\left[2-\frac{a^4}{a^4-x^2(a^2-b^2)}\right]$

（3）椭圆封头应力分布

根据上面的经向应力和环向应力公式，可以得出：

① 椭圆壳体的中心位置 $x=0$ 处：$\sigma_m=\sigma_\theta=\frac{pa}{2S}\left(\frac{a}{b}\right)$，即经向应力和环向应力相等。

② 椭圆壳体的赤道位置 $x=a$ 处：$\sigma_m=\frac{pa}{2S}$，$\sigma_\theta=\frac{pa}{2S}\left(2-\frac{a^2}{b^2}\right)$，即经向应力 σ_m 恒为正值，且最大值在 $x=0$ 处，最小值在 $x=a$ 处。

③ 环向应力 σ_θ 在 $x=0$ 处，$\sigma_\theta>0$；在 $x=a$ 处有三种情况，如图 6-12 所示。

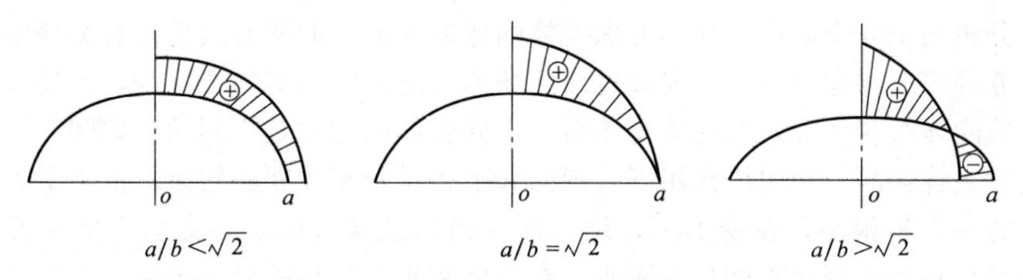

图 6-12 椭圆封头在 $x=a$ 处受力分析

如 $\left[2-\left(\frac{a}{b}\right)^2\right]>0$，即 $\frac{a}{b}<\sqrt{2}$，则 $\sigma_\theta>0$；

如 $\left[2-\left(\frac{a}{b}\right)^2\right]=0$，即 $\frac{a}{b}=\sqrt{2}$，则 $\sigma_\theta=0$；

如 $\left[2-\left(\frac{a}{b}\right)^2\right]<0$，即 $\frac{a}{b}>\sqrt{2}$，则 $\sigma_\theta<0$。

④ 对于制药设备上常用的标准椭圆封头，即 $a/b=2$ 的椭圆封头，则有：

中心位置 $x=0$ 处：$\sigma_m=\sigma_\theta=\frac{pa}{S}$；

赤道位置 $x=a$ 处：$\sigma_m=\frac{pa}{2S}$，$\sigma_\theta=-\frac{pa}{S}$。

6.2.5 受气体内压的锥形壳体

对于受气体内压的锥形壳体，其受力分析如图 6-13 所示。

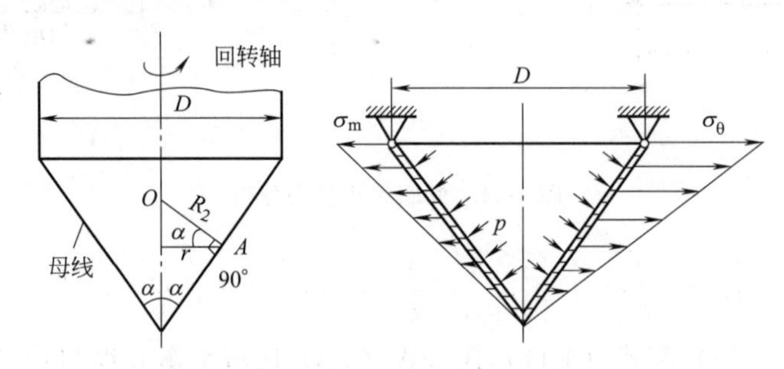

图 6-13 内压锥形壳体受力分析

由图可求得第一曲率半径和第二曲率半径：$R_1=\infty$，$R_2=r/\cos\alpha$。将此条件代入式（6-8）区域平衡方程和式（6-14）微体平衡方程，得：

$$\sigma_m=\frac{pr}{2S}\frac{1}{\cos\alpha},\sigma_\theta=\frac{pr}{S}\frac{1}{\cos\alpha}$$

由上式可以分析出，锥形壳体环向应力是经向应力两倍，并且随着半锥角 α 的增大而增大，所以在实际制药设备的设计时，α 角要选择合适，不适合取太大值。在锥形壳体大端 $r=R$ 时，应力最大，$\sigma_m=\frac{pD}{4S}\frac{1}{\cos\alpha}$，$\sigma_\theta=\frac{pD}{2S}\frac{1}{\cos\alpha}$。在锥顶处，应力为零，所以锥形壳体一般在锥顶处开孔。

6.3 内压圆筒边缘应力

6.3.1 边缘应力的概念

以上分析用了几个假设，如不考虑壳体的弯曲变形、曲率与载荷没有突变等，因此忽略了圆周方向变形与弯曲应力、连接边缘区变形与应力。而实际情况是，容器往往由不同几何形状的壳体组合而成，当壳体受压后，不同壳体的应力是不同的。如圆筒形壳体与较厚的平板封头连接时，在内压作用下，圆筒和平板受到相互间的约束。由于平板较厚，在半径方向的变形量很小，在变形不连续（即所谓的连接边缘，如支承突变位置）处的壳体，由于受平板的限制而不能自由膨胀。在筒体和平盖连接的局部区域，由于要达到变形协调而产生边缘力和边缘力矩。这种由边缘力和边缘力矩引起的应力，称为边缘应力或不连续应力。

6.3.2 边缘应力的特点

边缘应力具有局部性和自限性的特点。

局部性：边缘应力只是产生在一个局部的区域内，随着距离连接位置的变远，会迅速衰减，其衰减长度约为 $2.5\sqrt{RS}$。

自限性：边缘应力是由于不连续点的两侧产生相互约束而出现的一种附加应力，当边缘处的附加应力达到材料的屈服极限时，相互约束便缓解了，不会无限制地增大。

6.3.3 对边缘应力的处理

对于边缘应力的处理，可以利用其特点来进行。

① 边缘区局部处理。由于边缘应力具有局部性，所以在设计中可以在结构上只作局部处理。如，改变边缘结构，边缘局部加强，筒体纵向焊缝错开焊接、焊缝与边缘离开，焊后热处理等。

② 保证材料塑性。对于塑性材料，即使边缘局部某些点的应力达到或超过材料的屈服点，邻近尚未屈服的弹性区仍可以抑制塑性变形的发展，使塑性区不再扩展，所以大多数塑性较好的材料制成的容器，如低碳钢、奥氏体不锈钢、铜、铝等制作的压力容器，当承受静载荷时，除结构上作某些处理外，一般并不对边缘应力作特殊考虑。

③ 由于自限性的特点，使得边缘应力的危害性不如薄膜应力的大。薄膜应力随着外力的增大而增大，正比于介质压力，属于非自限性，是一次应力。边缘应力具有局部性和自限性，属于二次应力。在设计中，边缘应力的考虑与薄膜应力不同，设计规范规定，一次应力与二次应力之和可以控制在 $2\sigma_s$ 以下。

6.4 内压薄壁圆筒与封头的强度设计

6.4.1 强度设计的基本知识

(1) 弹性失效设计准则

弹性失效的含义是指，容器上一处的最大应力达到材料在设计温度下的屈服点，该容器即告破坏。相对于圆筒来讲，就是筒体内较大的环向应力不应高于在设计温度下材料的许用应力，即：

强度安全条件：$\sigma \leqslant \dfrac{\sigma^0}{n} = [\sigma]^t$

式中，$[\sigma]^t$ 是指设计温度 t℃下材料许用应力，MPa。

(2) 强度理论及其相应的强度条件

根据薄膜理论，圆筒壁内应力为经向应力、环向应力、法向应力三种。如图 6-14 所示，三项主应力为：

$$\sigma_1=\sigma_\theta=\frac{pD}{2S} \quad \sigma_2=\sigma_m=\frac{pD}{4S} \quad \sigma_3=\sigma_z=0$$

$$\sigma_m=\frac{pD}{4S} \quad \sigma_\theta=\frac{pD}{2S} \quad \sigma_z=0$$

根据第三强度理论的强度条件：$\sigma=\sigma_1-\sigma_3\leqslant[\sigma]^t$

可以得到圆筒强度条件：

$$\frac{pD}{2\delta}\leqslant[\sigma]^t \tag{6-18}$$

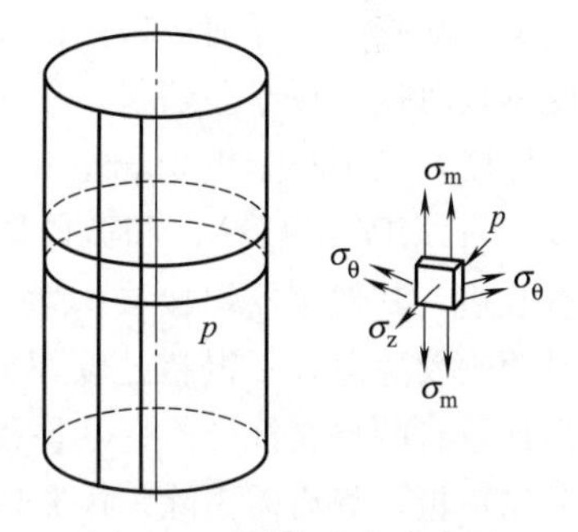

图 6-14 圆筒壁内应力图

6.4.2 内压薄壁圆筒壳与球壳的强度设计

容器设计的最基础设计计算是壁厚设计，所以，内压薄壁圆筒壳的设计是内压容器设计的最主要项目。根据式 (6-18) 可以得出内压薄壁圆筒壳厚度的强度计算公式：

$$\delta\geqslant\frac{pD}{2[\sigma]^t} \tag{6-19}$$

式 (6-19) 是设计计算的基础，这只是理想状态下得到的壁厚，只是考虑了强度，而忽视了很多实际设计中必不可少的影响因素。所以，一般还要考虑三个因素的影响：焊接接头系数、容器内径、壁厚。

(1) 焊接接头系数

焊接接头系数是指对接焊接接头强度与母材强度之比值。用以反映由于焊接材料、焊接缺陷和焊接残余应力等因素使焊接接头强度被削弱的程度，是焊接接头力学性能的综合反映。实际上焊接接头系数是一个经验数据，表示焊缝质量的可靠程度。考虑了焊缝系数的壁厚公式可以由式（6-19）推导得出。钢板需用应力 $[\sigma]^t$ 乘以焊接接头系数 ϕ，$\phi \leqslant 1$。于是可以得到：

$$\delta \geqslant \frac{pD}{2[\sigma]^t \phi} \tag{6-20}$$

焊缝系数的大小与焊缝形式、焊接工艺及焊缝无损检测的严格程度有关。焊缝系数有不同的标准，如美国的 ASME Ⅷ-1、日本 JIS B8241、GB 150 等规定，焊接接头系数应根据容器受压元件的焊接接头的焊接工艺特点来确定，如焊缝形式（单面焊或双面焊）、有或无垫板以及无损检测抽查率等，而且只对对接焊缝作了规定。焊缝系数的选择见表 6-1。

表 6-1 焊接接头系数

焊接接头形式	对接接头	100%无损检测	局部无损检测
焊接工艺特点	双面焊相当于双面焊的全焊透接头	1.0	0.85
	单面焊(沿焊缝根部全长有紧贴基本金属的垫板)	0.9	0.8
JB/T 4730 无损检测合格级别	射线检测(AB 级;中灵敏度技术)	Ⅱ级	Ⅲ级
	超声检测(B 级检测)	Ⅰ级	Ⅱ级

焊接接头系数只为压力容器强度计算所用并应根据焊缝形式和无损探伤检测要求选取，焊缝熔敷金属的强度不应低于强度较低一侧母材的强度下限。规定的系数值是以焊接接头设计及制造要求符合 GB 150 第十章的规定为前提。例如：①焊缝坡口表面不得有裂纹、分层、夹渣等缺陷；②焊前坡口表面及邻近区域应除去油污等；③控制焊缝对口错边量；④不等厚度钢板对接，板厚差超限，单、双面削薄；⑤任何 A 类焊接接头之间的距离应大于三倍名义厚度，且不小于 100mm；⑥焊接接头余高的要求，不得高于焊条直径的一倍；⑦抗拉强度＞540MPa 及 Cr-Mo 和奥氏体不锈钢制容器及焊缝系数为 1 的容器，其焊接接头表面不得有咬边；其他容器焊接接头表面咬边深度不得大于 0.5mm，其连续长度不得大于 100mm，且两侧咬边总长不得超过该焊缝长度的 10%；⑧限制焊接接头返修次数不得超过规定，并保证原有的抗腐蚀性能；⑨厚度超限应按规定进行热处理；⑩低温容器 A 类焊接接头如果采用垫板，焊后需去除，B 类焊接接头如受结构的限制，垫板可不拆除。

(2) 容器内径

在圆筒强度条件公式（6-18）中，用的是中间面直径 D，但是在工艺设计中需要确定的是内径 D_i，而且零件或设备的制造和测量过程中，也是用的内径，因此，这里有必要将中径换算为圆筒内径，将 $D=D_i+\delta$ 代入式（6-18）有：

$$\frac{p(D_i+\delta)}{2\delta} \leqslant [\sigma]^t \phi$$

解出 δ，得到内压圆筒的厚度计算式：

$$\delta = \frac{p_c D_i}{2[\sigma]^t \phi - p} \tag{6-21}$$

（3）壁厚

在 GB 150 中规定，为防止容器受压元件由于腐蚀、机械磨损而导致厚度削弱减薄，应考虑腐蚀裕量。所以，考虑到介质的腐蚀情况，在计算厚度 δ 的基础上，增加腐蚀裕度 C_2。于是筒体的设计厚度为：

$$\delta_d=\frac{p_c D_i}{2[\sigma]^t\phi-p}+C_2 \tag{6-22}$$

式中 δ_d——圆筒设计厚度，mm；

D_i——圆筒内径，mm；

p——容器设计压力，MPa；

ϕ——焊接接头系数。

在 GB 150 中对腐蚀裕度有如下规定：

① 对有均匀腐蚀或磨损的元件，应根据预期的容器设计使用年限和介质对金属材料的腐蚀速率（及磨损速率）确定腐蚀余量；

② 容器各元件受到的腐蚀程度不同时，可采取不同的腐蚀裕量；

③ 介质为压缩空气、水蒸气或水的碳素钢或低合金钢制容器，腐蚀裕量不小于 1mm。

对于不锈钢制容器，当介质的腐蚀性极微时，可取腐蚀裕量 $C_2=0$。不锈钢的腐蚀问题多数是局部腐蚀的问题，如孔蚀、缝隙腐蚀、应力腐蚀和腐蚀疲劳等。对于存在冲刷腐蚀条件的部位，则应当考虑腐蚀裕量，例如在管线的弯头部位等，可以采用壁厚比较厚的管来弯制，或直接选用厚壁弯头。

工程上的腐蚀裕量一般根据管道材料和工艺介质来划分：碳钢接触一般工艺介质，取 1.5mm/a；碳钢接触弱腐蚀性工艺介质，取 2.0mm/a；碳钢接触强腐蚀性工艺介质，取 3.0mm/a；合金钢 1.0mm。

当工艺条件不明确时，一般按下述规定确定腐蚀裕量：

① 碳钢、低合金钢制设备的壳体腐蚀裕量取 2.0mm；

② 不锈钢及不锈钢复合板制设备的壳体腐蚀裕量取 0mm；

③ 带有衬里的碳钢制设备的壳体腐蚀裕量取 0mm；

④ 设备上接管的腐蚀裕量应取壳体的腐蚀裕量；

⑤ 内件腐蚀裕量按 HG/T 20580—2011《钢制化工容器设计基础规定》中的规定。

生产钢板或钢管时，受限于工厂技术，精度有限。不能轧制出完全平齐的钢板，更不会与标称厚度完全一致。所以生产出的钢板或钢管厚度是一个范围。为了保证钢材产品的质量，也为了便于容器等钢材工业品的设计，国家通过技术标准和规范规定了钢材厚度允许偏差。制药设备容器壁厚中考虑的厚度允许偏差，应该是出于安全考虑的下偏差，即厚度负偏差 C_1。

筒体设计厚度加上厚度负偏差 C_1 后向上圆整，即为筒体名义厚度。对于已有的圆筒，测量厚度为 δ_n，则其最大许可承压的计算公式为：

$$[p]=\frac{2[\sigma]^t\phi(\delta_n-C)}{D_i+(\delta_n-C)}=\frac{2[\sigma]^t\phi\delta_e}{D_i+\delta_e}$$

于是得到名义厚度公式：

$$\delta_n=\frac{[p]D_i}{2[\sigma]^t\phi-[p]}+C_2+C_1 \tag{6-23}$$

式中 δ_n——圆筒名义厚度 $\delta_n=\delta_n+C_1$，圆整成钢材标准值。

常用材料厚度负偏差如表 6-2 和表 6-3 所示。

表 6-2 常用钢板厚度负偏差 C_1 值

钢板标准	钢板厚度/mm	负偏差 C_1/mm
GB 713—2014《锅炉和压力容器用钢板》 GB 3531—2014《低温压力容器用钢板》	全部厚度	0.25
GB 912—2008《碳素结构钢和低合金结构钢热轧薄钢板和钢带》 GB 3274—2007《碳素结构钢和低合金结构钢热轧厚钢板和钢带》 GB/T 3280—2015《不锈钢冷轧钢板和钢带》 GB/T 4237—2015《不锈钢热轧钢板和钢带》 GB/T 4238—2015《耐热钢钢板与钢带》	2	0.18
	2.2	0.19
	2.5	0.20
	2.8～3.0	0.22
	3.2～3.5	0.25
	3.8～4.0	0.30
	4.5～5.5	0.5
	6～7	0.6
	8～25	0.8
	26～30	0.9
	32～34	1.0
	36～40	1.1
	42～50	1.2
	52～60	1.3
	65～80	1.8

表 6-3 常用无缝钢管厚度负偏差 C_1 值

钢管标准	种类	壁厚/mm	负偏差 C_1	
			普通级	较高级或高级
GB/T 8163—2008《输送流体用无缝钢管》	冷拔	>1.0	10%	10%
	热轧	≥2.5	12.5%	
GB 9948—2013《石油裂化用无缝钢管》	冷拔	>1.0	10%	
	热轧	≤20	12.5%	
		>20	10%	
GB/T 14976—2012《流体输送用不锈钢无缝钢管》	冷拔	>1～3	14%	10%
		>3.0	10%	10%
	热轧	<15	12.5%	12.5%
		≥15	15%	12.5%
GB 6479—2013《高压化肥设备用无缝钢管》	冷拔	≥1.5		10%
	热轧	3～20		12.5%
		>20		10%
GB 5310—2008《高压锅炉用无缝钢管》	冷拔	2～3	10%	10%
		>3	10%	7.5%
	热轧	<3.5	10%且≤0.32mm	10%且≤0.2mm
		3.5～20	10%	10%
		>20	10%	7.5%

容器实际运行中容器壁厚的理论最小值是有效厚度，即名义厚度减去腐蚀裕量与钢材厚度负偏差。

$$\delta_e=\delta_n-C \tag{6-24}$$

式中　C——厚度附加量，$C=C_1+C_2$。

由此，可以推导出设计温度下圆筒的计算应力：

$$\sigma^t=\frac{p_c(D_i+\delta_e)}{2\delta_e}\leqslant[\sigma]^t\phi \tag{6-25}$$

(4) 球壳强度计算

球壳的任意点处的薄膜应力均相同，且 $\sigma_\theta=\sigma_m$，根据薄膜应力第三强度条件：

$$\sigma_r=\sigma_\theta=\frac{p_c(D_i+\delta_e)}{4\delta_e}\leqslant[\sigma]^t\phi$$

于是得到球壳强度公式：

设计温度下球壳的计算厚度：$\delta=\dfrac{p_cD_i}{4[\sigma]^t\phi-p_c}$，$p_c\leqslant0.6[\sigma]^t\phi$

设计温度下球壳的计算应力：$\sigma^t=\dfrac{p_c(D_i+\delta_e)}{4\delta_e}\leqslant[\sigma]^t\phi$

其他的厚度计算与筒体一样。

6.4.3　内压圆筒封头的设计

封头又称端盖，其分类为：凸形封头（包括半球形封头、椭圆形封头、碟形封头、球冠形封头）、平板形封头、锥形封头（无折边、有折边）。

(1) 椭圆形封头

椭圆形封头由半个椭球和一段高为 h_0 的圆筒形筒节（称为直边）构成，如图 6-15 所示，封头曲面深度 $h=D_i/4$，直边高度与封头的公称直径有关，直边保证封头制造质量和避免边缘应力作用。

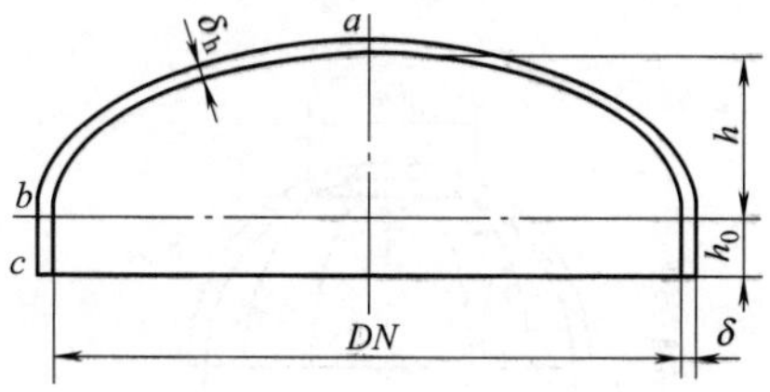

图 6-15　椭圆形封头示意图

表 6-4 为封头的直边高度。

表 6-4　封头的直边高度　　单位：mm

封头的公称直径 DN	≤2000	＞2000
封头的直边高度 h_0	25	40

对于标准椭圆封头，最大的薄膜应力位于椭球的顶部，大小和圆筒的环向应力完全相同，其厚度和圆筒形的计算一样。计算厚度为：

$$\delta=\frac{Kp_cD_i}{2[\sigma]^t\phi-0.5p_c}$$

式中，K 是椭圆形封头形状系数，$K=\dfrac{1}{6}\left[2+\left(\dfrac{D_i}{2h_i}\right)^2\right]$

标准椭圆形封头（长短轴之比值为 2），$K=1$。壁厚计算公式：

$$\delta=\frac{p_cD_i}{2[\sigma]^t\phi-0.5p_c} \tag{6-26}$$

当封头是由整块钢板冲压时，ϕ 值取为1。筒体设计壁厚计算公式：

$$\delta_d=\frac{Kp_cD_i}{2[\sigma]^t\phi-0.5p_c}+C,\delta_d=\frac{p_cD_i}{2[\sigma]^t\phi-p_c}+C_2 \tag{6-27}$$

如果忽略分母上微小差异，则大多数椭圆封头壁厚与筒体同，或比筒体稍厚。同时，还应保证封头的有效壁厚 δ_e 满足：对标准椭圆形封头不小于封头内直径的0.15%。

椭圆形封头最大允许工作压力：

$$[p]=\frac{2[\sigma]^t\phi\delta_e}{KD_i+0.5\delta_e} \tag{6-28}$$

(2) 半球形封头

半球形封头示意图如图6-16所示。

受内压球形封头计算壁厚与球壳相同。球形封头壁厚可较圆筒壳减薄一半。但为焊接方便以及降低边缘压力，半球形封头常和筒体取相同的厚度。

(3) 碟形封头

碟形封头又称带折边球形封头，如图6-17所示，由三部分组成：以 R_i 为半径的球面壳体、以过渡圆弧半径 r 的圆弧为母线所构成的环状壳体（折边或过渡圆弧）和高度为 h 的直边。

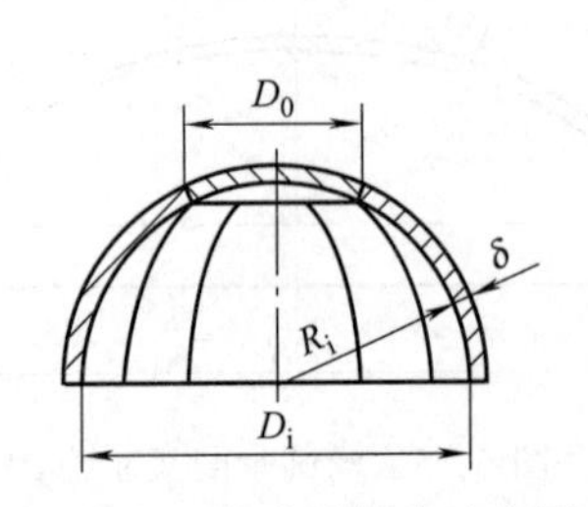

图6-16 半球形封头示意图

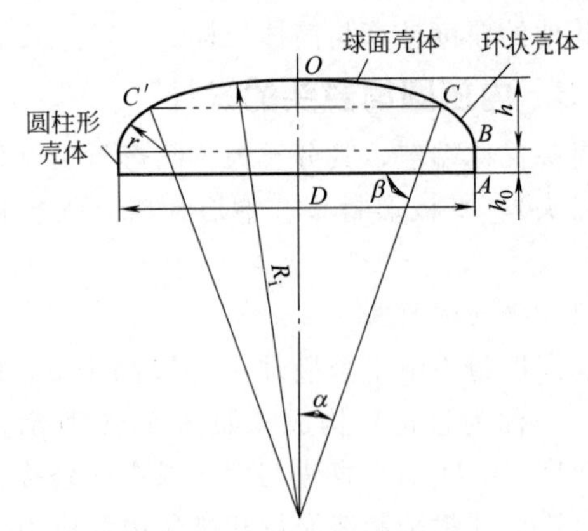

图6-17 碟形封头示意图

球面半径 R_i 一般不大于筒体直径 D_i；折边半径 r 在任何情况下不得小于球面半径的10%，应大于三倍的封头厚度。在相同受力情况下，碟形封头壁厚比椭圆形封头壁厚要大些，而且碟形封头存在应力不连续，因此没有椭圆形封头应用广泛。

碟形封头厚度的计算公式为：

$$\delta=\frac{Mp_cR_i}{2[\sigma]^t\phi-0.5p_c} \tag{6-29}$$

式中，M 是碟形封头形状系数，$M=\frac{1}{4}\left(3+\sqrt{\frac{R_i}{r}}\right)$。

碟形封头厚度太薄会出现内压下的弹性失稳，故规定：$M\leqslant1.34$，$\delta_e\geqslant0.15\%D_i$；$M>1.34$，$\delta_e\geqslant0.3\%D_i$。

(4) 球冠形封头

为进一步降低封头高度，将过渡圆弧和直边部分去掉，球面部分直接焊到圆柱壳体上，如图6-18所示。

球冠形封头一般作容器的端封头，或用作容器中两相邻的中间封头。封头的厚度（凹面受压时）：

$$\delta=\frac{Qp_cD_i}{2[\sigma]^t\phi-p_c} \tag{6-30}$$

式中，Q 为系数，主要和球形半径和筒体内径之比、压力和许用应力及焊缝系数有关，可根据图表查得。在任何情况下，与球冠形封头连接的圆筒厚度应不小于封头厚度。否则，应在封头与圆筒间设置加强段过渡连接。圆筒加强段厚度应与封头等厚，端封头一侧或中间封头两侧的加强段长度 L 应不小于 $2\sqrt{0.5D_i\delta}$。

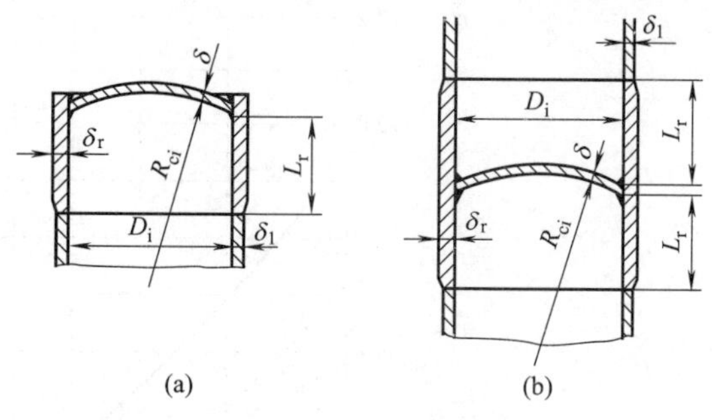

图 6-18 球冠形封头

（5）锥形封头

操作介质含有固体颗粒或当介质黏度很大时，采用锥形封头便于收集与卸除设备中的固体物料，有利于出料和流体的均匀分布；顶角较小的锥壳可用来改变流体的流速；在塔类设备中，由于上、下部分的直径不等，也常用锥形壳体连接，称为变径段。因此，虽然锥形封头和椭圆形、半球形封头相比强度差一些，但仍得到一定的应用，如蒸发器、喷雾干燥器、结晶器及沉降器等的底盖。一般锥形封头有三种形式，如图 6-19 所示。

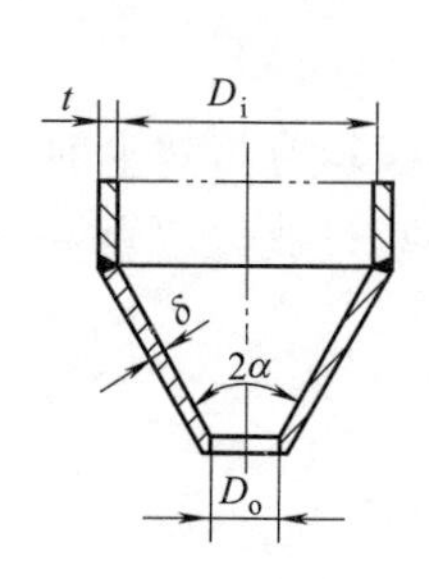

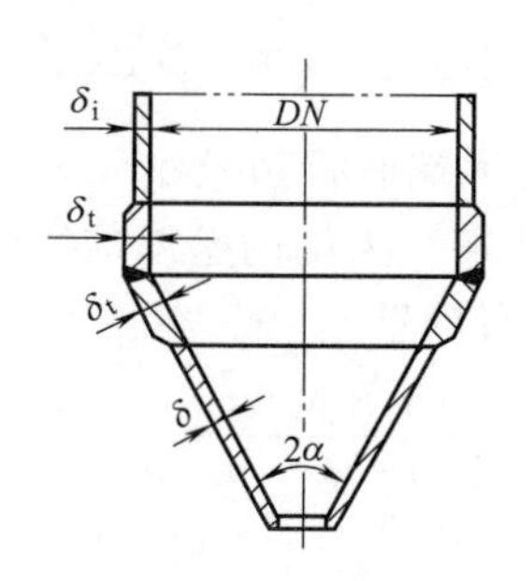

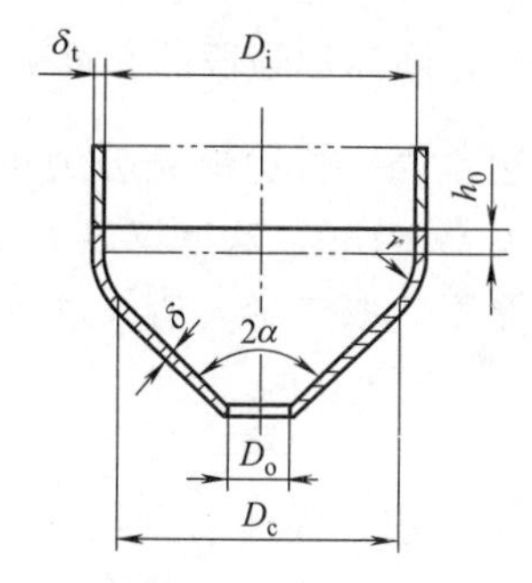

图 6-19 锥形封头

a. 不带折边锥形封头　锥形封头的最大薄膜应力位于锥体的大端：

$$\sigma_m=\frac{pD}{4\delta}\frac{1}{\cos\alpha},\sigma_\theta=\frac{pD}{2\delta}\frac{1}{\cos\alpha}$$

根据第一或第三强度理论，并以内径表示可得：

$$\delta=\frac{pD_i}{2[\sigma]^t\phi\cos\alpha-p}\approx\frac{pD_i}{2[\sigma]^t\phi-p}\frac{1}{\cos\alpha} \tag{6-31}$$

由于无折边锥形封头与筒体连接处曲率半径突变，存在着较大的边界应力，如用式（6-31）计算的壁厚满足边界应力不得超过 3 倍时，则可以直接使用，否则需增加连接处的壁厚，故无折边封头的计算公式写为：

$$\delta=\frac{Qp_cD_i}{2[\sigma]^t\phi\cos\alpha-p_c} \tag{6-32}$$

式中，Q 是系数，如图 6-20 所示。Q 值随着$\frac{p_c}{[\sigma]^t\phi}$的增大而减少，水平直线代表 $Q=\frac{1}{\cos\alpha}$。

采用加强的壁厚焊接比较烦琐、成本也较高，是否可以整体采用加强后计算的壁厚，

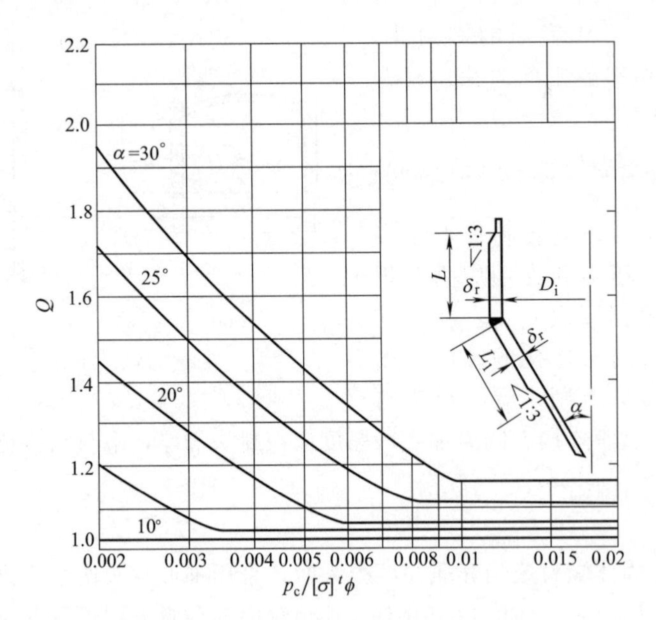

图 6-20 锥壳大端与圆筒连接处 Q 值图

目前还没有定论；实际设计时严格按照 GB 150 要求。

加强段的厚度不小于相连接的锥壳厚度，锥壳加强段的长度 L_1 应不小于 $2\sqrt{\dfrac{0.5D_i\delta}{\cos\alpha}}$，圆筒加强段的长度 L 应不小于 $2\sqrt{0.5D_i\delta}$。

b. 折边锥壳　折边锥壳分为锥壳大端有折边及锥壳大端小端均有折边两种。小端的计算方法见 GB 150，这里仅以大端为例。大端的壁厚应同时计算过渡段厚度和与其相连接的锥壳厚度，取二者大值。过渡部分的壁厚：

$$\delta=\frac{Kp_cD_i}{2[\sigma]^t\phi-0.5p_c} \tag{6-33}$$

式中　D_i——连接筒体内直径；

　　　K——过渡部分形状系数，如表 6-5 所示。

表 6-5　系数 K 值

α	r/D					
	0.10	0.15	0.20	0.30	0.40	0.50
10°	0.6644	0.6111	0.5789	0.5403	0.5168	0.5000
20°	0.6956	0.6357	0.5986	0.5522	0.5223	0.5000
30°	0.7544	0.6819	0.6357	0.5749	0.5329	0.5000
35°	0.7980	0.7161	0.6629	0.5914	0.5407	0.5000
40°	0.8547	0.7604	0.6981	0.6127	0.5506	0.5000
45°	0.9253	0.8181	0.7440	0.6402	0.5635	0.5000
50°	1.0270	0.8944	0.8045	0.6765	0.5804	0.5000
55°	1.1608	0.9980	0.8859	0.7249	0.6028	0.5000
60°	1.3500	1.1433	1.0000	0.7923	0.6337	0.5000

过渡段与相连接处的锥壳厚度：

$$\delta=\frac{fp_cD_i}{2[\sigma]^t\phi-0.5p_c} \tag{6-34}$$

式中，f 为锥形封头形状系数，$f=\frac{1-2r}{D_i}\frac{1-\cos\alpha}{2\cos\alpha}$，其值如表 6-6 所示。

表 6-6 系数 f 值

α	r/D					
	0.10	0.15	0.20	0.30	0.40	0.50
10°	0.5062	0.5055	0.5047	0.5032	0.5017	0.5000
20°	0.5257	0.5225	0.5193	0.5128	0.5017	0.5000
30°	0.5619	0.5542	0.5465	0.5310	0.5155	0.5000
35°	0.5883	0.5773	0.5663	0.5442	0.5221	0.5000
40°	0.6222	0.6069	0.5916	0.5611	0.5305	0.5000
45°	0.6657	0.6450	0.6243	0.5828	0.5414	0.5000
50°	0.7223	0.6945	0.6668	0.6112	0.5556	0.5000
55°	0.7973	0.7602	0.7230	0.6486	0.5743	0.5000
60°	0.9000	0.8500	0.8000	0.7000	0.6000	0.5000

(6) 平板封头

平板封头结构简单、制造方便，在压力不高、直径较小的容器中采用。一般有圆形、椭圆形、长圆形、矩形和方形等形状。圆形平板作为封头承受压力时，处于受弯曲的不利状态，且造成筒体在边界处产生较大的边界应力；相同径厚比（R/δ）和同样载荷条件下，平板封头要比凸形封头厚得多，所以一般不使用平板封头。承压设备人孔、手孔以及在操作时需要用盲板封闭的地方，才用平板盖。

在实际工程中，可把圆形平盖简化为受均匀分布横向载荷的圆平板，最大弯曲应力公式为：

$$\sigma_{\max}=K\frac{p_cD^2}{\delta^2}$$

应用第一强度理论，结合实际工程经验，其设计公式为：

$$\delta_p=D_c\sqrt{\frac{Kp_c}{[\sigma]^t\varphi}} \tag{6-35}$$

式中 K——结构系数，从相关的表中查取；

D_c——计算直径，一般为筒体内直径；

δ_p——平板的计算厚度。

6.5 内压容器的强度校核

6.5.1 压力试验

容器制造时，钢板经过了弯卷、焊接、拼装等工序以后，会导致不安全，发生过大变形或渗漏等问题，因此需要进行压力试验，试验的项目和要求应在图样中注明。

压力试验可以选用液压和气压。但是由于气压试验的危害性大，所以最常用的压力试验方法是液压试验。只有不易做液压试验的容器才采用气压试验，如装入贵重催化剂要求内部烘干、容器内衬耐热混凝土不易烘干、由于结构原因不易充满液体的容器以及容积很大的容器等，可用气压试验代替液压试验。

（1）液压试验

试验介质一般用常温水，也可用不会发生危险的其他液体，试验时液体的温度应低于其闪点或沸点。

试验压力为：

$$p_T = 1.25p \frac{[\sigma]}{[\sigma]^t} \tag{6-36}$$

式中 $[\sigma]$——设计温度下材料的许用应力，MPa；

$[\sigma]^t$——试验温度下材料的许用应力，MPa。

强度条件为：

$$\sigma_T = \frac{p_T(D_i + \delta_e)}{2\delta_e} \leqslant 0.9\sigma_s\phi \tag{6-37}$$

液压试验时水温不能过低（碳素钢、16MnR 不低于 5℃，其他低合金钢不低于 15℃），外壳应保持干燥。充满水后待壁温大致相等时，缓慢升压到规定试验压力稳压 30min，然后将压力降低到设计压力，保持 30min 以检查有无损坏，有无宏观变形、有无泄漏及微量渗透。试验后及时排水，用压缩空气及其他惰性气体将容器内表面吹干。立式容器卧置进行水压试验时，试验压力应取立置试验压力加液柱静压力。

（2）气压试验

试验介质一般选用干燥气体、洁净的空气、氮气、惰性气体等。采用气压试验的容器其焊缝需进行 100%的无损探伤，且应增加试验场所的安全措施，并在有关安全部门的监督下进行。试验压力为：

$$p_T = 1.15p \frac{[\sigma]}{[\sigma]^t} \tag{6-38}$$

强度条件为：

$$\sigma_T = \frac{p_T(D_i + \delta_e)}{2\delta_e} \leqslant 0.8\sigma_s\phi \tag{6-39}$$

气压试验方法：试验时压力应缓慢上升，至规定试验压力 $0.1p$，且不超过 0.05MPa，保压 5min，检查焊接接头部位。若存在泄漏，及时修复，重新进行水压实验。合格后方可重新进行气压实验。压力试验时，由于容器承受的压力 p_T 高于设计压力 p，所以必要时需进行强度校核。

6.5.2 强度校核

（1）许用应力校核

就是根据有效厚度计算出容器在校核压力下的计算应力，判断其是否小于材料的许用应力，即：

$$[\sigma] \leqslant [\sigma]^t$$

在用容器在校核压力 p_{ch}（p_W，p_k 或者 p）作用下的计算应力为：

$$\sigma = \frac{Kp_{ch}D_i}{2\delta_e} \tag{6-40}$$

式中，K 为形状系数，其值根据受压元件形状确定，对于圆柱形筒体和标准椭圆形封头，$K=1.0$；对于球壳与半球壳封头，$K=0.5$；碟形封头，$K=M\alpha$；无折边封头锥形封头，$K=Q$；折边锥形封头，$K=f_0$。

δ_e 为筒体或者封头的有效厚度，对于新容器筒体：$\delta_e=\delta_n-C_1-C_2$；对于使用多年的容器：$\delta_e=\delta_{Cmin}-2n\lambda$；$\lambda$ 是实测的年腐蚀率，mm/a；δ_{Cmin} 是受压元件的实测最小厚度；n 是检验周期。

（2）在用容器最大允许工作压力

$$[p]=\frac{2\delta_e[\sigma]^t\phi}{Kp_{ch}D_i} \tag{6-41}$$

在工程实际中，应该严格按照 GB 150 或 JB 4732 进行校核。

习题

6-1 薄壁容器的三个基本假设是什么？

6-2 常见压力容器的结构形状有几种？各是什么形状？

6-3 什么叫焊接系数？设定这个系数有何意义？

6-4 什么叫边缘应力？其有什么特点？

6-5 对边缘应力的处理有几种方法？各是什么？

6-6 钢板卷制圆筒形容器，纵焊缝与环焊缝哪个易裂？为什么？

6-7 筒体上开椭圆孔，如何开才比较合理？为什么？

6-8 内压容器的耐压试验目的是什么？

6-9 内压容器的许用应力如何校核？

第 7 章

外压容器

7.1 概述

容器外部压力大于内部压力的容器称为外压容器。在药厂设备中，外压容器比较多，如多效蒸发中的真空冷凝器、带有蒸汽加热夹套的反应釜、减压蒸馏塔、真空干燥、真空结晶设备等，都是外压容器。

外压容器的失效形式与内压容器不同。内压容器主要是强度不够会造成设备的失效，而外压容器除了强度不够可能会失效之外，还有可能因为稳定性不足而失效，而且，外压薄壁容器失稳是主要的失效形式。

7.1.1 外压容器的失稳

容器强度足够却突然失去了原有的形状，筒壁被压瘪或发生褶皱，筒壁的圆环截面一瞬间变成了曲波形。这种在外压作用下，筒体突然失去原有形状的现象称弹性失稳，其实质是容器筒壁内的应力状态由单纯的压应力平衡跃变为主要受弯曲应力的新平衡。在外压失稳前，只有单纯的压缩应力，在失稳时，产生了以弯曲应力为主的附加应力。容器发生弹性失稳将使容器不能维持正常操作，造成容器失效。

7.1.2 失稳形式的分类

失稳是外压容器的固有性质，不是由圆筒加工的不圆度、材料质地不均匀或其他原因所造成的。外压容器失稳形式可以分为整体失稳和局部失稳两类，而整体失稳又分为侧向失稳和轴向失稳。

（1）侧向失稳

由于均匀侧向外压而引起的失稳叫侧向失稳。此时壳体横断面由原来的圆形被压瘪而呈现波形，其波形数可以等于两个、三个、四个……如图 7-1 所示。

（2）轴向失稳

薄壁圆筒承受轴向外压，当载荷达到某一数值时，也会丧失稳定性，即轴向失稳。此时容器仍具有圆环截面，但破坏了母线的直线性，母线产生了波形，即圆筒发生了褶皱。如图 7-2 所示。

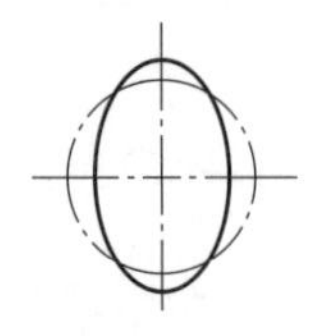
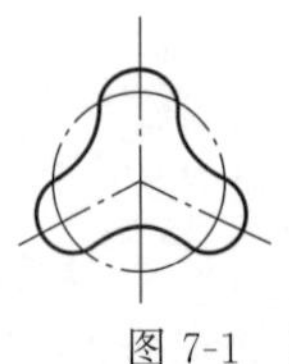
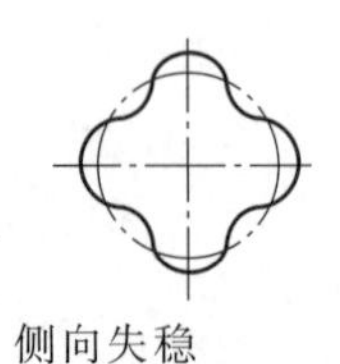
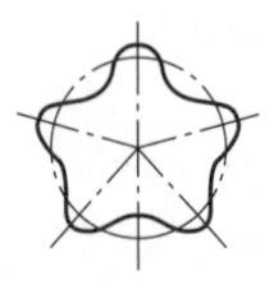

图 7-1　侧向失稳

图 7-2　轴向失稳

（3）局部失稳

在支座或其他支承处以及在安装运输中由于过大的局部外压也可能引起局部失稳。保证容器有足够的稳定性，即刚度，是外压容器能够正常工作的必要条件，也是外压容器设计中首先应该考虑的问题。

7.2 临界压力

7.2.1 概念及影响因素

（1）临界压力的概念

外压容器由原平衡状态失去稳定性而出现扁塌时对应的压力称之为临界压力（p_{cr}），临界压力是导致容器失稳的最小外压力。

筒体在临界压力作用下，筒壁内的环向压缩应力称为临界应力，以 σ_{cr} 表示。

当外压低于 p_{cr} 时，变形在压力卸除后能恢复其原先形状，即发生弹性变形。达到或高于 p_{cr} 时，产生的曲波形将是不可能恢复的。

（2）影响临界压力的因素

① 圆筒的几何尺寸　壁厚与直径的比值 δ/D、长度与直径的比值 L/D 是影响外压圆筒刚度的两个重要参数。

δ/D 的值越大，圆筒刚度越大，临界压力 p_{cr} 值也越大；δ/D 很小时，失稳时筒壁内的压缩应力在材料的比例极限以下，发生的失稳属于弹性失稳。δ/D 不太小时，失稳时筒壁内的压缩应力已超过材料的比例极限，会产生非弹性失稳。失稳压力与材料的屈服强度有关。

L/D 的值越大，圆筒刚度越小，临界压力 p_{cr} 也越小。

② 材料的性能　材料的弹性模量 E 值和泊松比 μ 值对临界压力有直接影响，但是这两个值主要由材料的合金成分来决定，对已有材料而言无法改变，因此讨论弹性模量 E 值和泊松比 μ 值的影响意义不大。

③ 圆筒的不圆度　圆筒的不圆度会影响圆筒抵抗变形的能力，降低临界压力 p_{cr}，因此在圆筒制造过程中要控制不圆度。我国钢制压力容器标准 GB 150 中要求圆筒的不圆度 $e \leqslant 0.5\% D_g$，且 $e \leqslant 25\text{mm}$。

（3）许用外压力

与内压容器强度设计要取安全系数类似，外压容器刚度设计也要设定稳定系数，我国标准规定外压容器稳定系数 $m=3$，故许用外压力 $[p] \leqslant p_{cr}/3$。

7.2.2 外压圆筒分类

按失稳形式的不同，可以将外压圆筒分为三类：长圆筒、短圆筒、刚性圆筒。

（1）长圆筒

筒体的 L/D 值较大，两端的边界影响可以忽略，刚性封头对筒体中部变形不起有效支撑，最容易失稳压瘪，失稳时的临界压力与 δ_e/D 有关，而与 L/D 无关。失稳时波形数 $n=2$。

（2）短圆筒

圆筒的 L/D 较小，而 δ_e/D 较大，两端封头对筒体变形有约束作用，所以刚性较好。临界压力 p_{cr} 不仅与 δ_e/D 有关，而且与 L/D 也有关，失稳时波形数 $n>2$ 的整数。

(3) 刚性圆筒

如果筒体较短、筒壁较厚，即 L/D 较小、δ_e/D 较大，则容器的刚性好，容器破坏的原因应该是容器壁内的应力超过了材料的屈服极限，而不会发生失稳破坏。

作为长圆筒和短圆筒，在设计时，需要同时进行强度计算和稳定性校验，而稳定性校验更显重要。

7.2.3 临界压力的理论计算公式

临界压力的计算公式，在这里略去推导过程，只将其最终结果列出，以便以后使用时直接应用。不同类型圆筒的临界压力、临界应力的计算公式有所不同，所以分别给出。

(1) 长圆筒

$$p_{cr}=2.2E\left(\frac{\delta_e}{D_o}\right)^3,\delta_{cr}=\frac{p_{cr}D_o}{2\delta_e} \tag{7-1}$$

式中 p_{cr}——临界压力，MPa；

δ_e——筒体的有效厚度，mm；

D_o——筒体的外径，mm；

E——操作温度下圆筒材料的弹性模量，MPa。

(2) 短圆筒

$$p_{cr}=\frac{2.59E(\delta_e/D_o)^{2.5}}{L/D_o},\sigma_{cr}=1.3E\ \frac{(\delta_e/D_o)^{1.5}}{L/D_o} \tag{7-2}$$

上式首先需满足两个条件：一是圆筒的圆度应符合 GB 150 的规定，二是临界应力 $\sigma_{cr}=\dfrac{p_{cr}D_o}{2\delta_e}\leqslant\sigma_s^t$。

7.2.4 临界长度和计算长度

(1) 临界长度

判断外压圆筒是长圆筒还是短圆筒，可以根据临界长度 L_{cr} 来进行判定。所谓的临界长度，就是指区分不同类型圆筒的特征长度。临界长度的推导依据是，当圆筒处于临界长度 L_{cr} 时，长圆筒公式计算临界压力 p_{cr} 值和短圆筒公式计算临界压力 p_{cr} 值应相等，于是可以得到等式：

$$2.20E\left(\frac{\delta_e}{D}\right)^3=2.59E\ \frac{(\delta_e/D)^{2.5}}{(L/D)}$$

解此等式，可以求出临界长度的计算公式为：

$$L_{cr}=1.17D_o\sqrt{\frac{D_o}{\delta_e}} \tag{7-3}$$

当筒长度 $L\geqslant L_{cr}$ 时，p_{cr} 按长圆筒计算；当筒长度 $L\leqslant L_{cr}$ 时，p_{cr} 按短圆筒计算。

在短圆筒中，还要判断是短圆筒还是刚性圆筒，于是有临界长度 L'_{cr} 的公式：

$$L'_{cr}=\frac{1.3E\delta_e}{\sigma_s^t\sqrt{\dfrac{D_o}{\delta_e}}} \tag{7-4}$$

当 $L\leqslant L'_{cr}$时，为刚性圆筒；当 $L_{cr}>L>L'_{cr}$时，为短圆筒。

（2）计算长度

所谓计算长度，是指圆筒上相邻两刚性构件（如封头、加强圈等）间的距离。外压圆筒的计算长度对许用外压的影响很大。外压圆筒计算长度示例，可以参照图7-3。

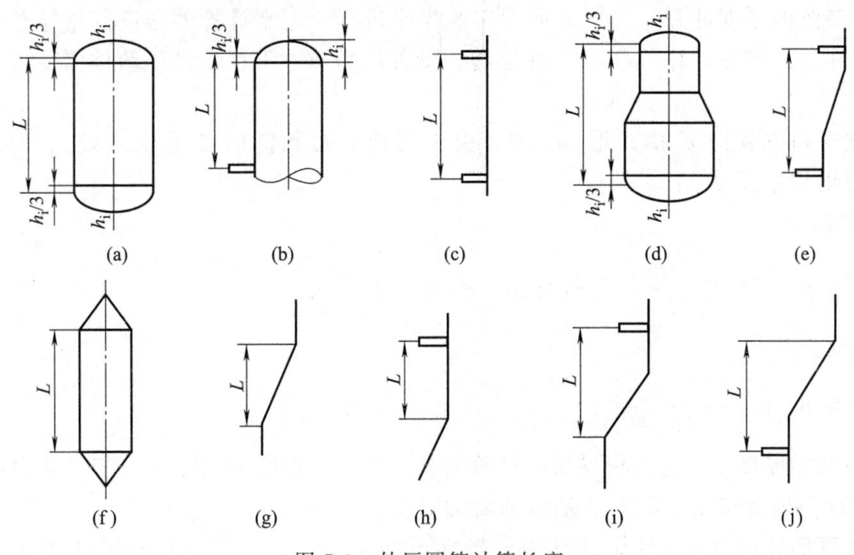

图7-3 外压圆筒计算长度

7.3 外压圆筒设计

7.3.1 设计准则

外压圆筒的设计，一般可以归结为两类。一类是已知圆筒的尺寸，求它的许用外压 $[p]$；另一类是已给定工作外压，确定所需厚度 δ_n。

（1）许用外压 $[p]$

一般情况下，对于长圆筒或管子，当压力达到临界压力 p_{cr} 值的1/3～1/2时，就可能会被压瘪。因此，设计时必须留有一定的安全范围，不允许外压力等于或接近临界压力，要保证许用压力比临界压力小，即：

$$[p]=\frac{p_{cr}}{m} \tag{7-5}$$

式中 $[p]$——许用外压；

m——稳定安全系数，$m>1$。

根据GB 150的规定，通常 m 取3。设计外压容器，应使许用外压 $[p]$ 小于临界压力 p_{cr}，即稳定条件为：

$$p_{cr}\geqslant m[p]$$

（2）圆筒壁厚

长圆筒厚度设计，应该满足下面公式的要求：

$$\delta_n\geqslant D_o\sqrt[3]{\frac{p_{cr}}{2.2E}}+C_2=D_o\sqrt[3]{\frac{mp}{2.2E}}+C_2 \tag{7-6}$$

短圆筒厚度设计，应该满足下面公式的要求：

$$\delta_n\geqslant D_o\left(\frac{p_{cr}}{2.59ED_o}\right)^{0.4}+C_2 \tag{7-7}$$

壁厚的确定不是应用公式简单计算就可以完成。在实际设计过程中，需要经历一定的步骤才可以，在后面的内容中将会有所叙述。

7.3.2 外压圆筒壁厚设计

外压筒体的厚度计算，可以遵照一定顺序来进行。通常计算外压圆筒壁厚首先要具备的已知条件是：筒体计算长度 L、直径 D、受外压力 p。于是，外压筒体厚度可根据以下步骤进行：

① 据材料查表得 E 值；取 $m=3$，由长圆筒和短圆筒的临界压力公式（7-1）和式（7-2），得出初始厚度 δ：

长圆筒：

$$由\ p_{cr}=2.2E\left(\frac{\delta_e}{D_o}\right)^3，推导出：\delta=D_o\sqrt[3]{\frac{mp}{2.2E}}$$

短圆筒：

$$由\ p_{cr}=\frac{2.59E(\delta_e/D_o)^{2.5}}{(L/D_o)}，推导出：\delta=D_o\left(\frac{mpL}{2.59ED_o}\right)^{0.4}$$

② 由初始厚度 δ，代入临界长度计算公式（7-3），将筒体实际长度与计算得出的临界长度相比较，确定选用长圆筒还是短圆筒的厚度 δ。

③ 计算筒体厚度 δ，计算筒壁内的轴向压缩应力，并与筒体材料的比例极限进行比较，如果筒壁应力小于材料的比例极限，则计算结束，否则转入工程图算法进行设计计算。

计算 p_{cr}、[p]、σ_{cr}，并进行比较：若 [p] $\geqslant p_c$、且 $\sigma_{cr}\leqslant\sigma_s^t$，则以上假设满足要求；若 [$p$] $<p_c$，则重新假设另一较大的 δ，重复以上各步，直至满足要求为止；若 [p] $\geqslant p_c$、但 $\sigma_{cr}>\sigma_s^t$，则改用图算法。

④ 校核压力试验时圆筒的强度。

⑤ 图算法。图算法来源于解析法，也就是将解析法的相关公式经分析整理以后，总结出两张关系图：第一张图是圆筒受外压力后，体现变形 ε 与几何尺寸 D_o/δ_e、L/D 之间的关系图，称为几何参数计算图；另一张图反映不同材质的圆筒在不同温度下，受外压力 [p] 与变形 ε 之间的关系图，称为厚度计算图，因为不同材料有不同的图，所以是多张图。这两张图的推导，简单叙述如下。

由式（7-1）可知，在临界压力作用下，筒壁产生的环向应力 σ_{cr} 及应变 ε 为：

由 $\sigma_{cr}=\dfrac{p_{cr}D_o}{2\delta_e}$得出：$\varepsilon=\dfrac{\sigma_{cr}}{E}=\dfrac{p_{cr}D_o}{2E\ \delta_e}$，将 $p_{cr}=2.2E\left(\dfrac{\delta_e}{D_o}\right)^3$ 代入上式得长圆筒应变：

$$\varepsilon=\frac{\sigma_{cr}}{E}=\frac{p_{cr}}{2E}\frac{D_o}{\delta_e}=1.1\left(\frac{\delta_e}{D_o}\right)^2 \tag{7-8}$$

同理可以得到短圆筒应变：

$$\varepsilon'=\frac{\sigma'_{cr}}{E}=1.3\frac{\left(\dfrac{\delta_e}{D_o}\right)^{1.5}}{\dfrac{L}{D_o}} \tag{7-9}$$

由此可见，当外压圆筒失稳时，筒壁的环向应变值与筒体几何尺寸（δ_e，D_o，L）之间的关系可以写成：

$$\varepsilon = f\left(\frac{D_o}{\delta_e}, \frac{L}{D_o}\right)$$

如果筒体基本尺寸已经确定，即 D_o/δ_e 已确定，则筒体失稳时的环向应变 ε 就只是 L/D_o 的函数，L/D_o 值不同，圆筒失稳时将产生的 ε 值也不同。于是，以 $A=\varepsilon$ 为横坐标，以 L/D_o 为纵坐标，得到一系列具有不同 D_o/δ_e 值筒体的 ε-L/D_o 关系曲线，如图 7-4 所示。

图中的垂直线段对应长圆筒，倾斜直线对应短圆筒。曲线的转折点所表示的长度是该圆筒的长、短圆筒临界长度。由此可以迅速找出一个尺寸 L/D_o、D_o/δ_e 已知的外压圆筒失稳时筒壁环向应变 ε（即 A 值）。

图 7-4 给出了环向应变 ε 与筒体几何尺寸间的几何参数关系图，而设计壁厚时，关注的是应力的大小，所以，如果有途径找到环向应变 ε 与允许工作外压［p］之间的关系，那么，就可以建立起筒体的几何参数与允许工作外压间的关系，这会使计算过程联通起来。于是，就有了下面的推导。

由式（7-5）可推得，$p_{cr}=m[p]$，代入式（7-8）得：

$$\varepsilon = \frac{\sigma_{cr}}{E} = \frac{p_{cr}D_o}{2\delta_e E} = \frac{m[p]D_o}{2\delta_e E} \tag{7-10}$$

由上式（7-10）可得：

$$[p] = \left(\frac{2}{m}E\varepsilon\right)\frac{\delta_e}{D_o} \tag{7-11}$$

如果令 $B=\frac{2}{m}E\varepsilon$，则式（7-11）可以学写成：

$$[p] = B\frac{\delta_e}{D_o} \tag{7-12}$$

由式（7-12）可知，对于一个已知壁厚 δ_e 与直径 D_o 的筒体，其允许工作外压［p］等于 B 乘以 δ_e/D_o，所以要想从 ε 找到［p］，首先需要从 ε 找出 B。于是问题就转到了如何从 ε 找出 B。

如果以 ε 为横坐标，以 B 为纵坐标，将 B 与 ε（即 A）关系用曲线表示出来，如图 7-5 所示。

利用这组曲线可以方便而迅速地从 ε 找到与之相对应的系数 B，进而求出［p］。由图 7-5 知，当 ε 比较小时，E 是常数，为直线（相当于比例极限以前的变形情况）。当 ε 较大时（相当于超过比例极限以后的变形情况），E 值有很大的降低，而且不再是一个常数，为曲线。

⑥ 图算法步骤。利用图算法计算外压圆筒厚度的步骤分成几步，一般以 $D_o/\delta_e=20$ 为界，分成两种情况讨论。

a. $D_o/\delta_e \geqslant 20$ 的外压圆筒及外压管

i. 先估算假设一个 δ_n 值，计算 $\delta_e=\delta_n-C$，定出 L/D、D_o/δ_e 值。

ii. 在图 7-4 中，根据上一步结果找到系数 A。

iii. 根据选用的材料，从图 7-5 的 A-B 关系图中找出 B 值，并按式（7-12）计算许用外压力［p］。

iv. 比较许用外压［p］与设计外压 p：若 $p \leqslant [p]$，则 δ_n 可用，如果小很多，可将 δ_n 适当减小，重复上述计算；若 $p > [p]$，则需增大 δ_n，重复上述计算，直至使［p］$>p$ 且

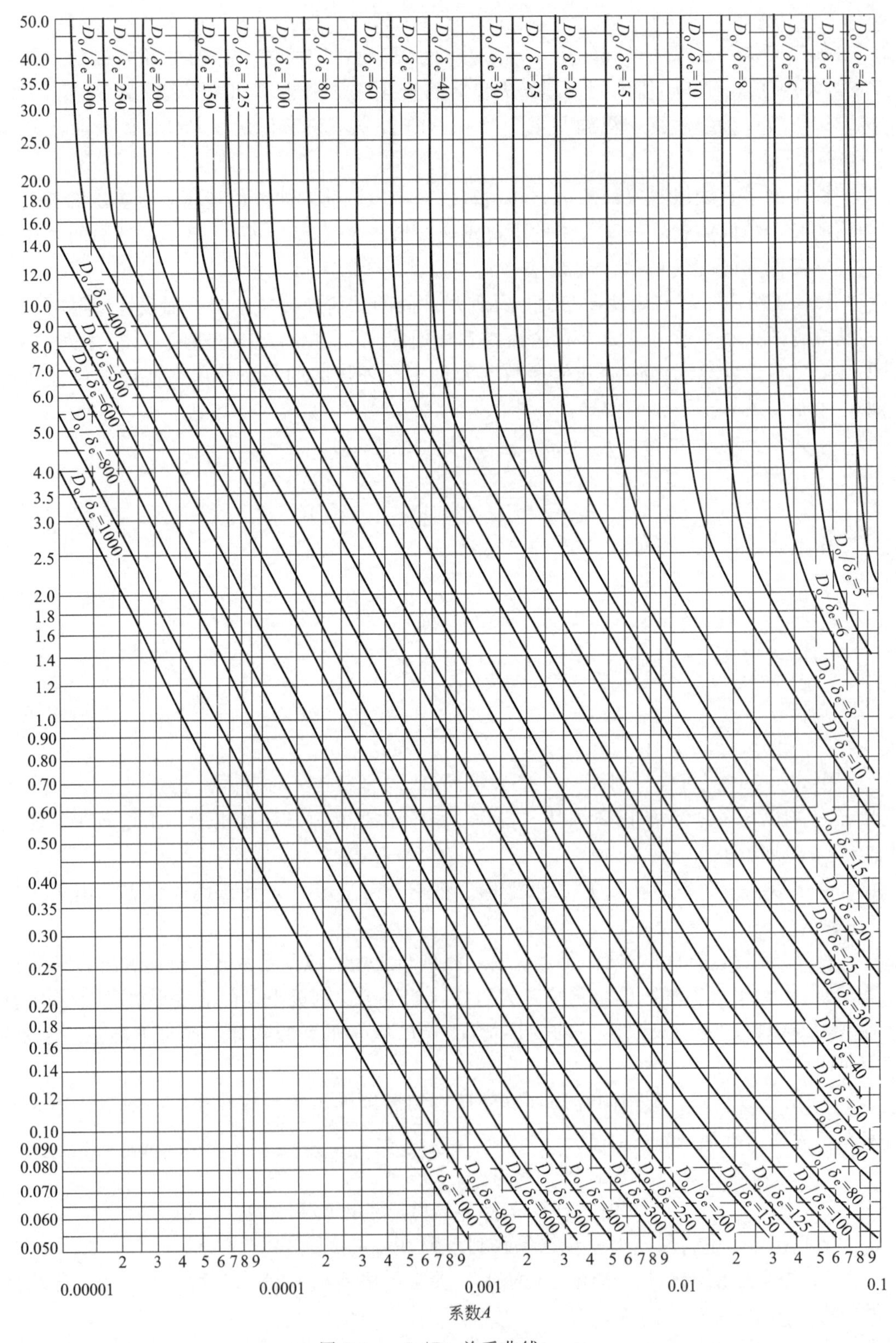

图 7-4 ε-L/D_o 关系曲线

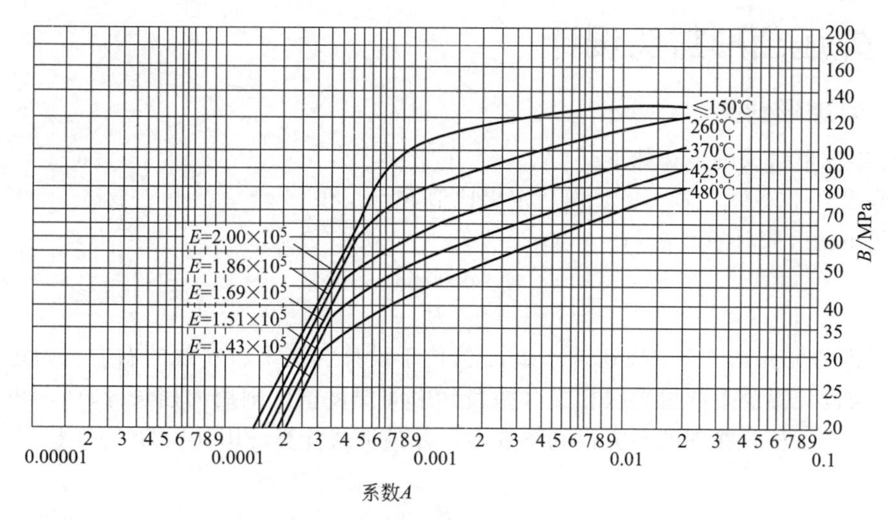

图 7-5 外压圆筒 A-B 图（屈服点 σ_s<207MPa）

接近 p 为止。

b. $D_o/\delta_e<20$ 的外压圆筒及外压管

i. 与 $D_o/\delta_e\geqslant 20$ 相同的方法得到 B，但对 $D_o/\delta_e<4$ 的圆筒系数 A 值按下式计算：

$$A=\frac{1.1}{(D_o/\delta_e)^2} \tag{7-13}$$

系数 $A>0.1$ 时，取 $A=0.1$。

ii. 按下面公式计算 $[p]_1$ 和 $[p]_2$。取 $[p]_1$ 和 $[p]_2$ 中的小值为许用外压 $[p]$。

$$[p]_1=\left[\frac{2.25}{D_o/\delta_e}-0.0625\right]B,\ [p]_2=\frac{2\sigma_o}{D_o/\delta_e}\left[1-\frac{1}{D_o/\delta_e}\right]$$

取下面两式中的小值作为 σ_o：

$$\sigma=2[\sigma]^t,\sigma=0.9\sigma_s^t\quad 0.9\sigma_{0.2}^t$$

iii. 比较许用外压 $[p]$ 与设计外压 p：若 $p\leqslant[p]$，则假设的 δ_n 可用，若小很多，可将 δ_n 适当减小，重复上述计算；若 $p>[p]$，需增大 δ_n，重复上述计算，直至使 $[p]>p$ 且接近 p 为止。

7.3.3 外压容器的试压

对于外压容器和真空容器，需按照内压容器的要求进行液压试验，试验压力取 1.25 倍的设计外压，即：

$$p_T=1.25p$$

式中 p——设计外压力，MPa；

p_T——试验压力，MPa。

如果夹套内筒的设计压力为正值，则按照内压容器试压；如果设计压力为负值，则按照外压容器进行液压试验。夹套内压试验压力：

$$p_T=1.25p\frac{[\sigma]}{[\sigma]^t} \tag{7-14}$$

在夹套内压试验之前，需要先校核容器在试压状态下的稳定性是否能够满足。如果不满足稳定性，则液压试验时需要在容器内保持一定的压力，以便在试压过程中，夹套与筒体的压力差不超过设计值。

7.4 外压凸形封头设计

7.4.1 半球形封头

设计半球形封头的步骤如下：

① 假设 δ_n，令 $\delta_e=\delta_n-C$，而后定出比值 R_o/δ_e 值；

② 用下面公式计算系数 A：

$$A=\frac{0.125\delta_e}{R_o} \tag{7-15}$$

③ 根据材料在图 7-5 中找到 A。如 A 值位于设计温度下材料线的右方，则过此点垂直上移，与设计温度下的材料线相交（如遇到中间温度值，则用内插法计算），再过此交点沿水平方向右移，在图的右方得到系数 B，并按下式计算许用外压力 $[p]$：

$$[p]=\frac{B}{R_o/\delta_e} \tag{7-16}$$

若 A 在设计温度下材料线的左方，则按照下式计算许用外压力 $[p]$：

$$[p]=\frac{0.0833E^t}{(R_o/\delta_e)^2} \tag{7-17}$$

④ 比较 p 与 $[p]$，若 $p>[p]$，则需再假设 δ_n，重复上述计算步骤，直至 $[p]$ 大于且接近 p 时为止。

7.4.2 碟形和椭圆形封头

凸面受外压的无折边球形封头、椭圆形封头、碟形封头等，其最小壁厚都按照 7.4.1 中受外压的半球形封头图算法进行设计。

无折边球形封头和碟形封头，一般 R_o 取球面部分内的半径；对于椭圆形封头，一般取 $R_o=KD_o$，K 为系数，对于标准椭圆封头，取 $K=0.9$。

7.5 外压圆筒加强圈的设计

7.5.1 加强圈的结构与作用

提高筒体的临界压力的方法一般有增加壁厚、减少计算长度两种。但是增大壁厚不符合经济性要求，所以，较合适的方法是减少圆筒的计算长度，减少计算长度可减小壁厚，能够减低金属材料的消耗。

加强圈是焊接在圆筒外侧或内侧、且具有足够刚性的圆环状构件。加强圈一般选择截面形状为矩形、L 形、T 形、U 字形、工字形等的型钢。常用的有扁钢、角钢、槽钢、工字钢等，如图 7-6 所示。

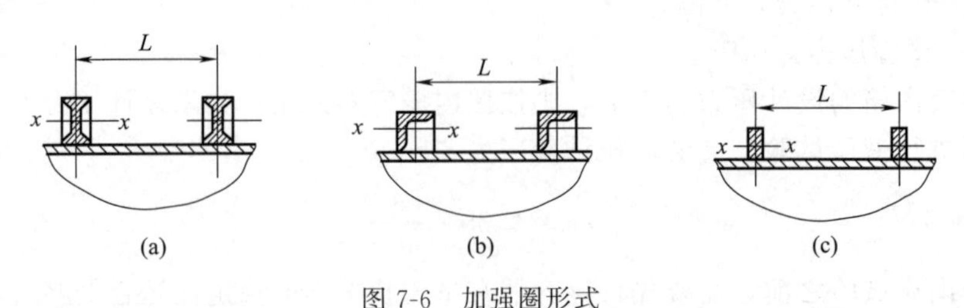

图 7-6 加强圈形式

7.5.2 加强圈的间距

如果外压圆筒的加强圈的间距已经确定，那么可以按照图算法确定出筒体厚度。

如果筒体的 D_o/δ_e 已确定，则可以由下式解出加强圈最大间距：

$$p_{cr}=2.59E\,\frac{(\delta_e/D_o)^{2.5}}{L/D_o} \tag{7-18}$$

加强圈的实际间距如小于或等于算出的间距，表明该圆筒能安全承受设计压力。

7.5.3 加强圈的尺寸设计

GB 150 规定了外压圆筒加强圈的计算。

（1）惯性矩计算

选定加强圈材料与截面尺寸，计算其横截面积 A_s 和加强圈与圆筒有效段组合截面的惯性矩 I_s；圆筒有效段系指在加强圈中心线两侧有效宽度各为 $0.55\sqrt{D_o\delta_e}$ 的壳体。

若加强圈中心线两侧圆筒有效宽度与相邻加强圈的圆筒有效宽度相重叠，则该圆筒的有效宽度中相重叠部分每侧按一半计算。

（2）确定外压应力系数 B

按下式计算 B 值：

$$B=\frac{p_cD_o}{\delta_e+(A_s/L_s)} \tag{7-19}$$

（3）确定外压应变系数 A

① 按所用材料，确定对应的外压应力系数 B 曲线图，由 B 值查取 A 值；

② 若 B 值超出设计温度下曲线的最大值，则取对应温度下曲线的右端点的纵坐标值为 A 值；

③ 若 B 值小于设计温度下曲线的最小值，则按下面公式计算 A 值：

$$A=\frac{3B}{2E^t} \tag{7-20}$$

（4）确定所需的惯性矩 I

按下面公式计算加强圈与圆筒组合段所需的惯性矩 I 值：

$$I=\frac{D_o^2L_s(\delta_e+A_s/L_s)}{10.9}A \tag{7-21}$$

I_s 应 $\geqslant I$，否则须另选一具有较大惯性矩的加强圈，重复上述步骤，直到 I_s 大于且接近 I 为止。

7.5.4 加强圈的设置

GB 150 中的“外压圆筒和外压球壳”对加强圈的设置做出了规定，如图 7-7 所示。

① 加强圈应整圈围绕在圆筒的圆周上。加强圈两端的接合形式应按图 7-7 中 A、B 所示。

② 容器内的加强圈布置成图 7-7 中 C、D、E 或 F 所示时，则应取具最小惯性矩的截面进行计算。

③ 在加强圈上需留出图 7-7 中 D、E 及 F 的间隙时，则不应超过图中规定的弧长，否则须将容器内部和外部的加强圈相邻两部分之间接合起来，采用图 7-7 中 C 所示结构。但若同时满足以下条件者可以除外：

a. 每圈只允许一处无支撑的壳体弧长。

b. 无支撑的壳体弧长不超过 90°圆周。

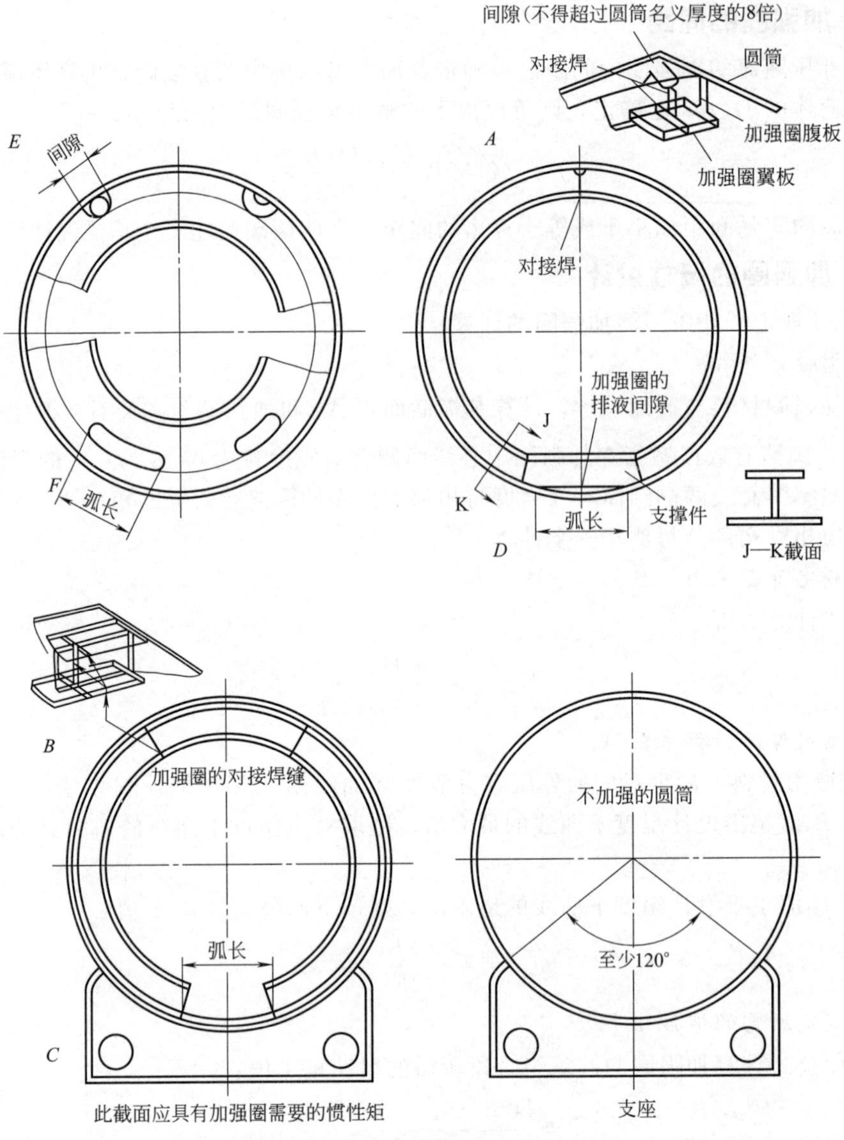

图 7-7 外压容器加强圈的各种布置图

c. 相邻两加强圈的不受支撑的圆筒弧长相互交错 180°。

d. 圆筒计算长度 L 应取下列数值中的较大者：相间隔加强圈之间的最大距离，从封头切线至第二个加强圈中心的距离再加上 1/3 封头曲面深度。

间断焊缝的布置与间距，可参照图 7-8 所示的形式，间断焊缝可以相互错开或并排布置。最大间隙 t，对外加强圈为 $8\delta_n$，对内加强圈为 $12\delta_n$。

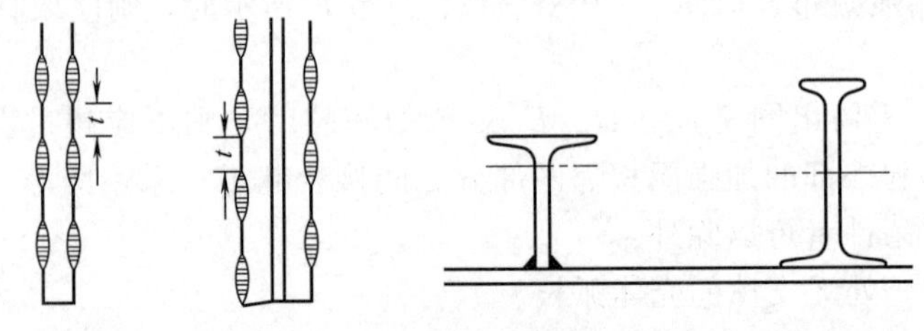

图 7-8 加强圈与圆筒的连接

习题

7-1 什么叫失稳？有哪几种形式的失稳？

7-2 什么叫临界压力？临界压力影响因素有哪些？

7-3 什么叫临界长度？其推导依据是什么？

7-4 外压容器的设计准则是什么？

7-5 外压容器的壁厚如何计算？

7-6 加强圈有何作用？其结构如何？

7-7 如何确定加强圈的间距？

第8章

容器零部件

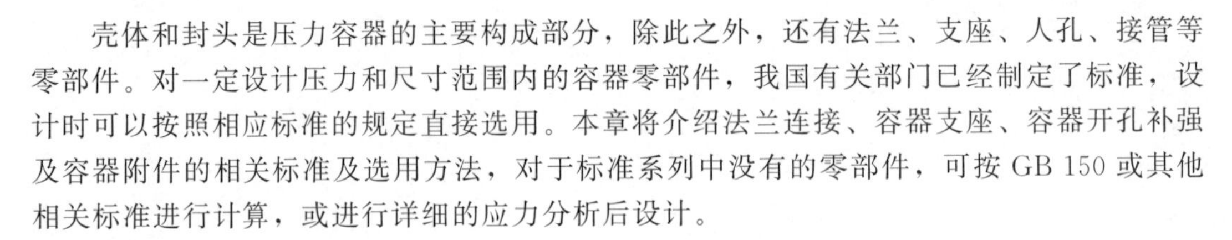

壳体和封头是压力容器的主要构成部分，除此之外，还有法兰、支座、人孔、接管等零部件。对一定设计压力和尺寸范围内的容器零部件，我国有关部门已经制定了标准，设计时可以按照相应标准的规定直接选用。本章将介绍法兰连接、容器支座、容器开孔补强及容器附件的相关标准及选用方法，对于标准系列中没有的零部件，可按GB 150或其他相关标准进行计算，或进行详细的应力分析后设计。

8.1 法兰连接

压力容器的筒体与封头、管件与阀门之间常采用可拆式连接结构，以利于生产工艺的需要以及制造、运输、安装和检修的方便。常见的有法兰连接、螺纹连接和承插式连接等。法兰连接具有可靠的密封性、足够的强度和适用范围广等优点。

8.1.1 法兰连接结构与密封

法兰连接结构一般由连接件（螺栓、螺母）、被连接件（法兰）、密封元件（垫片）组成，见图8-1。

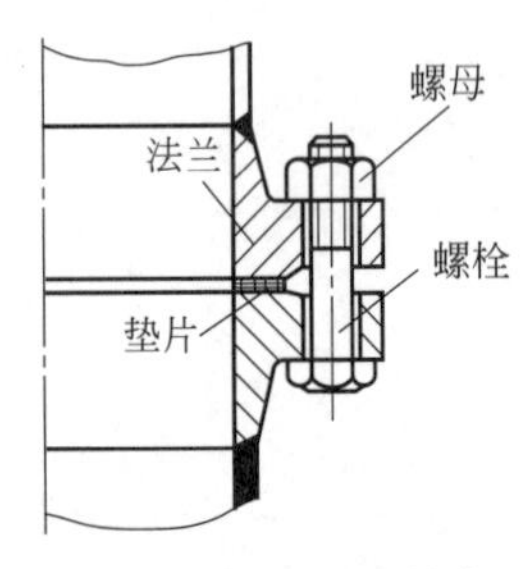

图8-1 法兰连接结构

法兰连接结构失效形式包括连接件或被连接件的强度破坏及密封失效造成介质泄漏，其中密封介质渗漏最为常见。因此，法兰连接的设计中主要解决的问题是防止介质泄漏，防止流体泄漏的基本原理是在连接口处增加流体流动的阻力。

通常密封口泄漏有压紧面泄漏和垫片渗漏两个途径。压紧面泄漏是密封失效的主要形式，与压紧面的结构有关，主要由密封组合件各部分的性能和其间的变形关系所决定。垫片渗漏取决于垫片的材质和形式，渗透性材料（如石棉等）制作的垫片，本身存在大量的毛细管，很容易发生渗漏。采取与不透性材料组合成型，或在垫片材料中添加某些填充剂（如橡胶等）的方法，可减小或避免这种渗漏。

垫片的变形过程见图8-2。螺栓力通过法兰压紧面作用在垫片上，把垫片压紧。当压紧力达到某一值时，垫片本身发生变形而被压实，压紧面上由微隙填满，见图8-2(b)，为阻止介质泄漏形成了初始密封条件，这一压紧力称为预紧密封比压。当通入介质后，介质内压形成的轴向力使螺栓被拉伸，法兰压紧面沿着彼此分离的方向移动，降低了密封面与垫片之间的压紧应力，垫片的压缩量减少，预紧密封比压值下降，见图8-2(c)。如垫片回弹能力足够，压缩变形的回复能够补偿螺栓和压紧面的变形，使预紧密封比压值至少降到不小于某一值，则保持良好的密封状态，这一比压称为工作密封比压。若垫片的回弹力不足，预紧密封比压下降到工作密封比压以下，甚至密封口重新出现缝隙，密封处出现介质泄漏，此密封失效。

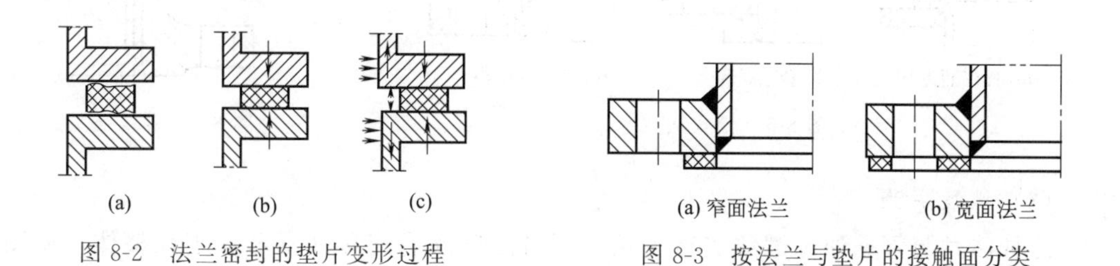

(a) (b) (c)

图 8-2 法兰密封的垫片变形过程

(a) 窄面法兰 (b) 宽面法兰

图 8-3 按法兰与垫片的接触面分类

8.1.2 法兰结构与分类

根据法兰与垫片的接触面分类，可以将法兰分为窄面法兰和宽面法兰。

① 窄面法兰垫片的接触面位于法兰螺栓孔包围的圆周范围内，见图 8-3(a)。

② 宽面法兰垫片的接触面分布于法兰螺栓中心圆的内外两侧，见图 8-3(b)。

根据法兰与容器或接管的连接形式分类，可以将法兰分为整体法兰、松式法兰和螺纹法兰。

(1) 整体法兰

法兰与容器或接管不可拆卸地连接成一个整体，共同承受法兰力矩作用。常见的整体法兰包括平焊法兰和对焊法兰两种。

① 平焊法兰。法兰与容器或接管采用角焊缝连接，刚性较差，见图 8-4(a)、(b)。法兰受力后，法兰盘的矩形断面发生微小转动，与法兰相连的筒壁随着发生弯曲变形，在法兰附近筒壁的横截面上有附加的弯曲应力产生。平焊法兰适用于 $PN \leqslant$ 4MPa 的场合。

② 对焊法兰。对焊法兰又称为高颈法兰或长颈法兰，见图 8-4(c)。法兰颈可以提高法兰的刚性，由于颈的根部比器壁厚，降低了此处的弯曲应力。法兰与容器或接管采用对接焊缝连接，比平焊法兰中的角焊缝强度高。所以对焊法兰适用于压力、温度较高及介质有毒、易燃、易爆的场合，但造价较高。

(a) 平焊管法兰 (b) 平焊压力容器法兰 (c) 对焊法兰

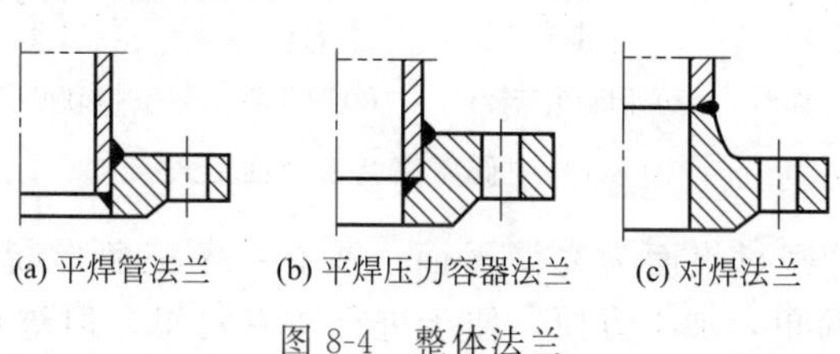

图 8-4 整体法兰

(2) 松式法兰

活套法兰是松式法兰的典型形式，法兰盘套在容器或接管的外面，形成活套形式，见图 8-5，容器或接管不与法兰共同承受法兰力矩作用。该法兰不需要焊接，法兰盘可以采用与容器或接管不同的材料制造，适用于有色金属、陶瓷、石墨及其他非金属材料制作的容器或接管。因法兰不与介质接触，对不锈钢制容器采用碳钢制法兰，可节省不锈钢材料，节约成本。松式法兰一般只适用于压力较低的场合。

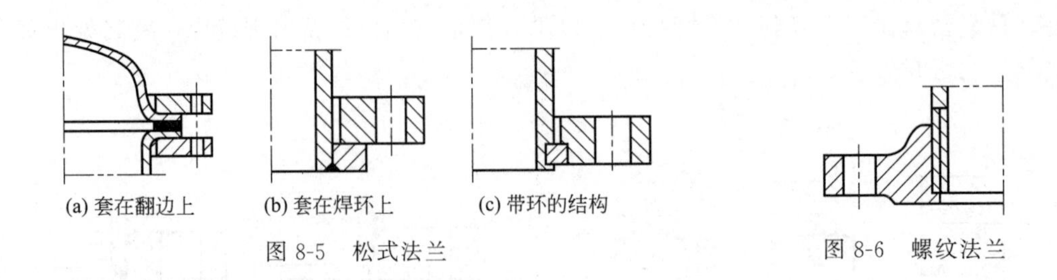

图 8-5 松式法兰 图 8-6 螺纹法兰

(3) 螺纹法兰

这种法兰与管壁通过螺纹进行连接，两者之间既有连接又不形成刚性整体，见图 8-6，法兰对管壁产生的附加应力较小，高压管道连接常用螺纹法兰。

8.1.3 影响法兰密封的因素

影响法兰密封的主要因素有以下几个方面。

(1) 螺栓预紧力

要求预紧力大小合适、分布均匀，必须使垫片压紧并实现初始密封条件。提高螺栓预紧力，使渗透性垫片材料的毛细管缩小，增加垫片的密封能力。在满足紧固和拆卸螺栓所需空间的情况下，减小螺栓直径，增加螺栓数量可改善预紧力的分布状态，但螺栓预紧力过大会破坏密封。

(2) 密封面

要保证密封面的精度，其表面不允许有径向划痕或刀痕。密封面的形状和表面光洁度应与垫片相配合，密封面与法兰中心轴线垂直同心，可以保证垫片均匀压紧和紧密接触。密封面的形式、尺寸及表面精度与垫片不匹配，将导致密封失效。

法兰密封面形式的选择，主要取决于工艺条件（温度、压力、介质）、密封口径、垫片材料等因素，并且要求保证密封可靠，加工容易装配方便。常用的法兰密封面形式见图 8-7。

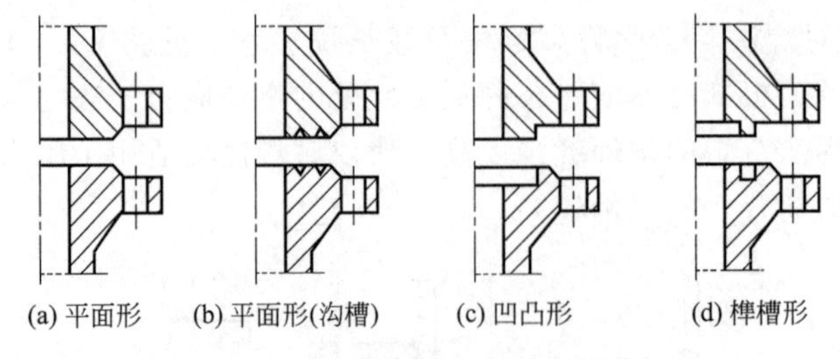

图 8-7 中低压法兰密封面形式

① 平面形密封面。密封表面为光滑平面，或有数条三角形断面沟槽，见图 8-7(a)、(b)。这种密封面结构简单，加工方便，便于进行防腐衬里。但垫片接触面积较大，预紧时垫片容易被挤向两边，不容易对中压紧，密封性能较差。主要用于压力较低（$PN<2.5$MPa）的场合，不适用于有毒或易燃、易爆介质。

② 凹凸形密封面。一个凹面和一个凸面相配合组成凹凸形密封面，见图 8-7(c)，垫片置于凹槽内。凹凸形密封面便于对中，防止垫片被挤出，密封效果较好，适用于压力较高的场合。现行标准中，$DN\leqslant800$mm、$PN\leqslant6.4$MPa 的情况下，可以使用凹凸形密封面。

③ 榫槽形密封面。见图 8-7(d)，垫片置于槽内，压紧时容易对中，垫片不容易被挤出。垫片宽度较窄，所需预紧力较小，密封效果好，但制造比较复杂，更换垫片困难，榫

面部分容易被损坏。榫槽形密封面适用于易燃、易爆、有毒的介质及压力较高的场合。

④ 锥形密封面。锥形密封面与球面金属垫片（亦称透镜垫片）配合使用，锥角为20°，见图 8-8。常用于高压管件密封，压力可以超过 100MPa。其缺点是尺寸精度和表面精度要求高，直径大时加工困难。

⑤ 梯形槽密封面。利用槽的内外锥面与垫片接触形成密封，槽底不起密封作用，见图 8-9。压紧面一般与槽中心线呈 23°角，与椭圆形或八角形截面的金属垫圈配合。梯形槽密封效果好，适用于高压容器和高压管道，使用压力一般为 7～70MPa。

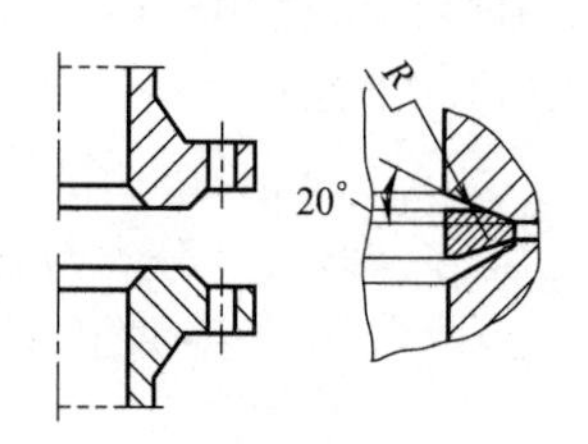

图 8-8 锥形密封面

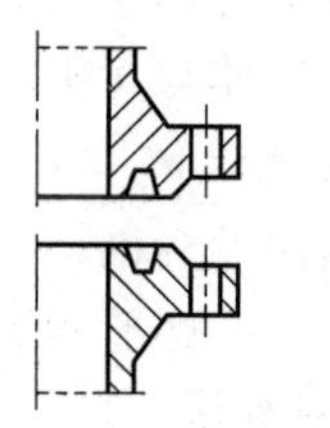

图 8-9 梯形槽密封面

（3）垫片性能

垫片性能主要包括变形能力和回弹能力。垫片的塑性变形可以填充密封面的凹凸不平，而弹性变形能适应在操作压力和温度变化情况下密封面的分离。

垫片的回弹能力是衡量密封性能的重要指标，回弹能力越强，适应操作压力和温度的波动范围越大，密封性能就越好。垫片的材料要具有耐腐蚀、不污染操作介质的特点，同时要具有一定的机械强度和适当的柔软性，在工作温度下不易变质硬化或软化。

最常用的垫片可分为非金属垫片、金属垫片以及金属-非金属混合制的垫片。

① 非金属垫片。非金属垫片的材料有石棉板、橡胶板、石棉橡胶板及合成树脂等，这些材料柔软耐腐蚀，但耐温度和压力的性能较金属垫片差，适用于常、中温和中、低压容器和管道的法兰密封。此外，纸、麻、皮革等非金属也是常用的垫片材料，但只用于低压情况下温度不高的水、空气或油的系统密封。

② 金属垫片。金属垫片材料一般并不要求强度高，而是要求软韧，常用的是软铝、铜、铁（软钢）、不锈钢等。金属垫片主要用于中、高温及中、高压的法兰连接密封。

③ 金属-非金属混合制垫片。该类型垫片分为金属包垫片及缠绕垫片等，前者是用石棉橡胶垫外包金属薄片（镀锌薄铁片或不锈钢片等），后者是薄低碳钢带（或合金钢带）与石棉一起绕制而成。以上两种垫片较单纯的非金属垫片的性能好，适用的温度与压力范围较高。

选择法兰密封垫片时，要考虑操作介质的性质、操作压力和温度，以及密封的程度，还要考虑垫片性能、密封面形式、螺栓力大小及装卸要求等。高温高压一般多采用金属垫片，中温、中压可采用金属-非金属组合式或非金属垫片，中、低压多采用非金属垫片，高真空或深冷温度情况下以采用金属垫片为宜。

选择压力容器法兰用垫片时，可参照 NB/T 47024—2012《非金属软垫片》，NB/T 47025—2012《缠绕垫片》和 NB/T 47026—2012《金属包垫片》。选择管法兰用垫片时，可参照 HG/T 20592～20635—2009《钢制管法兰、垫片和紧固件》。

（4）法兰刚度

法兰刚度不足会产生过大翘曲变形，是导致密封失效的原因之一。通常以增加法兰厚度、增加法兰盘外径等方法提高法兰刚度。

(5) 操作条件

操作条件包括压力、温度及介质的物理化学性质等。介质在高温时，对垫片和法兰的溶解与腐蚀作用加剧，增加了泄漏的概率；高温条件下，法兰、螺栓、垫片可能发生蠕变和应力松弛，使密封比压下降；高温也会导致非金属垫片加速老化而破坏；在温度和压力耦合作用，特别是温度和压力反复波动时，密封组合件的各部分温度不同，变形不同，也会增加泄漏的概率。

8.1.4 法兰标准及选用

法兰标准分为压力容器法兰标准和管法兰标准。压力容器法兰用于容器壳体间的连接，如筒体与筒体、筒体与封头间的连接，管法兰用于管道间的连接。

(1) 压力容器法兰标准

我国的压力容器法兰标准为：NB/T 47020—2012《压力容器法兰分类与技术条件》，NB/T 47021—2012《甲型平焊法兰》，NB/T 47022—2012《乙型平焊法兰》，NB/T 47023—2012《长颈对焊法兰》。

① 压力容器法兰的类型。压力容器法兰分为平焊法兰和长颈对焊法兰。

a. 平焊法兰。平焊法兰分为甲型平焊法兰（见图 8-10）与乙型平焊法兰（见图 8-11）。乙型平焊法兰有一个厚度不小于 16mm 的圆筒形短节，在图 8-11 中，当 $\delta \leqslant 16\text{mm}$ 时，$t=16\text{mm}$；当 $\delta > 16\text{mm}$ 时，$t=\delta$，且乙型平焊法兰焊缝开 U 形坡口，甲型平焊法兰焊缝开 V 形坡口，因此，乙型平焊法兰比甲型平焊法兰有较高的强度和刚度，可用于压力较高、直径较大的场合。

甲型法兰的工作温度为 −20～300℃，乙型法兰的工作温度为 −20～350℃，结构尺寸分别按 NB/T 47021—2012、NB/T 47022—2012 的规定。

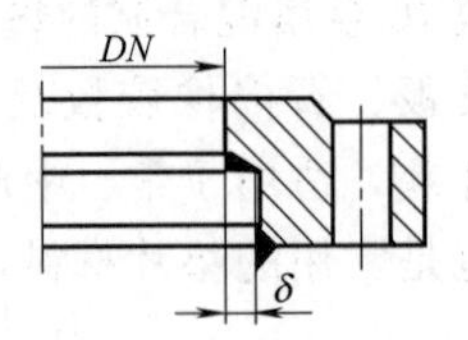

图 8-10 甲型平焊法兰

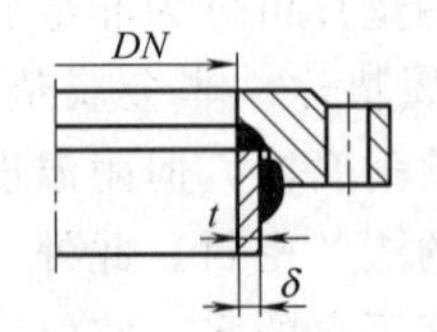

图 8-11 乙型平焊法兰

b. 长颈对焊法兰。见图 8-12，与筒体采用全焊透的对焊结构形式，增强了刚性，可以承受更高的压力。

长颈对焊法兰的工作温度为 −20～300℃，结构尺寸按 NB/T 47023—2012 的规定。

平焊法兰和长颈对焊法兰都有一般法兰和带衬环法兰两种。当设备由不锈钢制作时，采用碳钢法兰加不锈钢衬环，可以节省不锈钢材料。图 8-13 为带衬环的甲型平焊法兰。

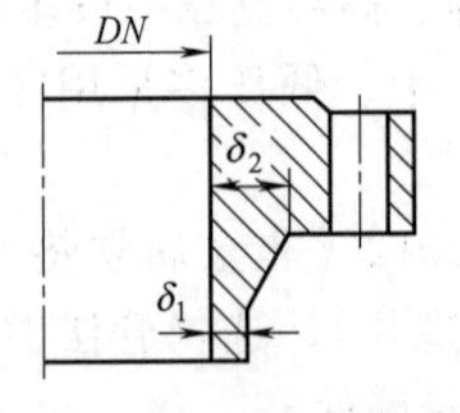

图 8-12 长颈对焊法兰

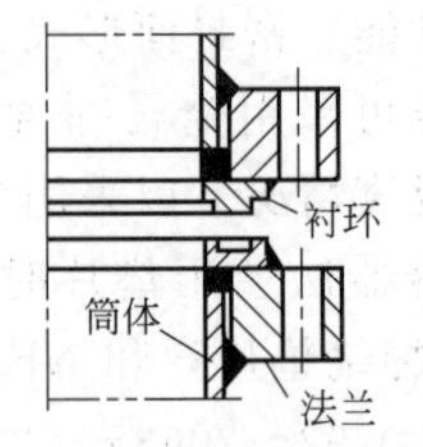

图 8-13 带衬环的甲型平焊法兰

上述法兰的密封面分为平面形、凹凸形和榫槽形三种形式，按照相关标准可以选择匹配的垫片。

② 压力容器法兰的选用。压力容器法兰尺寸主要根据法兰的公称直径和公称压力确定，设计时可根据不同的公称直径和公称压力从标准中选择法兰。压力容器法兰的公称直径与压力容器的公称直径相同。

法兰公称压力主要根据法兰的最大操作压力、工作温度及法兰材料确定。在制定法兰尺寸系列时，是以Q345R在200℃时的力学性能为基准制定的，所以规定以此基准所确定的法兰尺寸，在200℃时，它的最大允许操作压力就是具有该尺寸法兰的公称压力。

例如，*PN*0.6MPa的法兰，法兰材料是Q345R，在200℃时，它的最大允许操作压力是0.6MPa。如果法兰材料的力学性能低于Q345R，或者使用温度高于200℃，则该法兰的最大允许工作压力低于它的公称压力；反之，如果法兰材料的力学性能高于Q345R，或者使用温度低于200℃，则该法兰的最大允许工作压力高于它的公称压力。因此，法兰的最大允许工作压力高于还是低于其公称压力，完全取决于选用的法兰材料与法兰的工作温度。例如，为一台操作温度为250℃，设计压力为0.6MPa的容器选用法兰，查表8-1可知，如果法兰材料用Q345R，它的最大允许工作压力只有0.57MPa，所以按公称压力为1.0MPa查取法兰尺寸。甲型、乙型平焊法兰适用材料及最大允许工作压力，见表8-1。

表8-1 甲型、乙型法兰适用材料及最大允许工作压力

公称压力 *PN* /MPa	法兰材料		工作温度/℃				备注
			>-20～200	250	300	350	
0.25	板材	Q235B	0.16	0.15	0.14	0.13	工作温度下限0℃
		Q235C	0.18	0.17	0.15	0.14	工作温度下限0℃
		Q245R	0.19	0.17	0.15	0.14	
		Q345R	0.25	0.24	0.21	0.20	
	锻件	20	0.19	0.17	0.15	0.14	
		16Mn	0.26	0.24	0.22	0.21	
		20MnMo	0.27	0.27	0.26	0.25	
0.60	板材	Q235B	0.40	0.36	0.33	0.30	工作温度下限0℃
		Q235C	0.44	0.40	0.37	0.33	工作温度下限0℃
		Q245R	0.45	0.40	0.36	0.34	
		Q345R	0.60	0.57	0.51	0.49	
	锻件	20	0.45	0.40	0.36	0.34	
		16Mn	0.61	0.59	0.53	0.50	
		20MnMo	0.65	0.64	0.63	0.60	
1.00	板材	Q235B	0.66	0.61	0.55	0.50	工作温度下限0℃
		Q235C	0.73	0.67	0.61	0.55	工作温度下限0℃
		Q245R	0.74	0.67	0.60	0.56	
		Q345R	1.00	0.95	0.86	0.82	
	锻件	20	0.74	0.67	0.60	0.56	
		16Mn	1.02	0.98	0.88	0.83	
		20MnMo	1.09	1.07	1.05	1.00	

续表

公称压力PN/MPa	法兰材料		工作温度/℃				备注
			>-20～200	250	300	350	
1.6	板材	Q235B	1.06	0.97	0.89	0.80	工作温度下限0℃
		Q235C	1.17	1.08	0.98	0.89	工作温度下限0℃
		Q245R	1.19	1.08	0.96	0.90	
		Q345R	1.60	1.53	1.37	1.31	
	锻件	20	1.19	1.08	0.96	0.90	
		16Mn	1.64	1.56	1.41	1.33	
		20MnMo	1.74	1.72	1.68	1.60	
2.50	板材	Q235C	1.83	1.68	1.53	1.38	工作温度下限0℃
		Q245R	1.86	1.69	1.50	1.40	
		Q345R	2.50	2.39	2.14	2.05	
	锻件	20	1.86	1.69	1.50	1.40	
		16Mn	2.56	2.44	2.20	2.08	
		20MnMo	2.92	2.86	2.82	2.73	$DN<1400$
		20MnMo	2.67	2.63	2.59	2.50	$DN\geqslant1400$
4.00	板材	Q245R	2.97	2.70	2.39	2.24	
		Q345R	4.00	3.82	3.42	3.27	
	锻件	20	2.97	2.70	2.39	2.24	
		16Mn	4.09	3.91	3.52	3.33	
		20MnMo	4.64	4.56	4.51	4.36	$DN<1500$
		20MnMo	4.27	4.20	4.14	4.00	$DN\geqslant1500$

③ 压力容器法兰的标记方法。法兰类型分为一般法兰和衬环法兰两类，一般法兰的代号为“法兰”，衬环法兰的代号为“法兰 C ”。

NB/T 47020—2012 规定的法兰密封面形式代号见表 8-2。

表 8-2 法兰密封面形式代号

密封面型式		代号
平面密封面	平面密封	RF
凹凸密封面	凹密封面	FM
	凸密封面	M
榫槽密封面	榫密封面	T
	槽密封面	G

压力容器法兰的标记方法为：

当法兰厚度及法兰总高度均采用标准值时，这两部分标记可省略。

为扩充应用标准法兰，允许修改法兰厚度和法兰总高度 H，但必须满足 GB 150 中的法兰强度计算要求。如有修改，两尺寸均应在法兰标记中标明。

标记示例：公称压力 1.6MPa，公称直径 800mm 的衬环榫槽密封面乙型平焊法兰中

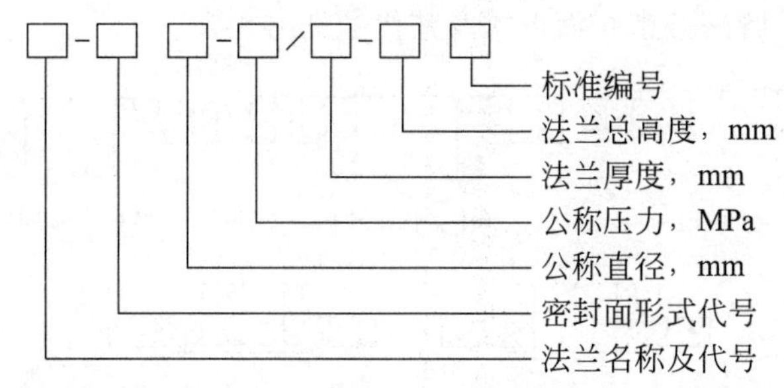

的榫面法兰，且考虑腐蚀裕量为3mm（即短节厚度应增加2mm，δ_t 值改为18mm）。

标记：法兰 C-T 800-1.6/48-200 NB/T 47022—2012，并在图样明细表备注栏中注明 $\delta_t=18$mm。

（2）管法兰标准

使用最为广泛的管法兰标准为 HG/T 20592～20635—2009《钢制管法兰、垫片和紧固件》，其中 HG/T 20592～20614—2009 为欧洲体系（即 PN 系列），HG/T 20615～20635—2009 为美洲体系（即 Class 系列）。下面以 HG/T 20592—2009《钢制管法兰》（PN 系列）为例进行简要介绍。

HG/T 20592—2009《钢制管法兰》（PN 系列）规定了钢制管法兰的基本技术要求，包括公称尺寸、公称压力、材料、压力-温度额定值、法兰类型和尺寸、密封面、公差及标记。

① 公称压力。管法兰公称压力等级采用 *PN* 表示，单位改用 bar，压力等级包括：*PN*2.5，*PN*6，*PN*10，*PN*16，*PN*25，*PN*40，*PN*63，*PN*100，*PN*160 九个等级。

② 公称直径。该标准适用的钢管外径包括 A、B 两个系列，A 系列为国际通用系列（俗称英制管），B 系列为国内沿用系列（俗称公制管）。其公称尺寸 *DN* 和钢管外径参照相关标准手册。

③ 法兰类型。HG/T 20592—2009 管法兰共分为10种，管法兰类型及其代号见图 8-14。

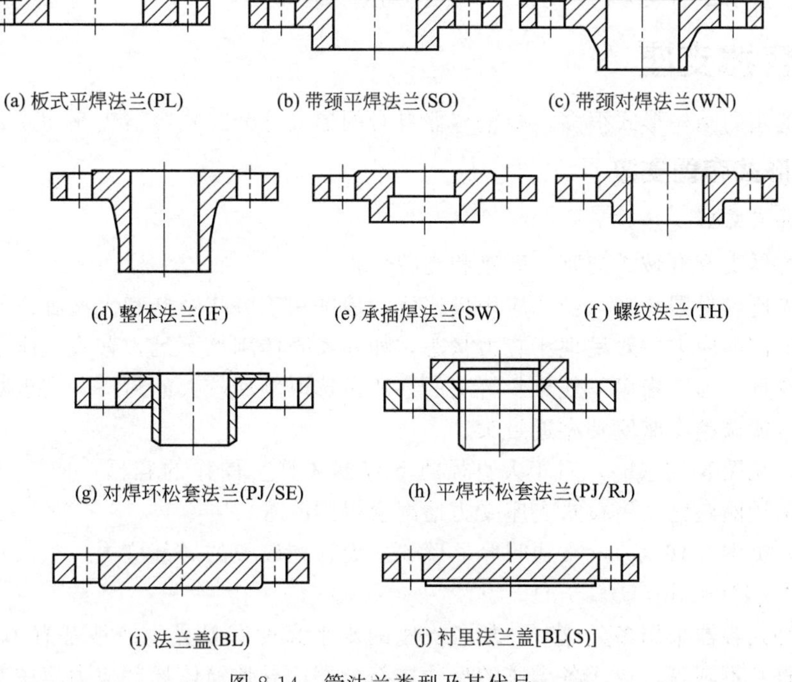

图 8-14　管法兰类型及其代号

④ 法兰密封面。管法兰密封面形式及其代号见图 8-15。

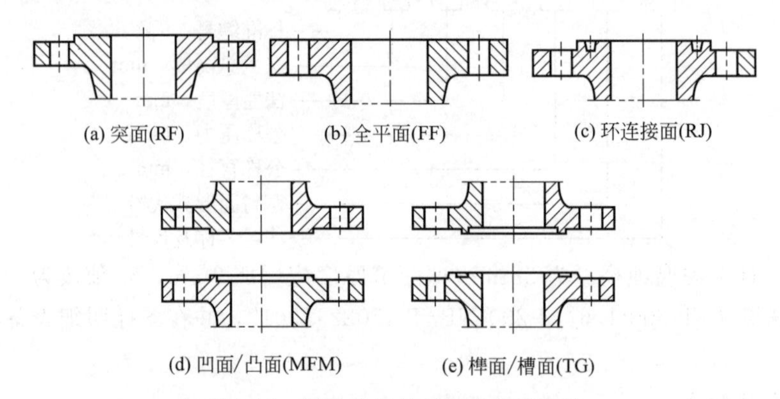

图 8-15 管法兰密封面形式及其代号

各种类型法兰的密封面形式及其适用范围可参照相关标准手册。

⑤ 管法兰标记方法。管法兰标记方法如下：

HG/T 20592 法兰(或法兰盖) [*b*][*c*]-[*d*][*e*][*f*][*g*][*h*]

其中，b 为法兰类型代号。c 为法兰公称尺寸 DN 与使用钢管外径系列。整体法兰、法兰盖、衬里法兰盖、螺纹法兰，适用于钢管外径系列的标记可省略。适用于本标准 A 系列钢管的法兰，适用钢管外径系列的标记可省略。适用于本标准 B 系列钢管的法兰，标记为 DN×××(B)。d 为法兰公称压力等级 PN。e 为密封面形式代号。f 为钢管壁厚，由用户提供。对于带颈对焊法兰、堆焊环（松套法兰）应标注钢管壁厚。g 为材料牌号。h 表示其他，如附加要求或采用与标准规定不一致的要求等。

标记示例：公称尺寸 DN1200、公称压力 PN6、配用公制管的突面板式平焊钢制管法兰，材料为 Q235A。

标记：HG/T 20592 法兰 PL1200 (B)-6RF Q235A

8.2 容器支座

容器支座的结构形式很多，根据容器自身的形式分为卧式容器支座和立式容器支座。

8.2.1 卧式容器支座

(1) 卧式容器支座分类

卧式容器支座有鞍式支座、圈座和支腿三种。

鞍式支座，见图 8-16 (a)，应用最广泛。通常用于卧式容器和大型卧式储槽、换热器等。筒体上部的应力一般呈现压应力状态，如容器壳体刚性不足，鞍式支座上部的筒壁就产生局部变形，即“扁塌”现象。解决的办法是选取刚性较大的封头，实现对筒体的局部加强作用，或调整支座使其靠近封头。

圈座，见图 8-16 (b)，对于大直径薄壁容器和真空操作的容器，或支承数多于两个的容器，采用圈座比采用鞍式支座受力情况会得到改善。

支腿，见图 8-16 (c)，支腿与容器壁连接处存在较大的局部应力，一般只适用于小型容器 (DN≤1500mm，L≤5m)。

大型卧式容器采用多支座时，如各支座的水平高度有差异，或地基有不均匀的沉陷，或筒体不直、不圆等，造成各支座的反力重新分配，导致筒体局部应力集中等是多支座的

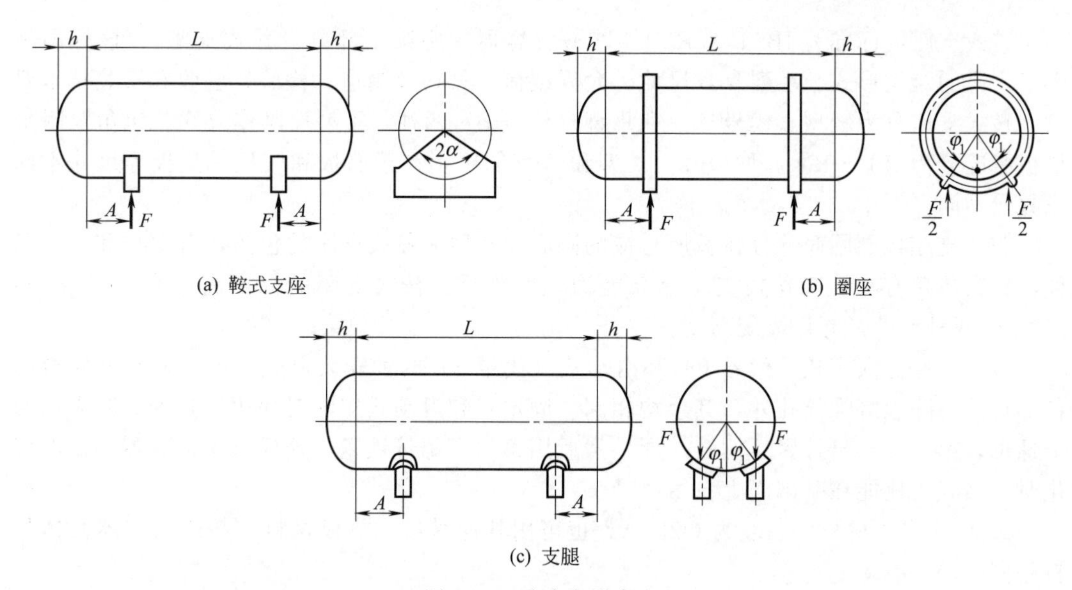

图 8-16 卧式容器支座

缺陷，故最好采用双支座。

对于在操作时需要加热的设备，要将一个支座设计成固定式，另一个设计为活动式，使容器与支座间可以有相对的位移，以消除容器壁中产生的热应力，防止设备破坏。活动式支座有滑动式和滚动式两种。

（2）鞍式支座

① 鞍式支座结构。鞍式支座（简称鞍座）由钢板焊制而成，图 8-17 为 $DN2100\sim4000$mm 轻型带垫板包角 120°鞍式支座。它由腹板、筋板、垫板、底板组成。卧式容器一般采用双鞍式支座。

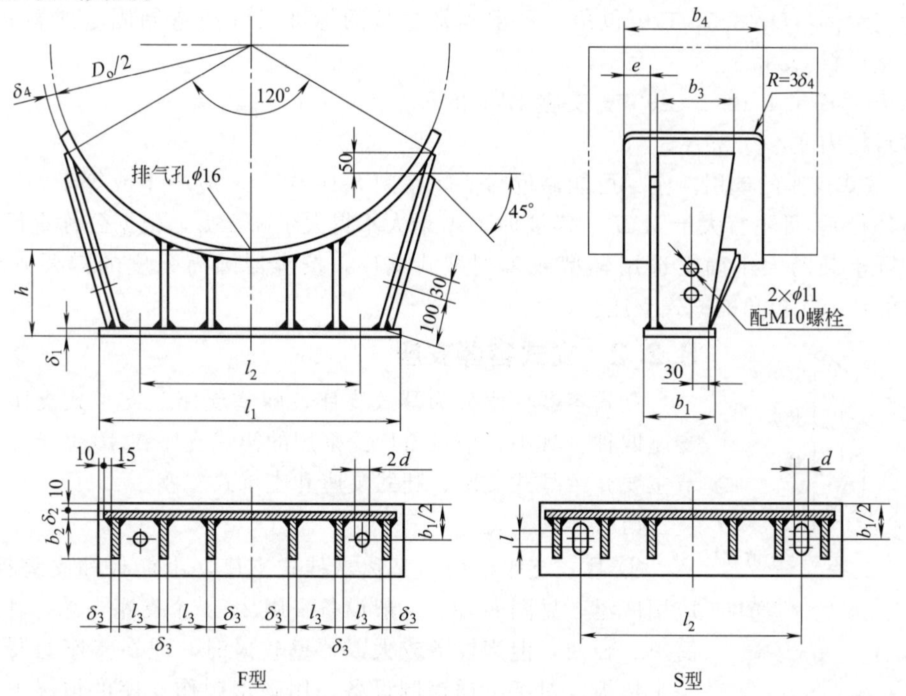

图 8-17 鞍式支座

鞍式支座的标准为JB/T 4712.1—2007《容器支座第1部分：鞍式支座》，该标准规定了支座的结构形式、系列参数尺寸、允许载荷、材料及制造、检验、验收和安装技术要求。鞍式支座分为轻型（代号A）和重型（代号B）两种，重型按制作方式、包角及附带垫板情况分为BⅠ～BⅤ五种型号。A型和B型的区别在于筋板和底板、垫板等尺寸不同或数量不同。

鞍式支座包围圆筒部分弧长所对应的圆心角θ称为鞍式支座的包角，有120°和150°两种，较大包角有利提高鞍式支座承载能力，但笨重。鞍式支座的标准高度有200mm和250mm两种尺寸，允许改变高度。

鞍式支座分固定式（代号F）和滑动式（代号S）两种安装形式。F型和S型底板的各部尺寸，除地脚螺栓孔外，其余均相同。固定式和滑动式应配对使用。在安装时采用两个螺母，第一个螺母拧紧后倒转一周，然后用第二个螺母锁紧，这样可保证容器的温度变化时，鞍式支座能在基础面上自由滑动。

② 鞍式支座材料。一般为Q235A，也可用其他材料。垫板材料一般应与容器筒体材料相同。

③ 鞍式支座的标记方法。鞍式支座的标记方法如下：

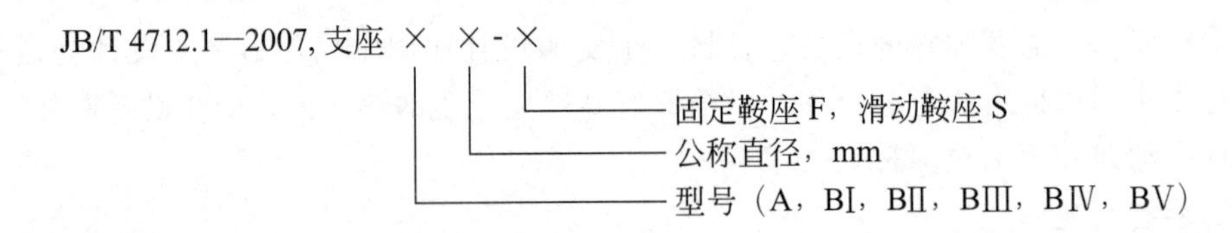

注：① 若鞍式支座高度h，垫板宽度b_4，垫板厚度δ_4，底板滑动长孔长度l与标准尺寸不同，则应在设备图样零件名称栏或备注栏注明。如，$h=450$，$b_4=200$，$\delta_4=12$，$l=30$。

② 鞍式支座材料应在设备图样的材料栏内填写，表示方法为：支座材料/垫板材料。无垫板时只注支座材料。

标记示例：DN325，120°包角，重型不带垫板的标准尺寸的弯制固定式鞍式支座，鞍式支座材料Q235A。

标记：JB/T 4712.1—2007，支座BV325-F

材料栏内注：Q235A

④ 鞍式支座的选用。应尽可能靠近封头，在图8-16中，A应小于或等于$D_o/4$（D_o是筒体外径），且不宜大于$0.2L$，需要时，A最大不得大于$0.25L$。根据公称直径和鞍式支座实际承载的大小确定选用轻型或重型鞍式支座，按容器圆筒强度的需要确定选用120°包角或150°包角的鞍式支座。

8.2.2 立式容器支座

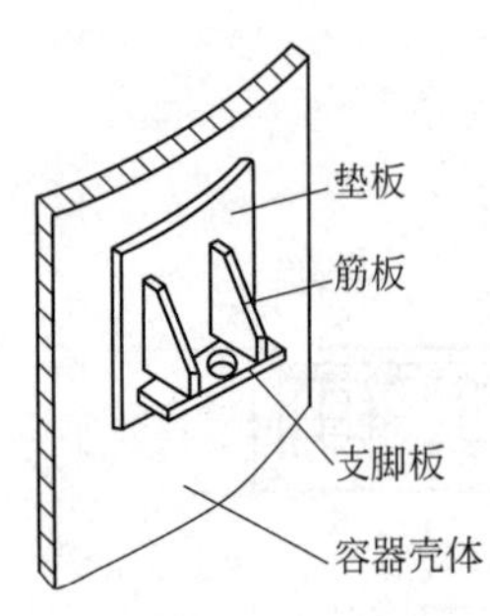

图8-18 耳式支座

立式容器支座分为耳式支座、腿式支座、支承式支座和裙式支座四种。其中，塔设备广泛采用的裙式支座在10.2节介绍，本节主要介绍耳式支座、腿式支座和支承式支座。

(1) 耳式支座

① 耳式支座结构。又称悬挂式支座，由筋板和支脚板组成，应用广泛，见图8-18。一般设备采用2～4个支座支承。耳式支座简单、轻便，但当设备较大或器壁较薄时，应在支座与器壁间加一个垫板。对于不锈钢制设备、用碳钢制作支座的情况下，也需

在支座与器壁间加一个不锈钢垫板。

耳式支座的标准为 JB/T 4712.3—2007《容器支座第 3 部分：耳式支座》，耳式支座的结构形式、系列参数尺寸、允许载荷、材料和制造、检验要求以及选用方法均按上述标准执行。

耳式支座分为短臂（A 型）、长臂（B 型）和加长臂（C 型）三种，图 8-19 为 B 型耳式支座（支座号 1～5）。当设备外面有保温层，或将设备直接安装在楼板上时，宜采用 B 型和 C 型耳式支座。

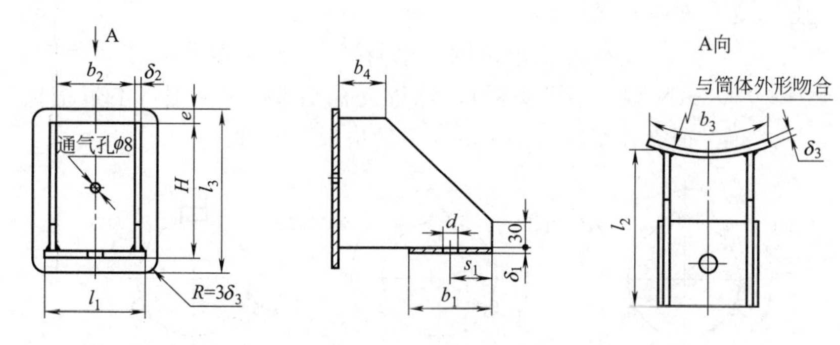

图 8-19　B 型耳式支座

② 耳式支座材料。耳式支座的筋板和底板材料分为四种，用代号Ⅰ、Ⅱ、Ⅲ和Ⅳ表示，分别代表 Q235A、Q345R、S30408 和 15CrMoR。垫板材料与容器材料相同，厚度与筒体厚度相等，也可根据实际需要确定。

③ 耳式支座的标注方法。耳式支座的标注方法如下：

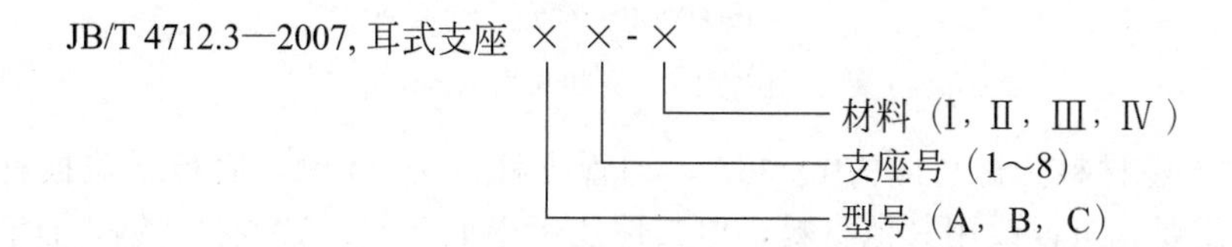

注：① 若垫板厚度 δ_3 与标准尺寸不同，则在设备图样零件名称或备注栏注明。如：$\delta_3=12$。

② 支座及垫板的材料应在设备图样的材料栏内标注，表示方法为：支座材料/垫板材料。

示例 1：A 型，3 号耳式支座，支座材料为 Q235A，垫板材料为 Q235A 。

标记：JB/T 4712.3—2007，耳式支座 A3-；材料栏内注：Q235A

示例 2：B 型，3 号耳式支座，支座材料为 Q345R，垫板材料为 S30408，垫板厚 12mm。

标记：JB/T 4712.3—2007，耳式支座 B3-Ⅱ，$\delta_3=12$；材料栏内注：Q345R/S30408

④ 耳式支座的选用。根据 *DN* 和标准中规定的方法计算出耳式支座承受的实际载荷 *Q*（kN），按此实际载荷 *Q* 值在标准中选取一个标准耳式支座，并使 $Q \leqslant [Q]$，其中，*Q* 为支座承受的实际载荷（kN）；[*Q*] 为支座的允许载荷（kN），可在标准中查出。

耳式支座通常应设置垫板，当 $DN \leqslant 900$mm 时，可不设置垫板但必须满足下列条件：a. 容器壳体的有效厚度大于 3mm；b. 容器壳体材料与支座材料具有相同或相近的化学成分和力学性能。

（2）腿式支座

① 腿式支座结构。腿式支座的标准为 JB/T 4712.2—2007《容器支座　第 2 部分：腿

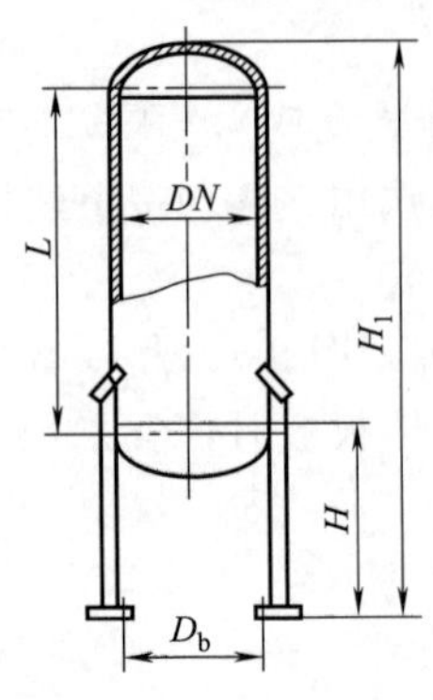

图 8-20 腿式支座

式支座》。该标准规定了腿式支座的结构形式、系列参数、尺寸、允许载荷、材料及制造技术要求。该标准不适用于通过管线直接与产生脉动载荷的机器设备刚性连接的容器。

腿式支座由支柱、垫板、盖板和底板组成，见图 8-20。腿式支座结构简单、轻巧、安装方便，在容器下面有较大的操作维修空间。当容器公称直径 DN400～700mm 时，采用三个支座，当容器公称直径 DN800～1600mm 时，采用四个支座。腿式支座的支腿布置见图 8-21。

支柱可采用角钢、钢管或 H 型钢制作，分为角钢支柱 A 型、AN 型（不带垫板），钢管支柱 B 型、BN 型（不带垫板）和 H 型钢支柱 C 型、CN 型（不带垫板）六种。

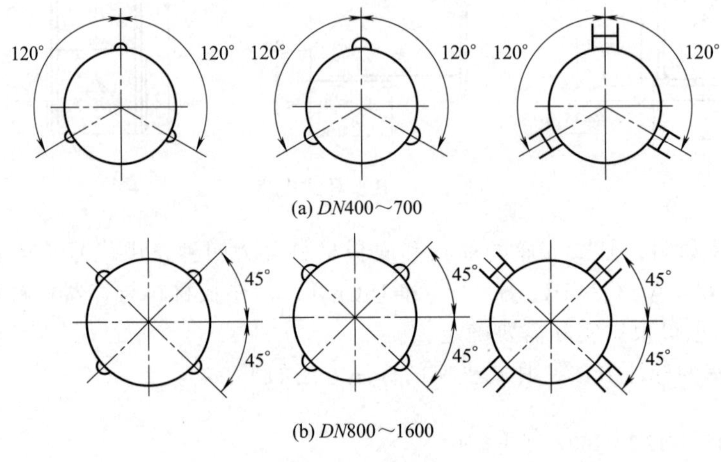

图 8-21 支腿布置

② 腿式支座材料。材料应为 Q235A，钢管支柱应为 20 钢，底板、盖板材料均应为 Q235A，如需要，可以改用其他材料，但其性能不得低于 Q235A 或 20 钢，且有良好的焊接性能。垫板与容器壳体材料相同。

③ 腿式支座的标记方法。腿式支座的标记方法如下：

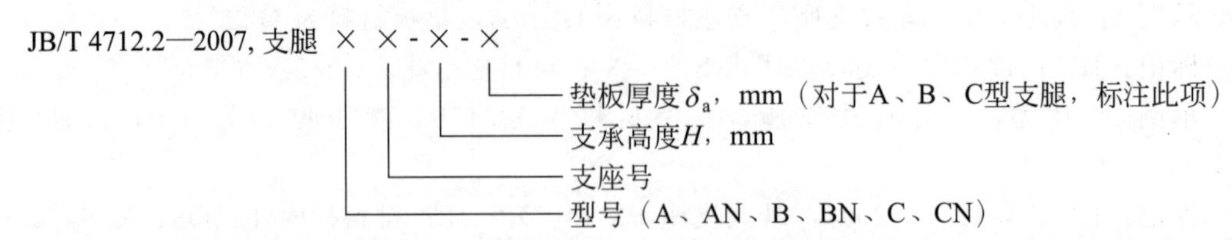

标记示例：容器公称直径 DN800mm，角钢支柱支腿，不带垫板，支承高度 H 为 900mm。

标记：JB/T 4712.2—2007，支腿 AN3-900

④ 腿式支座的选用。首先计算容器的重力载荷（包括容器自身重量、充满所容介质或水的重量、所有附件及保温层等的重量），根据支腿个数求出每个支腿承受的重力载荷。然后由实际情况确定支腿的形式。

符合下列情况之一者应选用带垫板的支腿：a. 用合金钢制的容器壳体；b. 容器壳体有焊后热处理要求；c. 与支腿连接处的有效厚度小于标准中规定的最小厚度。垫板厚度与筒体厚度相同，也可根据需要确定。

(3) 支承式支座

① 支承式支座结构。支承式支座的标准为 JB/T 4712.4—2007《容器支座　第4部分：支承式支座》。支承式支座的结构形式、系列参数尺寸、允许载荷、材料及制造、检验要求及选用方法均按上述标准执行，该标准适用于下列条件的钢制立式圆筒形容器：a. 公称直径为 $DN800 \sim 4000\text{mm}$；b. 圆筒长度 L 与公称直径 DN 之比 $L/DN \leqslant 5$；c. 容器总高度 $H_o \leqslant 10\text{m}$。

对于高度较低、安装位置距基础面较近且具有凸形封头的立式容器，可采用支承式支座。支承式支座可以用钢管、角钢、槽钢来制作，也可以用数块钢板焊成，见图 8-22。

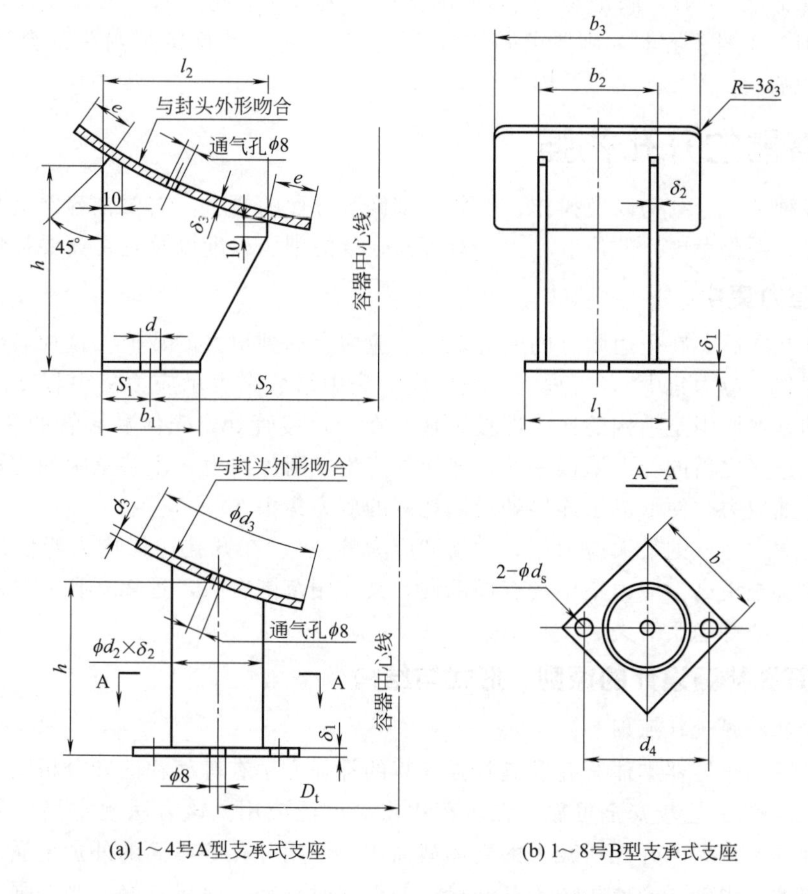

图 8-22　支承式支座

支承式支座的优点是结构简单轻便，和耳式支座一样，对壳壁会产生较大的局部应力，因此当容器壳体直径较大或壳体较薄时，在支座和容器封头之间应设置垫板，以改善封头局部受力情况。

支承式支座分为A型和B型两种。A型支座由钢板焊制，B型支座由钢管制作。

② 支承式支座材料。支座垫板材料一般应与容器封头材料相同。支座底板的材料为Q235A，A型支座筋板的材料为Q235A，B型支座钢管材料为10钢。根据需要也可以选用其他支座材料。

③ 支承式支座的标记方法。支承式支座的标记方法为：

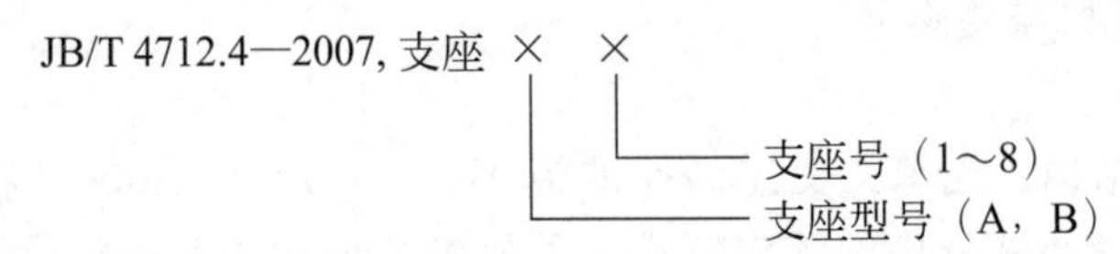

注：① 若支座高度 h，垫板厚度 δ_3 与标准尺寸不同，则在设备图样零件名称或备注栏中注明。如：$h=450$，$\delta_3=14$。

② 支座及垫板材料应在设备图样的材料栏内标注，表示方法为：支座材料/垫板材料。

标记示例：钢板焊制的 3 号支承式支座，支座材料和垫板材料为 Q235A 和 Q235B。

标记：JB/T 4712.4—2007，支座 A3；材料栏内注：Q235A/Q235B

④ 支承式支座的选用。根据 DN 选取相应的支座，按标准中规定的方法计算支座承受的实际载荷 Q（kN），满足 $Q<[Q]$ 的要求，$[Q]$ 可查得。对于 B 型支座，应校核 $Q\leqslant[F]$，但对于衬里容器，则要求 $Q\leqslant[F]/1.5$，$[F]$ 为椭圆形封头的允许垂直载荷（kN），可以查得。

8.3 容器的开孔补强

由于各种工艺、结构以及操作、安装、维修等方面的要求，需要在容器上开孔并安装接管，此时，需要考虑孔的位置、大小对容器强度的削弱程度以及是否需要补强等问题。

8.3.1 应力集中

容器开孔之后，在孔边附近的局部地区，应力会达到很大的数值。这种局部的应力增大现象，叫作“应力集中”。工程上一般用应力集中系数来表示应力集中程度。引起应力集中现象的基本原因是结构的连续性被破坏。在开口接管处，壳体和接管的变形不一致。为使二者在连接之后的变形谐调一致，连接处产生了附加内力，主要是附加弯矩。由此产生的附加弯曲应力，便形成了连接处局部地区的应力集中。

在应力集中区域的最大应力值，称为“应力峰值”。在开孔边缘应力峰值是器壁薄膜应力的 3 倍甚至更高。应力集中具有局部性，其作用范围有限，远离开孔处弯曲变形与弯曲应力很快衰减并趋于消失。

8.3.2 开孔补强设计的原则、形式与结构

（1）开孔补强设计原则

常用的适用于容器本体开孔及其补强计算的补强方法有等面积法和分析法。

① 等面积法。比较安全可靠，在工程中得到广泛应用。该方法规定局部补强的金属截面积必须等于或大于开孔所减去的壳体截面积，即用开孔等截面的外加金属来补偿被削弱的壳壁强度。当补强金属集中于开孔接管的根部时，补强效果良好。当补强金属比较分散时，仍不能有效地降低应力集中系数。

该方法不适用于疲劳容器的开孔补强。为保证其准确性，GB 150.3—2011 规定了等面积法的适用范围、开孔形状及位置要求。该法适用于壳体和平封头上的圆形、椭圆形或长圆形开孔。当在壳体上开椭圆形或长圆形孔时，孔的长径与短径之比应不大于 2.0。

② 分析法。分析法是根据弹性薄壳理论得到的应力分析方法，用于内压作用下具有径向接管圆筒的开孔补强设计，其适用范围如下：

$$d\leqslant 0.9D_i \text{且} \mathrm{MAX}[0.5, d/D_i]\leqslant \delta_{et}/\delta_e\leqslant 2 \tag{8-1}$$

与等面积法相比，分析法将开孔补强适用范围扩大至开孔率 0.9，扩展了圆柱壳开孔补强的适用范围。

在使用分析法时，应保证焊接接头的整体焊透性和质量。分析法与等面积法一样，不能用于疲劳设计。

(2) 不另行补强最大开孔直径

壳体开孔满足下述全部要求时，可不另行补强：

① 设计压力 $p \leqslant 2.5$MPa。

② 两相邻开孔中心的间距（对曲面间距以弧长计算）应不小于两孔直径之和；对于三个或以上相邻开孔，任意两孔中心的间距（对曲面间距以弧长计算）应不小于该两孔直径之和的 2 倍。

③ 接管外径小于或等于 89 mm。

④ 接管壁厚满足表 8-3 要求。

表 8-3 不另行补强的接管壁厚 单位：mm

接管外径	25 32 38	45 48	57 65	76 89
接管壁厚	≥3.5	≥4.0	≥5.0	≥6.0

注：1. 钢材的标准抗拉强度下限值 $R_m \geqslant 540$MPa 时，接管与壳体的连接宜采用全焊透结构形式。

2. 表中接管壁厚的腐蚀裕量为 1mm，需要加大腐蚀裕量时，应相应增加壁厚。

(3) 补强形式

补强形式主要有以下几种。

① 内加强平齐接管。将补强金属加在接管或壳体的内侧，见图 8-23。

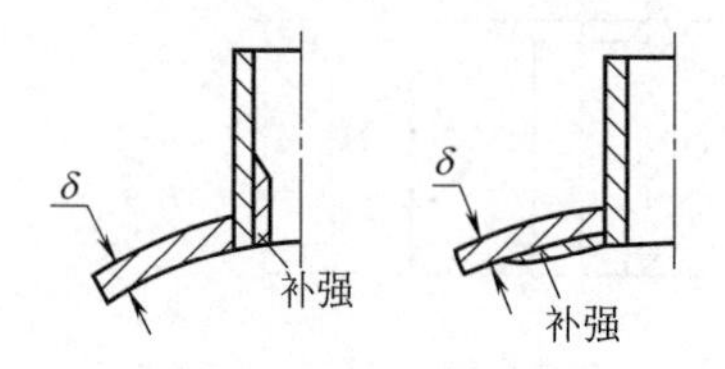

图 8-23 内加强平齐接管

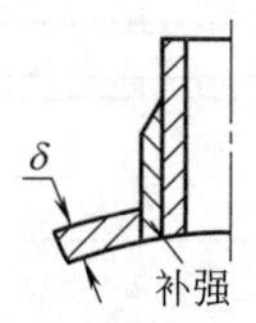

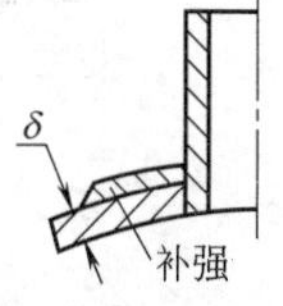

图 8-24 外加强平齐接管

② 外加强平齐接管。将补强金属加在接管或壳体的外侧，见图 8-24。

③ 对称加强凸出接管。采用凸出（插入）接管，接管的内伸与外伸部分实行对称加强，见图 8-25。

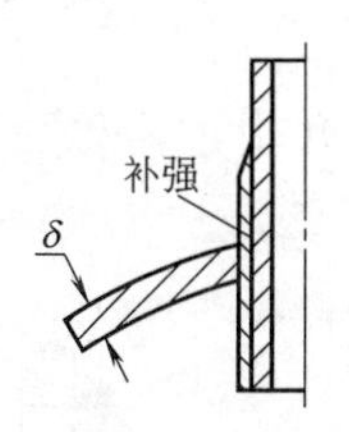

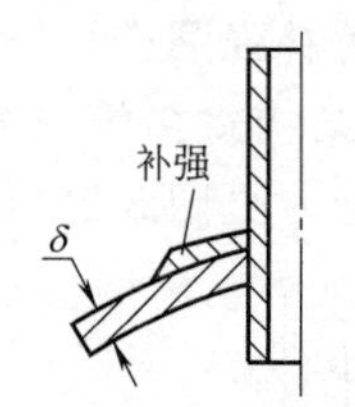

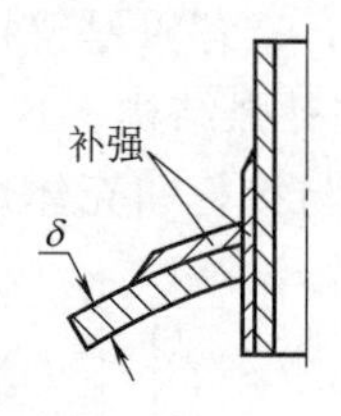

图 8-25 对称加强凸出接管

④ 密集补强。将补强金属集中地加在接管与壳体的连接处，见图 8-26。

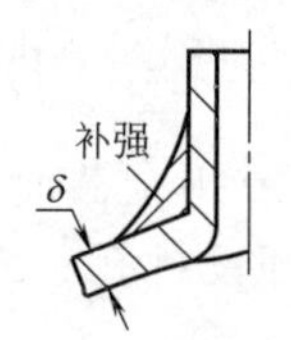

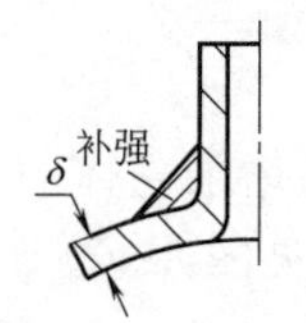

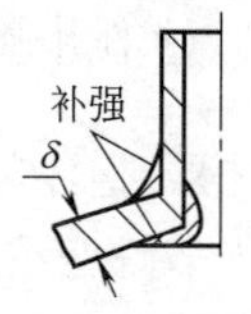

图 8-26 密集补强

从强度角度分析，密集补强最好，对称加强凸出接管次之，内加强平齐接管第三，外加强平齐接管最差。从制造方面看，密集补强须将接管根部和壳体连接处制成一个整体结构，给制造加工带来困难，而且容器和开孔直径越大，加工越困难；对称加强凸出接管的连接处内侧焊接较难，若容器和开孔直径小，则操作难度更大；内加强平齐接管，不仅加工制造困难，还会影响工艺流程，一般不采用这种形式。

(4) 补强结构

补强结构是指补强金属采用什么结构形式与被补强的壳体或接管连成一体。主要有以下几种。

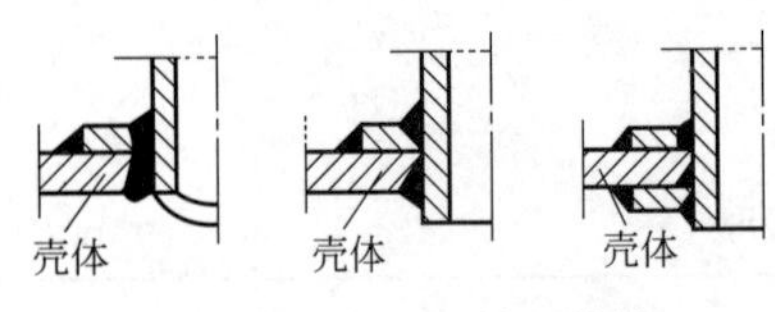

图 8-27 补强圈补强结构

① 补强圈补强结构。补强圈补强是中低压容器应用最多的补强结构，补强圈贴焊在壳体与接管连接处，见图 8-27。补强圈标准为 JB/T 4736—2002《补强圈》。

补强圈的材料一般与壳体材料相同，其厚度一般也与壳体厚度相同。补强圈的形状应与被补强部分壳体相符。补强板上开有一个 M10 螺孔，见图 8-28。安装补强圈时，螺孔放置在壳体最低的位置。

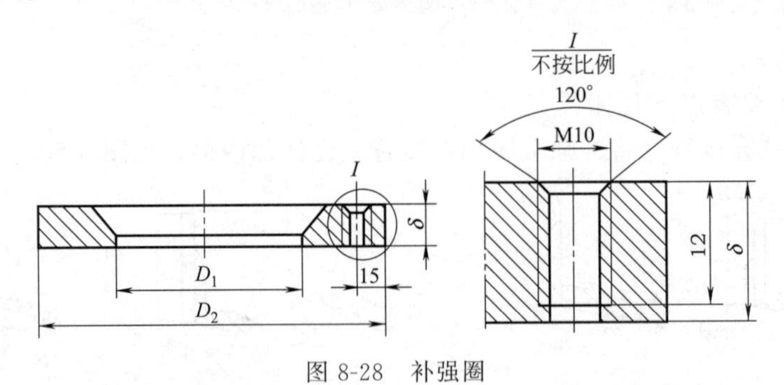

图 8-28 补强圈

补强圈补强结构简单、制造方便。但补强面积分散，补强效率不高；补强圈与壳体金属之间不能完全贴合，在补强局部区域产生较大的热应力；另外，补强圈与壳体采用搭接连接，补强板和壳体或接管金属没有形成一个整体，抗疲劳性能差。补强圈补强结构一般适用于静载、温度不高的中低压容器。

若条件许可，推荐以厚壁接管代替补强圈进行补强。

② 加强元件补强结构。这种补强结构将接管或壳体开孔附近需要加强部分制作成加强元件，然后再与接管和壳体焊在一起，见图 8-29。

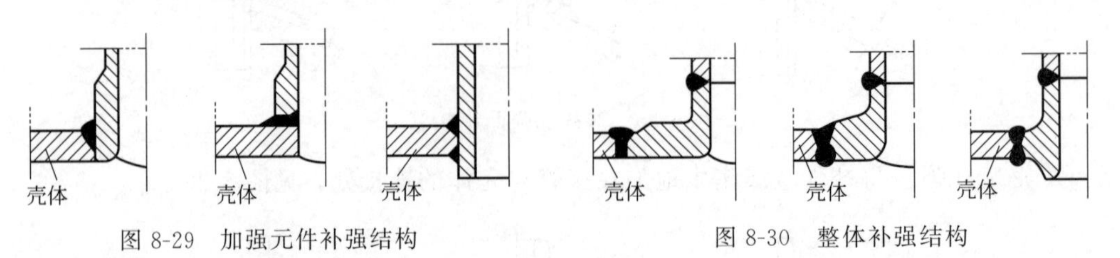

图 8-29 加强元件补强结构

图 8-30 整体补强结构

③ 整体补强结构。整体补强结构是增加壳体的厚度，或用全截面焊透的结构形式将厚壁接管或整体补强锻件与壳体相焊，见图 8-30。当容器开设排孔，或封头开孔较多时，可以采用整体增加壁厚的办法。

8.4 容器附件

8.4.1 接管

容器的接管分为焊接接管、铸造接管和螺纹接管等。

容器的焊接接管，见图 8-31（a），接管长度可参照相关标准确定。容器的铸造接管与筒体一并铸出，见图 8-31（b）。螺纹接管主要用来连接温度计、压力表和液面计，根据需要可制成阴螺纹或阳螺纹，见图 8-31（c）和图 8-31（d）。

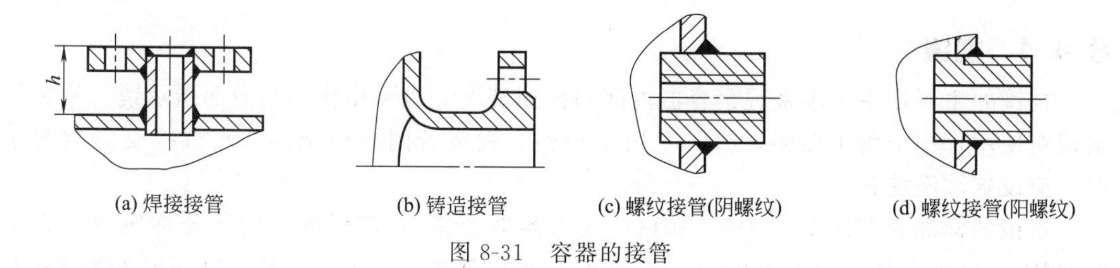

(a) 焊接接管　(b) 铸造接管　(c) 螺纹接管(阴螺纹)　(d) 螺纹接管(阳螺纹)

图 8-31　容器的接管

8.4.2 凸缘

当接管长度很短时，可用凸缘（又称为突出接管）代替，见图 8-32。凸缘本身具有加强开孔的作用，不需再另外补强。凸缘与管道法兰配合使用，它的连接尺寸应根据所选用的管法兰来确定。

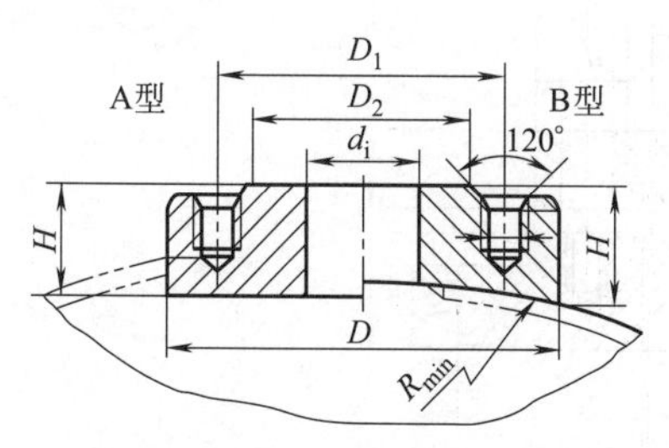

图 8-32　具有平面密封的凸缘

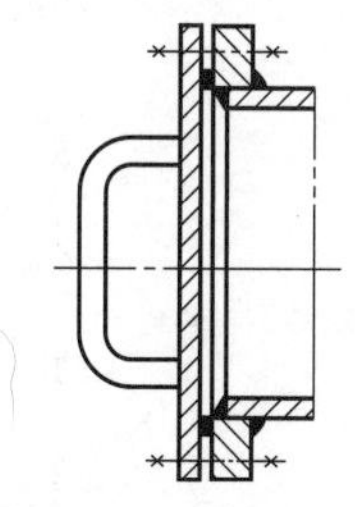

图 8-33　常压手孔

8.4.3 手孔与人孔

为检查容器的内部空间及便于安装与拆卸容器的内部构件，容器需要设置手孔和人孔。标准手孔的公称直径有 $DN150$ 和 $DN250$ 两种。手孔的结构包括筒节、法兰、手孔盖、把手等，图 8-33 为常压手孔。

容器直径大于 900mm 时可开设人孔，人孔的形状有圆形和椭圆形两种，人孔的尺寸大小及位置以容器内件检修、安装方便为原则，椭圆形人孔的短轴应与受压容器的筒身轴线平行。标准圆形人孔的公称直径有 $DN400$、$DN450$、$DN500$ 和 $DN600$ 四种。椭圆形人孔的最小尺寸为 400mm×300mm。

容器在使用过程中，人孔需要经常打开时，可选用快开式结构人孔，如图 8-34 所示。

设计时，可根据公称压力、工作温度、材料等设计条件，按手孔和人孔标准系列直接选用。常用的人孔和手孔标准有碳素钢、低合金钢制人孔和手孔（HG/T 21514～21535—2014）和不锈钢制人孔、手孔等。

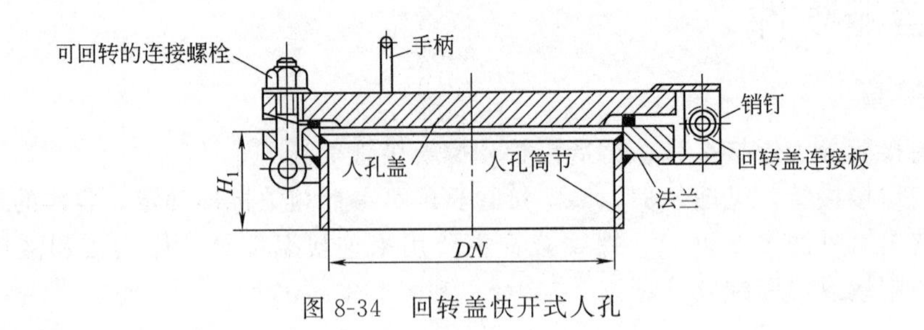

图 8-34 回转盖快开式人孔

8.4.4 视镜

视镜的主要作用是用来观察容器内部的操作情况，也可用作物料液面指示镜。视镜一般成对使用，一个用于照明，另一个用于观察。视镜若因介质结晶、水汽冷凝影响观察时，应设置冲洗装置。

视镜的标准为 NB/T 47017—2011《压力容器视镜》，该标准适用于公称压力不大于 2.5MPa、公称直径为 50～200mm、介质最高允许温度为 250℃、最大急变温差为 230℃ 的压力容器用视镜。视镜由视镜玻璃、视镜座、密封垫、压紧环、螺母和螺柱等组成，其基本形式见图 8-35。

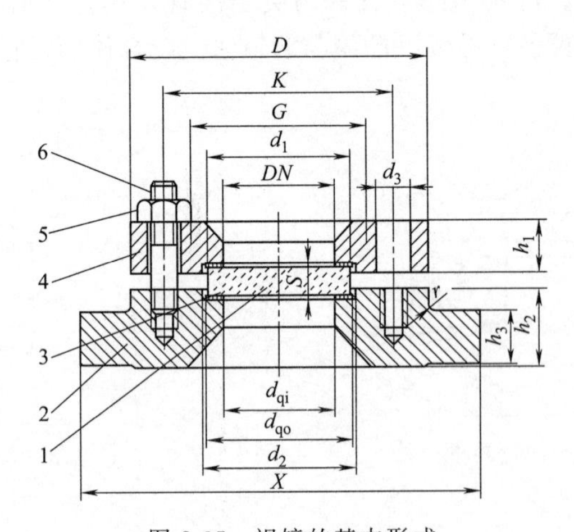

图 8-35 视镜的基本形式

1—视镜玻璃；2—视镜座；3—密封垫；4—压紧环；5—螺母；6—双头螺柱

视镜与容器的连接形式有两种：一种是视镜座外缘直接与容器的壳体或封头相焊（见图 8-36）；另一种是视镜座由配对管法兰夹持固定（见图 8-37），或由法兰凸缘夹持固定（见图 8-38）。

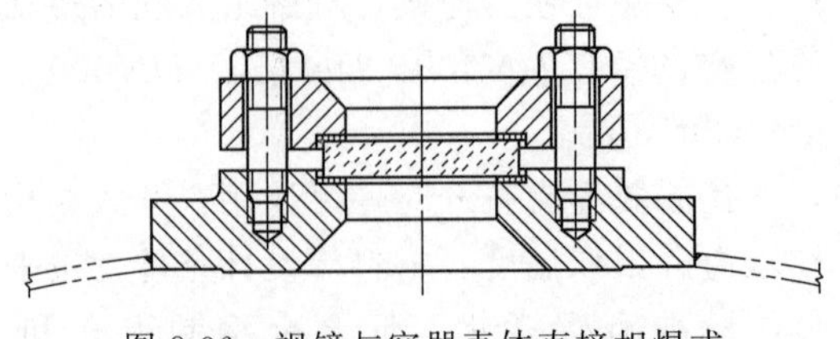

图 8-36 视镜与容器壳体直接相焊式

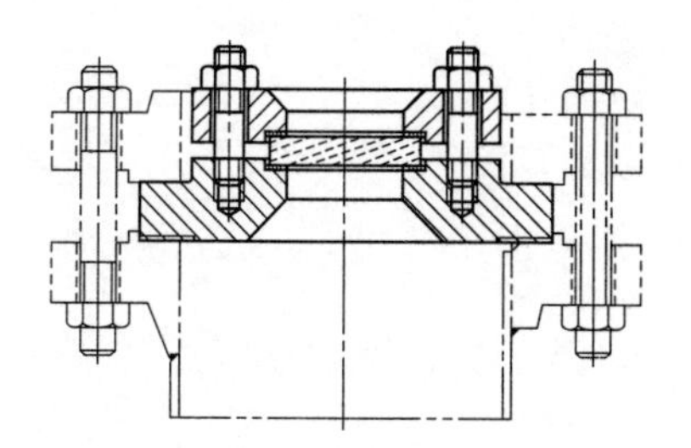

图 8-37　视镜由配对管法兰夹持固定式

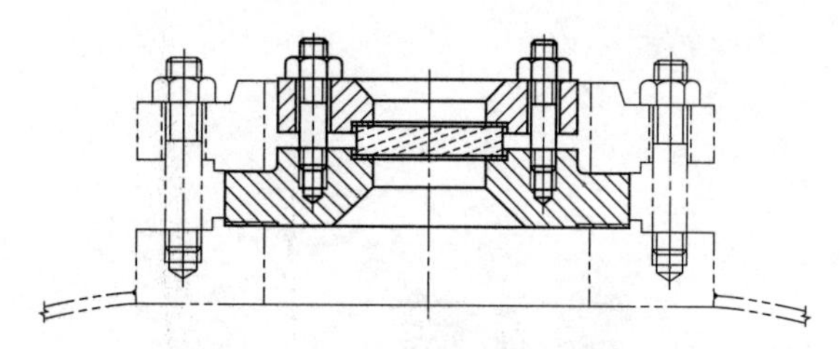

图 8-38　视镜由法兰凸缘夹持固定式

习题

8-1　填空题

① 法兰连接结构由________、________和________三部分组成。

② 整体法兰包括________法兰和________法兰两种。

③ 常用的垫片可分为________垫片、________垫片和________垫片。

④ 在制定法兰标准尺寸系列时，以材料在________℃时的力学性能为基础制定。

⑤ 标准圆形人孔的公称直径有________ mm、________ mm、________ mm 和________ mm 四种。

⑥ 为方便观察容器内物料的反应情况，视镜一般使用________，一个视镜用于________，另一个视镜用于________。

8-2　影响法兰密封性能的因素有哪些？

8-3　法兰密封面有哪几种形式？各有何特点？

8-4　法兰公称压力的确定与哪些因素有关？

8-5　如何选择鞍式支座？

8-6　等面积法的适用范围是什么？

8-7　允许不另行补强的壳体开孔应具备什么条件？

8-8　补强结构主要有哪几种形式？

8-9　视镜与容器的连接形式有哪两种？

8-10　试为一制药流程中的精馏塔选配塔节与封头的连接法兰及出料口接管法兰。已知条件：塔体内径900mm，接管公称直径 80mm，操作温度为 300℃，操作压力为 0.25MPa，材料为 Q345R。分别绘出法兰结构图并注明尺寸。

第4篇
设备基础

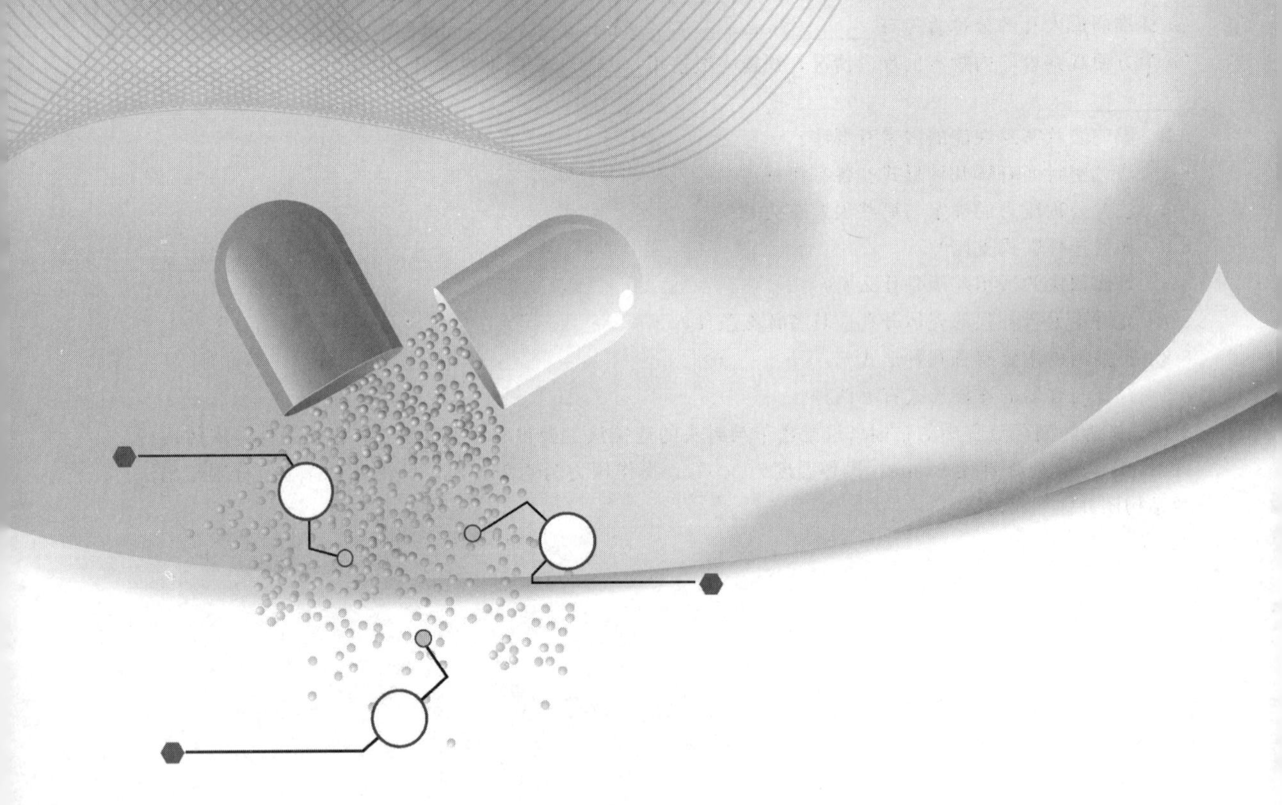

第9章 管壳式换热器

9.1 概述

管壳式换热器是一种通用的标准换热设备，因为管壳式换热器是把换热管束与管板连接后，再用筒体与管箱包起来，形成两个独立的空间，所以又称为列管式换热器。它具有制造方便、选材面广、适应性强、处理量大、清洗方便、运行可靠、能承受高温和高压等优点，应用最为广泛。

管壳式换热器管内的通道及与其相贯通的管箱称为管程，管外的通道及与其相贯通的部分称为壳程。一种流体在管内流动，而另一种流体在壳与管束之间从管外表面流过，为保证壳程流体能够横向流过管束，形成较高的传热速率，在外壳上装有许多挡板。以下结合不同类型的管壳式换热器介绍其结构。

管壳式换热器按照GB/T 151—2014《热交换器》的标准执行。

9.1.1 管壳式换热器的结构与分类

管壳式换热器种类主要有以下几种，每种结构见图9-1，与之对应，其主要零部件及名称见表9-1。

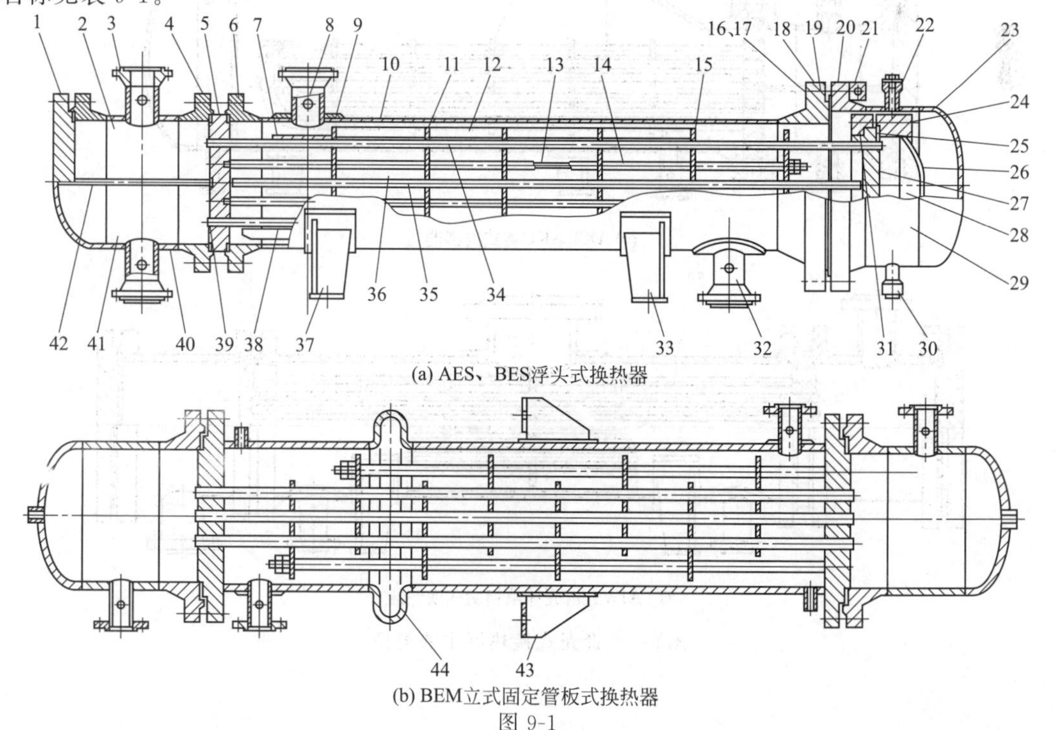

(a) AES、BES浮头式换热器

(b) BEM立式固定管板式换热器

图9-1

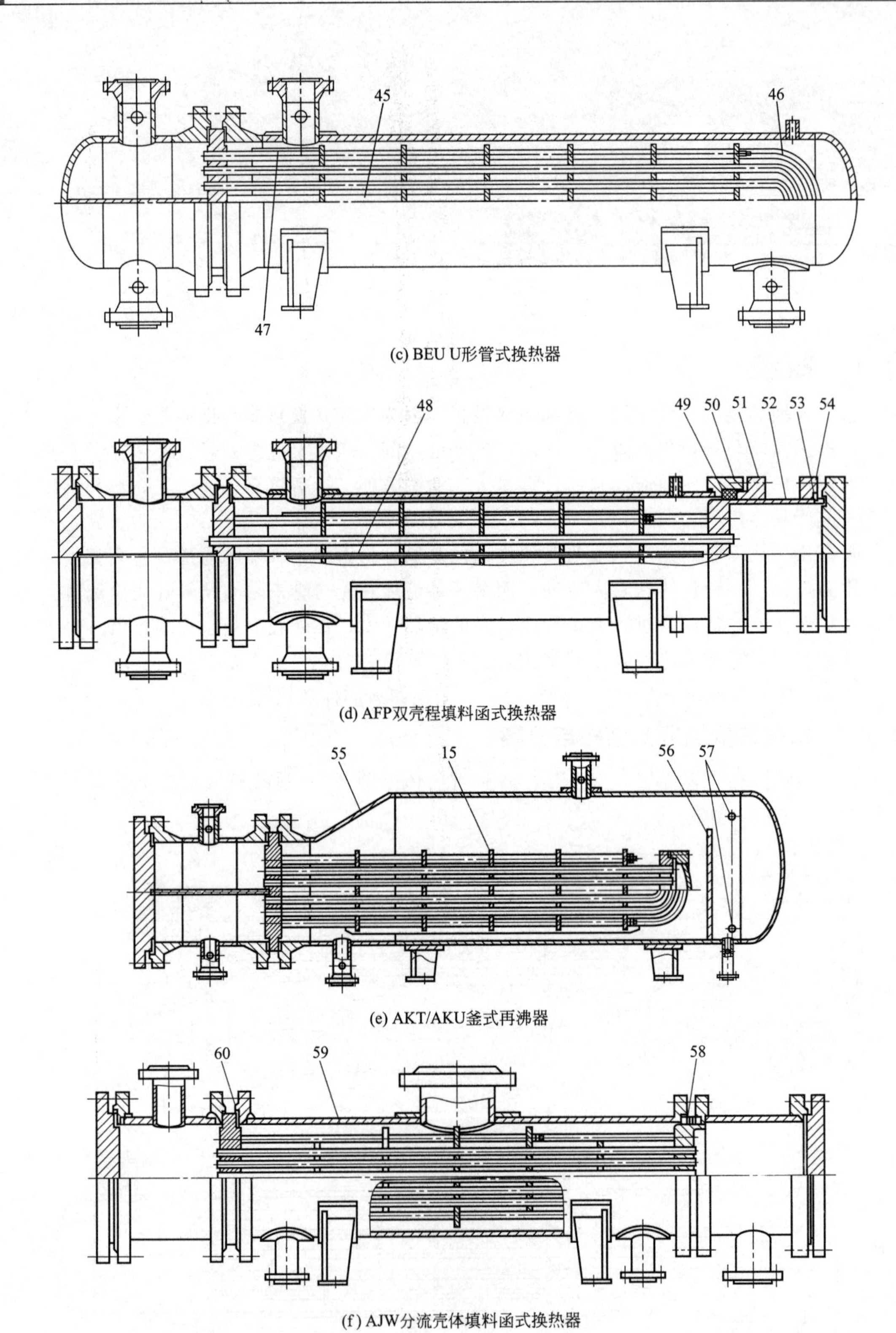

(c) BEU U形管式换热器

(d) AFP双壳程填料函式换热器

(e) AKT/AKU釜式再沸器

(f) AJW分流壳体填料函式换热器

图 9-1 管壳式换热器主要类型

表 9-1 管壳式换热器主要零部件及名称

序号	名称	序号	名称	序号	名称	序号	名称
1	管箱平盖	16	双头螺柱或螺栓	31	钩圈	46	U形换热管
2	平盖管箱(部件)	17	螺母	32	接管	47	内导流筒
3	接管法兰	18	外头盖垫片	33	浮动鞍座(部件)	48	纵向隔板
4	管箱法兰	19	外头盖侧法兰	34	换热管	49	填料
5	固定管板	20	外头盖法兰	35	挡管	50	填料函
6	壳体法兰	21	吊耳	36	管束(部件)	51	填料压盖
7	防冲板	22	放气口	37	固定鞍座(部件)	52	浮动管板裙
8	仪表接口	23	凸形封头	38	滑道	53	部分剪切环
9	补强圈	24	浮头法兰	39	管箱垫片	54	活套法兰
10	壳程圆筒	25	浮头垫片	40	管箱圆筒	55	偏心锥段
11	折流板	26	球冠形封头	41	封头管箱(部件)	56	堰板
12	旁路挡板	27	浮动管板	42	分程隔板	57	液位计接口
13	拉杆	28	浮头盖(部件)	43	耳式支座(部件)	58	套环
14	定距管	29	外头盖(部件)	44	膨胀节(部件)	59	壳体(部件)
15	支持板	30	排液口	45	中间挡板	60	管箱侧垫片

(1) 浮头式热换热器

浮头式换热器主要由壳体、浮动式封头管箱、管束等部件组成。浮头式换热器的一端管板固定在壳体与管箱之间，另一端管板可以在壳体内自由移动，称为浮头，管束与壳体间没有温差应力。通常情况下，浮头设计成可拆卸结构，常用的浮头有两种形式，一种是靠夹钳形半环和若干个压紧螺钉，使浮头盖和活动管板密封结合起来，保证管内和管间互不渗漏；另一种是使浮头盖法兰直接和钩圈法兰用螺栓紧固，使浮头盖法兰和活动管板密封贴合，虽然减少了管束的有效传热面积，但密封性可靠，整体较紧凑。

优点：管束可以抽出，以方便清洗管、壳程；介质间温差不受限制；可在高温、高压下工作，一般温度≤450℃，压力≤6.4MPa；可用于结垢比较严重、管程易腐蚀的场合。缺点：小浮头易发生内漏；金属材料耗量大，成本高20%；结构复杂。

(2) 固定管板式换热器

固定管板式换热器由管箱、壳体、管板、管子等零部件组成，其结构特点是：在壳体中设置有管束，管束两端用焊接或胀接的方法将管子固定在管板上，两端管板直接和壳体焊接在一起，壳程的进出口管直接焊在壳体上，管板外圆周和封头法兰用螺栓紧固，管程的进出口管直接和封头焊在一起，管束内根据换热管的长度设置了若干块折流板。这种换热器管程可以用隔板分成任何程数。

优点：结构简单、紧凑；在相同的壳体直径内，排管数最多，旁路最少；每根换热管都可以进行更换，且管内清洗方便。缺点：壳程不能进行机械清洗；当换热管与壳体的温差较大（>50℃）时产生温差应力，需在壳体上设置膨胀节，因而壳程压力受膨胀节强度的限制不能太高。适用于壳方流体清洁且不易结垢，两流体温差不大或温差较大但壳程压力不高的场合。

(3) U形管式换热器

结构特点是，只有一个管板，换热管为U形，管子两端固定在同一管板上。管束可以自由伸缩，当壳体与U形换热管有温差时，不会产生温差应力。优点：结构简单，只有一个管板，密封面少，运行可靠，造价低；管束可以抽出，管间清洗方便。缺点：管内清洗不方便；管束中间部分的管子难以更换，因而报废率较高；因为管子弯曲半径不宜太小，所以管板的利用率较低；管束最内层管间距大，壳程易短路而影响壳程换热；为了弥补弯管后管壁的减薄，直管部分壁厚较大，使其应用范围受到限制，仅适用于管壳壁温相差较大或壳程介质易结垢而管程介质清洁、不易结垢、高温、高压、腐蚀性强的情形。

(4) 填料函式换热器

结构特点与浮头式换热器相类似，浮头部分露在壳体以外，在浮头与壳体的滑动接触面处采用填料函式密封结构。优点：由于采用填料函式密封结构，使得管束在壳体轴向可以自由伸缩，不会产生壳壁与管壁热变形差而引起的热应力。其结构较浮头式换热器简单，加工制造方便，节省材料，造价比较低廉，且管束从壳体内可以抽出，管内、管间都能进行清洗，维修方便。缺点：因填料处易产生泄漏，一般适用于4MPa以下的工作条件，且不适用于易挥发、易燃、易爆、有毒及贵重介质，使用温度受限，已很少采用。

(5) 釜式再沸器

再沸器是蒸馏塔底或侧线的热交换器，用来汽化一部分液相产物返回塔内作气相回流，使塔内气-液两相间的接触传质得以进行，同时提供蒸馏过程所需的热量，又称重沸器。再沸器主要有釜式、虹吸式（立式和卧式）、强制循环式和内置式等形式。

釜式再沸器由一个带有气液分离空间的壳体和一个可抽出的管束组成，管束末端有溢流堰，以保证管束能有效地浸没在液体中。溢流堰外侧空间作为出料液体的缓冲区。再沸器内液体的装填系数，对于不易起泡沫的物系为80%，易起泡沫的物系则不超过65%。优点：可靠性高、可在高真空下操作，维护与清理方便。缺点：传热系数小、壳体容积大、占地面积大、造价高、塔釜液在加热段停留时间长、易结垢。

9.1.2 管壳式换热器的型号

管壳式换热器的结构形式用3个拉丁字母依次表示前端结构、壳体和后端结构（包括管束）三部分，详细分类形式及代号，可以查GB/T 151—2014《热交换器》。型号由结构形式、公称直径、设计压力、公称换热面积、公称长度、换热管外径、管/壳程数、管束等级等字母代号组合表示，如图9-2所示。

示例1：浮头式换热器，可拆平盖管箱，公称直径500mm，管程和壳程设计压力均为1.6MPa，公称换热面积54m^2，4管程，单壳程的钩圈式浮头换热器，碳素钢换热管符合NB/T 47019的规定，其型号为：

$$\text{AES500-1.6-54-}\frac{6}{25}\text{-4 I}$$

示例2：固定板式换热器，可拆封头管箱，公称直径700mm，管程设计压力2.5MPa，壳程设计压力1.6MPa。公称换热面积200m^2，公称长度9m，换热管外径25mm，4管程，单壳程的固定管板式换热器符合NB/T 47019的规定，其型号为：

$$\text{BEM700}\ \frac{2.5}{1.6}\text{-200-}\frac{9}{25}\text{-4 I}$$

示例3：U形管式换热器，可拆封头管箱，公称直径500mm，管程设计压力4.0MPa，壳程设计压力1.6MPa。公称换热面积75m^2，公称长度6m，换热管外径19mm，2管程，单壳程的U形管式换热器，不锈钢换热器符合GB 13296的规定，其型号为：

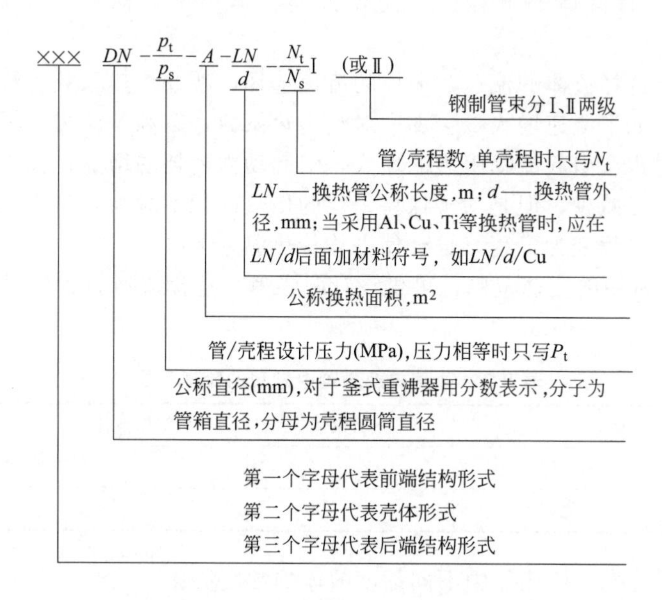

图 9-2 管壳式换热器的型号表达

$$\text{BEU500}\ \frac{4.0}{1.6}\text{-75-}\frac{6}{19}\text{-2 I}$$

9.1.3 管壳式换热器的设计

换热器的设计是通过计算确定经济合理的传热面积及换热器的其他有关尺寸，以完成传热任务。

（1）设计原则

首先要根据实际生产需要，选择合适的换热器类型。这其中主要由生产工艺、生产效率等决定，具体情况具体分析。

其次是流体流径的方案确定。流体流径是指在管程和壳程中，分别走哪一种流体，这一选择受多方面因素的影响和制约，这里仅以固定管板式换热器为例，介绍几条选择流径的原则：

① 因为管程清洗比较方便，所以，不洁净和易结垢的流体宜走管程。

② 为了避免管子和壳体同时被腐蚀，且兼顾到管程便于检修与更换，腐蚀性的流体宜走管程。

③ 为减少壳体受压，并且节省壳体金属的消耗量，压力高的流体宜走管程。

④ 为了充分利用壳体对外的散热作用，增强冷却效果，被冷却的流体宜走壳程。

⑤ 为了方便及时排除冷凝液，由于蒸汽较洁净，一般不需清洗，饱和蒸汽宜走壳程。

⑥ 为了减少泄漏量，有毒易污染的流体宜走管程。

⑦ 当流体在有折流挡板的壳程中流动时，流速和流向会不断改变，在雷诺数较低（如：$Re>100$）的情况下即能够产生湍流，可以提高传热系数。所以，流量小或黏度大的流体宜走壳程。

⑧ 如果两种流体的温差较大，因为壁面温度与给热系数 α 大的流体接近，为了减小管壁与壳壁的温差，以便减小温差应力，所以，对流传热系数大的流体宜走壳程。

以上原则只是相对的，对于具体的流体来讲，上述原则也有可能出现相互矛盾的现象。所以，在选择流体的流径时，需要根据具体情况，抓住主要影响因素来进行选择。

还有就是适当选择流体的流速。流体的流速选择，涉及传热系数、流动阻力及换热器结构等诸多方面。如果流速增大，会加大对流传热系数，有利于减少污垢，同时使总传热系数增大；但同时也会引起流动阻力的增大，引起动力消耗的增加；如果选择比较高的流速，会使管子的数目减少，但是为了保持一定的传热面积不减少，又需加长换热管长度或增加程数；如果将单程变为多程，也会使平均传热温差下降。

表 9-2 列出了常用的流速范围，可供设计时参考。选择流速时，应尽可能避免在层流下流动。

表 9-2 管壳式换热器中常用的流速范围

流体种类		一般流体	易结垢液体	气体
流速/(m/s)	管程	0.5 ~3.0	> 1.0	5.0 ~30
	壳程	0.2 ~1.5	> 0.5	3.0 ~15

表 9-3 列出了管壳式换热器中不同黏度液体的常用流速。

表 9-3 管壳式换热器中不同黏度液体的常用流速

液体黏度/mPa·s	> 1500	1500 ~500	500 ~100	100 ~35	35 ~ 1	< 1
最大流速/(m/s)	0.6	0.75	1.1	1.5	1.8	2.4

表 9-4 列出了管壳式换热器中易燃、易爆液体的安全允许速度。

表 9-4 管壳式换热器中易燃、易爆液体的安全允许速度

液体名称	乙醚、二硫化碳、苯	甲醇、乙醇、汽油	丙酮
安全允许速度/(m/s)	< 1	< 2 ~3	< 10

表 9-5 列出了常见流体的污垢热阻。

表 9-5 常见流体的污垢热阻

流体	污垢热阻 R /($m^2 \cdot K/kW$)	流体	污垢热阻 R /($m^2 \cdot K/kW$)	流体	污垢热阻 R /($m^2 \cdot K/kW$)
蒸馏水	0.09	硬水、井水	0.58	往复机排出	0.176
海水	0.09	空气	0.26～0.53	处理过的盐水	0.264
清净的河水	0.21	溶剂蒸气	0.14	有机物	0.176
未处理的凉水塔用水	0.58	水蒸气		燃料油	1.056
已处理的凉水塔用水	0.26	优质(不含油)	0.052	焦油	1.76
已处理的锅炉用水	0.26	劣质(不含油)	0.09		

(2) 冷却介质

介质的进口温度一般为已知，出口温度则在设计时确定，进、出换热器物料的温度一般由工艺确定。如冷却水冷却某种热流体，水的进口温度可根据当地气候条件做出估计，而出口温度需经过经济核算后权衡决定。为节约用水，可使水的出口温度高些，但这样会使得所需传热面积增大；反之，为减小传热面积，则可以增加用水量、降低出口温度。通常在设计时，冷却水的温差可取5～10℃。缺水地区可选较大温差，水源丰富地区可选用较小温差。若用加热介质加热冷流体，可按同样的原则选择加热介质的出口温度。

(3) 管子的规格和管间距

管子的规格的选择包括管径和管长。目前一般只采用25mm×2.5mm以及19mm×2mm两种换热管。对于洁净流体，可选择小管径；对于易结垢或不洁净的流体，可选择大管径。管长的选择以清理方便和合理使用管材为原则。我国系列标准中管长有1.5m、2m、3m和6m四种。管长和壳径的比例应该适当选取，一般为4～6。

管子的中心距t称为管间距。如果管间距较小，会有利于提高传热系数，且设备紧凑。常用的换热管外径与换热管中心距对比关系见表9-6。

表9-6 管壳式换热器外径与中心距的关系

换热管外径/mm	10	14	19	25	32	38	45	57
换热管中心距/mm	14	19	25	32	40	48	57	72

(4) 管程和壳程数的确定

当换热器的换热面积较大，而管子又不能很长时，就不得不选择排列较多的管子，为了提高流体在管内的流速，就需要将管束分程。但是如程数过多，又会导致管程流动阻力增大、动力能耗加大。同时，多程会使平均温差下降，所以，应综合权衡来考虑。管壳式换热器系列标准中，管程数有1、2、4、6四种。采用多程时，通常应使每程的管子数相等。一般情况下，管程数可按下式计算：

$$m=\frac{u}{u'} \tag{9-1}$$

式中 u——管程内流体的适宜速度，m/s；

u'——管程内流体的实际速度，m/s。

流体在壳内流经的次数称壳程数。当温度差需要校正系数时，应采用壳方多程。但壳程隔板在制造、安装和检修方面都很困难，所以一般不采用。常用的方法是，将几个换热器串联使用，代替壳方多程。

(5) 折流挡板的选用

安装折流挡板的目的是加大壳程流体的速度，使湍动程度加剧，提高壳程流体的对流传热系数。

折流挡板有弓形、圆盘形、分流形等形式，其中以弓形挡板应用最多。挡板的形状和间距，对壳程流体的流动和传热有重要的影响。弓形挡板的弓形缺口，一般可切去的弓形高度为外壳内径的10%～40%，常用20%和25%两种。挡板应等间距布置，最小间距不小于壳体内径的1/5，且不小于50mm；最大间距不应大于壳体内径。标准中的板间距为：固定管板式有150mm、300mm和600mm三种；浮头式有150mm、200mm、300mm、480mm和600mm五种。板间距过小，不便于制造和检修，阻力也较大；板间距过大，流体难于垂直流过管束，使对流传热系数下降。为了使所有的折流挡板能固定在一定的位置上，通常采用拉杆和定距管结构。

除通用的折流挡板之外，还有其他一些形式的换热器折流构件，如折流盘等。

(6) 外壳直径的确定

可根据计算出的实际管数、管长、管中心距及管子的排列方式等，通过作图得出管板直径，换热器壳体的内径应等于或稍大于管板的直径。但当管数较多又需反复计算时，作图法就过于麻烦。一般在初步设计中，可参考系列标准或估算选外壳直径，全部设计完成后，再用作图法画出管子的排列图。为使管子排列均匀，防止流体“短路”，可适当地增加一些管子或安排一些拉杆。初步设计可用下式估算外壳直径：

$$D=t(n_c-1)+2b' \tag{9-2}$$

式中 D——壳体直径，m；

t——管中心距，m；

n_c——位于管束中心线上的管数；

b'——在管束中心线上，最外层管的中心至壳体内壁的距离，通常情况下，可以取 $b'=(1\sim1.5)d_o$。

n_c 值可由下面公式估算：

当管子按正三角形排列时：$n_c=1.1\sqrt{n}$；当管子按正方形排列时：$n_c=1.1\sqrt{n}$。

式中，n 为换热器的总管数。

上述计算壳内径后应圆整，壳体常用的有 159、273、400、500、600、800、1000、1100、1200 等。

(7) 流动阻力（压降）

计算流体流经管壳式换热器的阻力，应按管程和壳程分别计算。对于多管程换热器，管程流动阻力，应该按照总阻力为各程直管阻力、回弯阻力及进、出口阻力之和来计算。相比之下，进、出口阻力较小，因此一般忽略不计。于是，管程总阻力的计算公式为：

$$\sum\Delta p_i=(\Delta p_1+\Delta p_2)F_tN_sN_p \tag{9-3}$$

式中 Δp_1，Δp_2——直管及回弯管中因摩擦阻力而引起的压降，Pa；

F_t——结垢校正因数，无量纲，ϕ25mm×2.5mm 的管子取 1.4，ϕ19mm×2mm 的管子取 1.5；

N_p——管程数；

N_s——串联的壳程数。

式 (9-3) 中的直管压降 Δp_1 可按一般摩擦阻力公式计算；回弯压降 Δp_2 由下面经验公式估算：

$$\Delta p_2=3\frac{\rho u^2}{2} \tag{9-4}$$

计算壳程流动阻力的公式很多，用不同的公式计算结果差别很大。下面介绍较通用的埃索计算公式。

$$\sum\Delta p_0=(\Delta p_1'+\Delta p_2')F_sN_s \tag{9-5}$$

式中 $\Delta p_1'$——流体横过管束的压降，Pa；

$\Delta p_2'$——流体通过折流挡板缺口的压降，Pa；

F_s——壳程结垢校正系数，无量纲，对于液体可取 1.15，对气体或蒸汽可取 1.0。

$$\Delta p_2'=N_B\left(3.5-\frac{2h}{D}\right)\frac{\rho u_o^2}{2} \tag{9-6}$$

$$\Delta p_1'=Ff_oN_c(N_B+1)\frac{\rho u_o^2}{2} \tag{9-7}$$

式中 F——管子排列方式对压降的校正系数，对正三角形排列的取 0.5，对转角 45°正方形排列的取 0.4，对正方形排列的取 0.3；

f_o——壳程流体的摩擦系数，当 $Re_o>500$ 时，$f_o=5.0Re_o^{-0.228}$；

N_C——横过管束中心线的管子数；

N_B——折流挡板数；

h——折流挡板间距，m；

u_o——按壳程流通截面积 A_o 折算的流速，$A_o=h(D-N_c d_o)$。

通常液体流经换热器压降为 0.1～1atm[1]，气体为 0.01～0.1atm。设计时，换热器的工艺尺寸应在压降与传热面积之间予以权衡，使之既能满足工艺要求，又经济合理。

(8) 设计与选型的具体步骤

管壳式换热器的设计计算步骤如下：

① 估算传热面积，初选换热器型号：a. 根据换热任务，计算传热量。b. 确定流体在换热器中的流动途径。c. 确定流体在换热器中两端的温度，计算定性温度，确定在定性温度下的流体物性。d. 计算平均温度差，并根据温度差校正系数不应小于 0.8 的原则，确定壳程数或调整加热介质或冷却介质的终温。e. 根据两流体的温差和设计要求，确定换热器的形式。f. 依据换热流体的性质及设计经验，选取总传热系数值。g. 依据总传热速率方程，初步算出传热面积，并确定换热器的基本尺寸或按系列标准选择设备规格。

② 计算管、壳程压降。根据初选的设备规格，计算管、壳程的流速和压降，检查计算结果是否合理或满足工艺要求。若压降不符合要求，要调整流速，再确定管程和折流挡板间距，或选择其他型号的换热器，重新计算压降直至满足要求为止。

③ 核算总传热系数计算管、壳程对流传热系数，确定污垢热阻 R_{si} 和 R_{so}，再计算总传热系数 K'，然后与 K 值比较，若 $K'/K=1.15\sim1.25$，则初选的换热器合适，否则需另选 K 值，重复上述计算步骤。

上述设计为一般性原则步骤，设计时需视具体情况而定，应在满足传热要求的前提下，再考虑其他各项问题。

(9) 换热器设计前需要具备的数据参数

① 两侧流体的流量。

② 两侧流体的出入口温度。

③ 两侧流体的操作压力。当气相密度未提供时，需要操作压力；操作压力不是必需数据。

④ 两侧流体允许压降。允许压降是换热器设计的重要参数。液体压降 50～70kPa，黏性流体压降更高，尤其是在管侧。气体压降 5～20kPa，一般取 10kPa。

⑤ 两侧流体污垢系数。如果未提供，可从 TEMA 标准中获得或者选取经验值。

⑥ 两侧流体的物理性质。进出口温度下的黏度，热导率，密度和比热容。进出口温度的黏度必须提供，尤其对于液体，不同温度下的黏度变化是没有规则的。

⑦ 热负荷。壳侧和管侧的热负荷须一致。

⑧ 换热器类型。可根据之前提供的各种换热器类型的特点选择。

⑨ 管子尺寸。

---

[1] 注：1atm=101325Pa。

9.2 管壳式换热器结构

9.2.1 管子

适用性和经济性是选择换热管的主要考虑方面。

(1) 管子的选用

管子必须能够保证在力、温度、腐蚀性等方面的要求。

① 管型 常用换热管为光管，还可采用强化传热管，如翅片管、螺纹管、螺旋槽管等。当管内直径两侧给热系数相差较大时，翅片管的翅片应布置在给热系数低的一侧。

管壳式换热器通常用光管。翅片管可将光管的外表面积增加约 2.5 倍。当壳侧污垢系数小于 0.00053m^2·K/W 时使用低翅管较经济，如腐蚀速率超过 0.05mm/a，翅片寿命不超过 3 年，不宜选用。相同长度和壁厚的光管与翅片管，后者价格要高 50%～70%，所以，一般只有当光管的管外总阻力与管内总阻力之比≥3 时，才采用外翅片管，如用蒸汽加热的再沸器、预热器、水冷器和处理有机流体的冷凝器等。如光管的管外总阻力与管内总阻力之比小于 3，应做进一步比较。当传热壁两侧传热膜系数都很小时，适合选用双面带翅的设备，如板翅式换热器、外翅管内加麻花条或螺旋线等。

② 管长 适用性和经济性也限制了管长的选取。无相变换热时，管子长则传热系数增加，可以减少管程数、减少压力降、降低单位传热面的比价，故传热面积相同时，用长管较好。但管子过长会带来制造困难，所以，4～6m 的换热管比较常见。对于大面积或无相变的换热器可以选用 8～9m 的管长。在冷凝器中选用长管会增大设备放置平台的钢结构，增加费用；长管束也需要较大的管子抽出空间，增加了设备的占地面积。

③ 管径和壁厚 管径越小则换热器越紧凑、便宜，但同时带来压降的增加，所以，一般选 19mm 管子。对于易结垢物料，为清洗方便，采用外径为 25mm 管子。对于有气-液两相流的工艺物流，一般选较大管径，如再沸器、锅炉等多采用 32mm 管径，直接火加热时多采用 76mm 管径。国内常用换热管规格见表 9-7。

表 9-7 常用换热管规格

材料	钢管标准	外径×厚度/mm	材料	钢管标准	外径×厚度/mm
碳钢	GB 8163—2008	10 × 1.5	不锈钢	GB/T 14975—2012	10 × 1.5
		14 × 2			14 × 2
		19 × 2			19 × 2
		25 × 2			25 × 2
		25 × 2.5			32 × 2
		32 × 3			38 × 2.5
		38 × 3			45 × 2.5
		45 × 3			57 × 2.5
		57 × 3.5			

(2) 管子与管板的连接

根据使用条件、加工条件的不同，换热管与管板的连接方式可分为胀接、焊接、胀焊并用三种类型。

① 胀接：适用于设计压力≤4MPa，设计温度≤300℃，无剧烈振动、无过大温度变化及无明显应力腐蚀的场合。胀接又可分为：机械胀管、液压胀管、液袋胀管、橡胶胀管、爆炸胀管、脉冲胀管、粘胀等。

胀度可以按照下式(9-8) 计算。

$$k=\frac{d_2-d_1-b}{2\delta}\times 100\% \tag{9-8}$$

式中 k——以管壁减薄率计算的胀度；

d_2——换热管胀后内径，mm；

d_1——换热管胀前内径，mm；

b——换热管与管板管孔的径向间隙（管孔直径减换热管外径），mm；

δ——换热管壁厚，mm。

机械胀接的胀度可按照表 9-8 选用，超出表 9-8 时，应该通过胀接工艺试验确定合适的胀度。

表 9-8 机械胀接的胀度

换热管材料	胀度 k/%	换热管材料	胀度 k/%
碳素钢、低合金钢(铬含量不大于 9%)	6～8	钛和冷作硬化的其他金属	4～5
高合金钢	5～6	非冷作硬化的其他金属	6～8

注：需要时，胀度可以另增加 2%。

② 焊接：适用于设计压力≤35MPa，无较大振动及无间隙腐蚀的场合。焊接分为：普通焊接、内孔焊接、高频焊接、摩擦焊接、钎焊和爆炸焊接。

③ 胀焊并用：适用于设计压力≤35MPa，密封性能要求较高、承受振动或疲劳载荷、有间隙腐蚀、采用复合板的场合。胀焊并用分为：强度焊＋贴胀、强度焊＋强度胀、强度胀＋密封焊、强度胀＋贴胀＋密封焊、强度焊＋强度胀＋贴胀。一般焊接后都要进行轻微的胀接，这种胀接被称为贴胀，其胀接变形要远小于强度胀。其作用是减小管板和换热管的间隙，防止工作中换热管的震动而使焊口产生疲劳破坏。

强度胀接加密封焊管孔结构形式及尺寸见图 9-3。

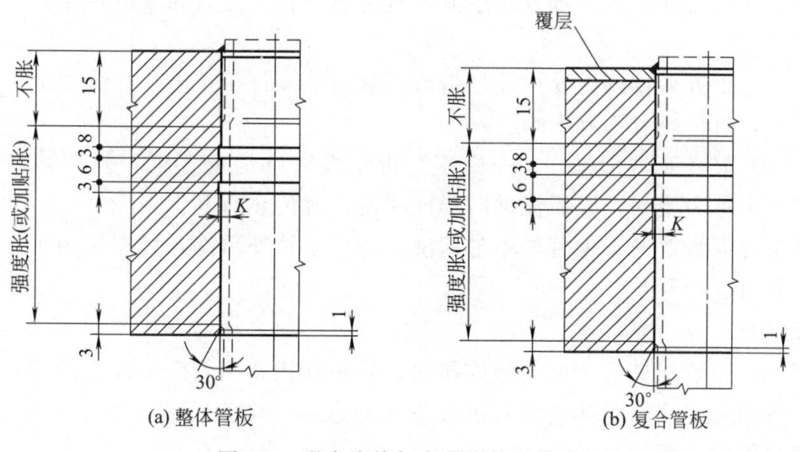

图 9-3 强度胀接加密封焊管孔结构

强度焊加贴胀管孔结构形式及尺寸见图 9-4。

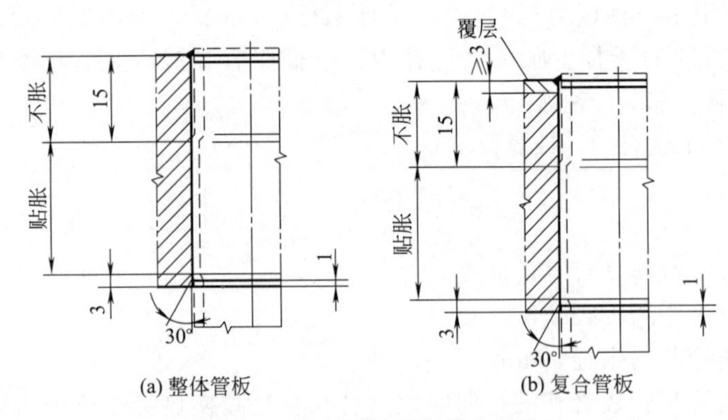

(a) 整体管板　　(b) 复合管板

图 9-4　强度焊加贴胀管孔结构

9.2.2 管板

(1) 换热管排列形式

如图 9-5 所示，换热管排列形式大致有正三角形、正方形、转角正三角形、转角正方形四种情况。

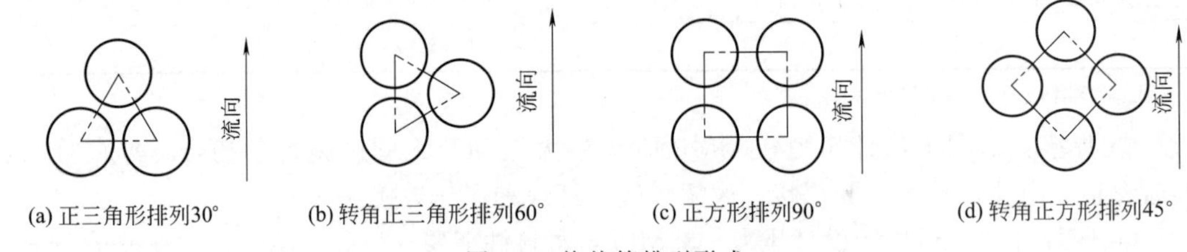

(a) 正三角形排列30°　(b) 转角正三角形排列60°　(c) 正方形排列90°　(d) 转角正方形排列45°

图 9-5　换热管排列形式

图 9-5（a）正三角形排列，介质流经折流板缺口是垂直正对换热管，冲刷换热管外表面，传热上称为错列，介质流动时形成湍流，对传热有利，管外传热系数较高。适用于壳程介质较清洁，换热管外不需清洗。

图 9-5（b）转角正三角形排列，介质流经折流板缺口是平行于三角形的一边，传热上称为直列，介质流动时有一部分是层流，对传热不利。对有相变的换热器，宜采用转角三角形排列。

图 9-5（c）正方形排列，介质流经折流板缺口是平行于正方形，传热上称为直列，介质流动是层流，对传热有不利影响。

图 9-5（d）转角正方形排列，介质流经折流板缺口是垂直正对换热管，冲刷换热管外表面，传热上称为错列，介质流动时形成湍流，对传热有利。

正三角形排列最普遍，但管外不易清洗。为便于管外清洗，可以采用正方形或转角正方形排列的管束。

(2) 管间距

换热管中心距要保证管子与管板连接时，管桥（相邻两管间的净空距离）有足够的强度和宽度。管间需要清洗时还要留有进行清洗的通道。中心距宜不小于 1.25 倍换热管外径，常用换热管中心距见表 9-9。

表 9-9 常用换热管中心距 单位：mm

换热管外径	10	12	14	16	19	20	25	32	35	38	45	50	57
换热管中心距	13～14	16	19	22	25	26	32	40	44	48	57	64	72

(3) 布管限定圆直径

布管限定圆直径按照表 9-10 确定。

表 9-10 布管限定圆直径

管壳式换热器形式	固定管板式、U 形管式	浮头式
布管限定圆直径 D_L	D_i-2b_3	$D_i-2(b_1+b_2+b)$

其中，D_i 是壳程圆筒直径，mm。b、b_1、b_2、b_3 的确定见图 9-6。

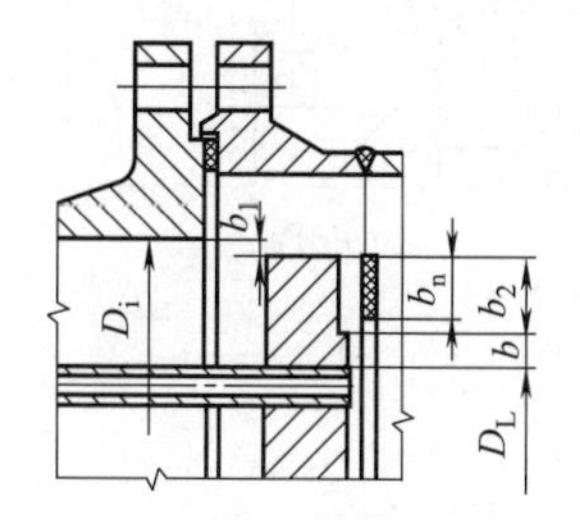

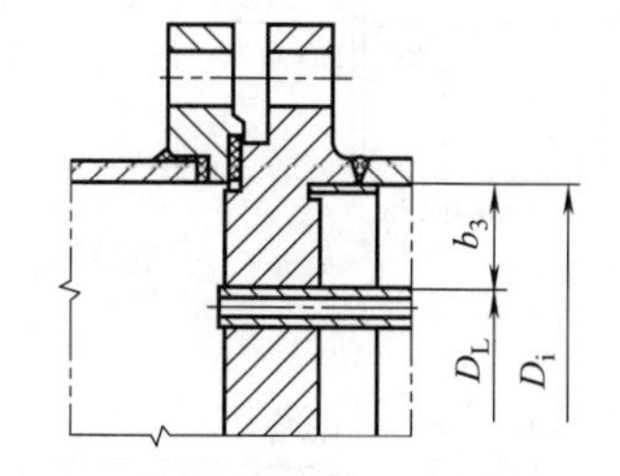

图 9-6 b、b_1、b_2、b_3 的确定

b 值按照表 9-11 选取。

表 9-11 b 的取值 单位：mm

D_i	b	D_i	b
<1000	>3	100～2600	>4

b_n、b_1 值按照表 9-12 选取。

表 9-12 b_n、b_1 的取值 单位：mm

D_i	b_n	b_1	D_i	b_n	b_1
≤700	≥10	3	>1200～2000	≥16	6
>700～1200	≥13	5	>2000～2600	≥20	7

注：需要时，可适当增加 b_1 值。

b_2，按照 $b_2=b_n+1.5$ 选取，mm。b_3，是固定管板式或 U 形管式换热器管束周边换热管外表面至壳体内壁的最小距离，$b_3\geqslant 0.25d$，且不宜小于 8mm。D_L 是布管限定圆直径，mm。d 是换热管外径，mm。

(4) 管板与管箱、壳体的连接

管板与管箱、壳体的焊接连接可以根据设计条件、设备结构等因素选用图 9-7 和图 9-8 所示结构，也可采用其他可靠的连接结构。

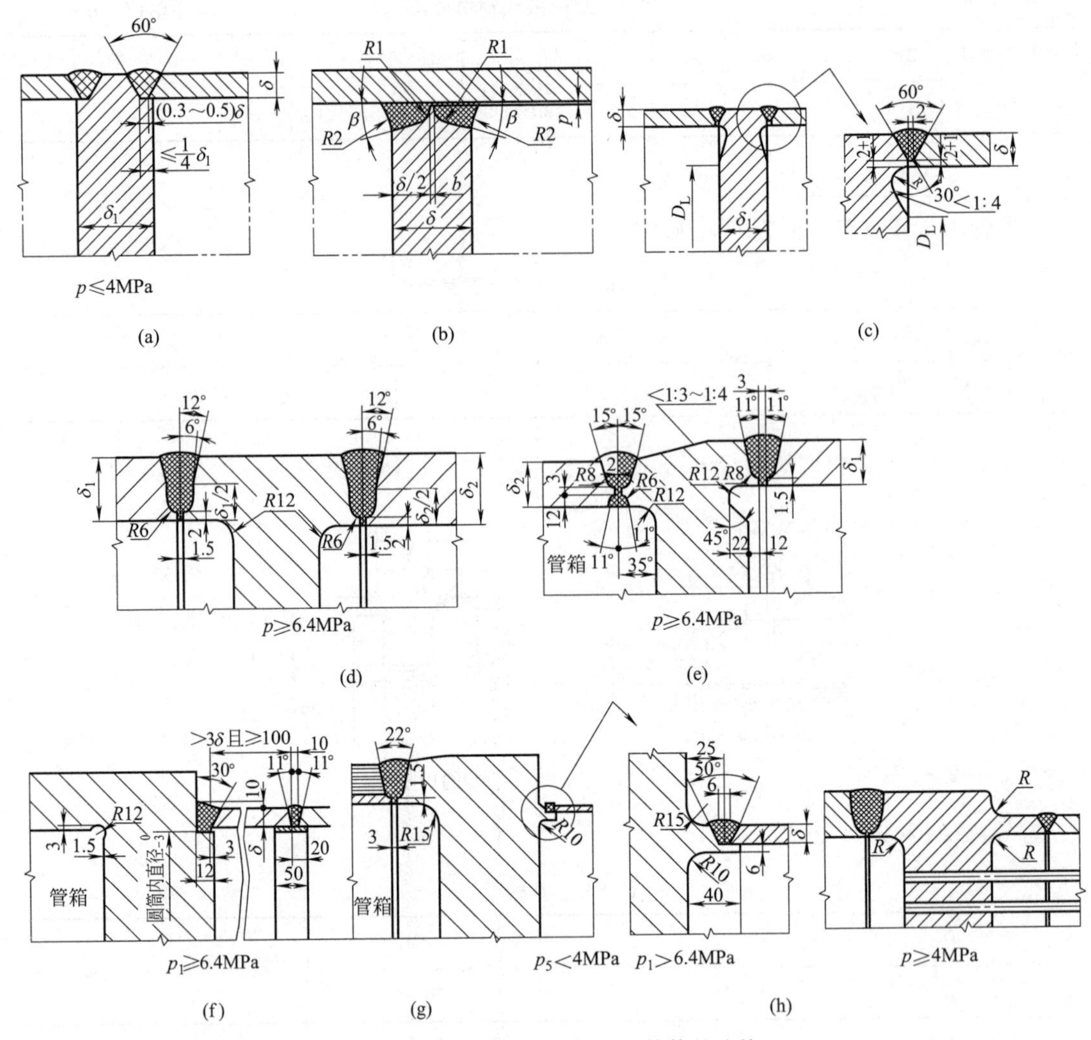

图 9-7 不兼做法兰的管板与筒体的连接

9.2.3 附属板件

(1) 折流板

折流板可以改变壳程流体的方向，使其垂直于管束流动，增加流体速度，增强传热；同时起支撑管束、防止管束振动和管子弯曲的作用。

折流板的形式有圆缺形、环盘形和孔流形等。最常用的圆缺形折流板，还可分为单圆缺形、双圆缺形和三圆缺形。单圆缺形折流板的开口高度为直径的 10%～45%，双圆缺形折流板的开口高度为直径的 15%～25%。在压降不高时，也可选用环盘形折流板，但应用较少。孔流形折流板应用更少。

水平放置的折流板适用于无相变的对流传热，防止壳程流体平行于管束流动，减少壳程底部液体沉积。而在带有悬浮物或结垢严重的流体所使用的卧式冷凝器、换热器中，一般采用垂直形折流板。

折流板的间距影响到壳程物流的流向和流速，从而影响到传热效率。最小的折流板间距为壳体直径的 1/5 并大于 50mm。然而，对特殊的设计可以考虑取较小的间距。因为折流板有支撑管子的作用，所以通常最大折流板间距为壳体直径的 1/2 并不大于 TEMA 规

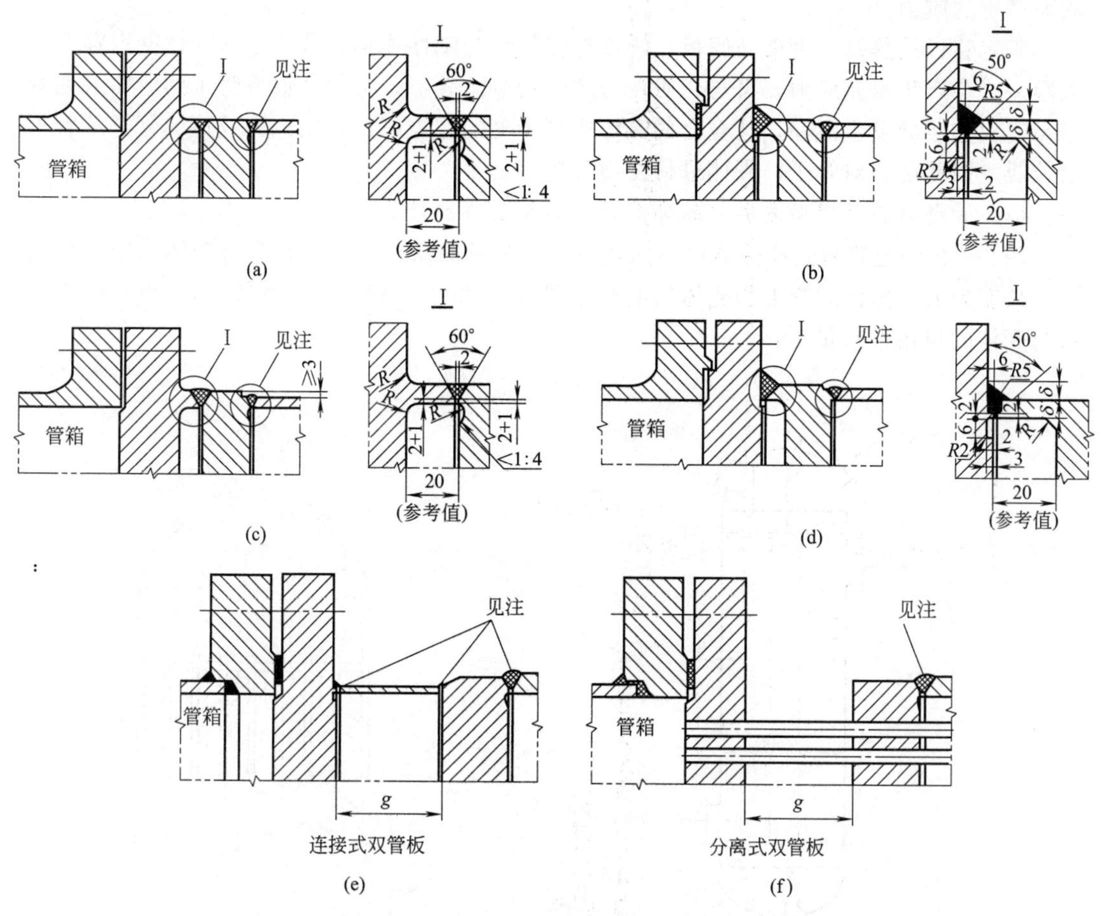

图 9-8 双管板与筒体的连接

注：用于台肩厚度与壳体厚度相同或厚度差不小于 3mm

定的最大无支撑直管跨距的 0.8 倍。

(2) 旁路挡板

旁路挡板也称密封条，主要防止物流由壳体和管束之间的旁流。旁路挡板沿着壳体嵌入到已铣好的凹槽的折流板内，它一般是成对设置的，数量推荐如下：

$DN \leqslant 500$mm 时，一对挡板；$500\text{mm} < DN < 1000$mm 时，两对挡板；$DN \geqslant 1000$mm 时，三对挡板。

固定管板式和 U 形管式换热器一般不使用旁路挡板。在有相变发生的设备中，即使间隙很大也不使用，因为密封条会影响气相和液相的分离，而且再沸器与冷凝器等设备的性能主要不是由错流流动决定的。

(3) 缓冲挡板

当非腐蚀性液体在壳程入口管处的动能 $\rho v^2 > 2230\text{kg}/(\text{m}^2 \cdot \text{s})$，或腐蚀性液体 $\rho v^2 > 740\text{kg}/(\text{m}^2 \cdot \text{s})$，且进入的物流为气体和饱和水蒸气或者为气-液混合物时，物流将冲击入口，引起振动和腐蚀，应设置缓冲挡板。

9.2.4 温差应力

温差应力也叫作热应力，是物体由于温度升降不能自由伸缩或物体内各部分的温度不同而产生的应力。

固定管板换热器的管束与管板、管束与壳体均为刚性连接，若管束与壳体壁温存在较大温差，会产生温差应力，再与介质压力产生的应力叠加，可能会造成管子的弯曲或使管子与管板连接处发生泄漏，甚至会使壳体或管子上的应力超过许用应力或造成管子从管板上拉脱。因此必须对管子、壳体进行受力分析。

(1) 管壁与壳壁因温差引起的轴向力及温差应力的计算

图 9-9 为固定管板式换热器筒体的轴向受力分析简图。装配时管束与壳体的壁温均为 θ_0，长度为 L，操作时管束与壳体的壁温分别为 θ_t 和 θ_s，材料线胀系数为 α_t 和 α_s，则管束与壳体的自由伸长量为：

$$\delta_t=\alpha_t(\theta_t-\theta_0)L,\delta_s=\alpha_s(\theta_s-\theta_0)L \tag{9-9}$$

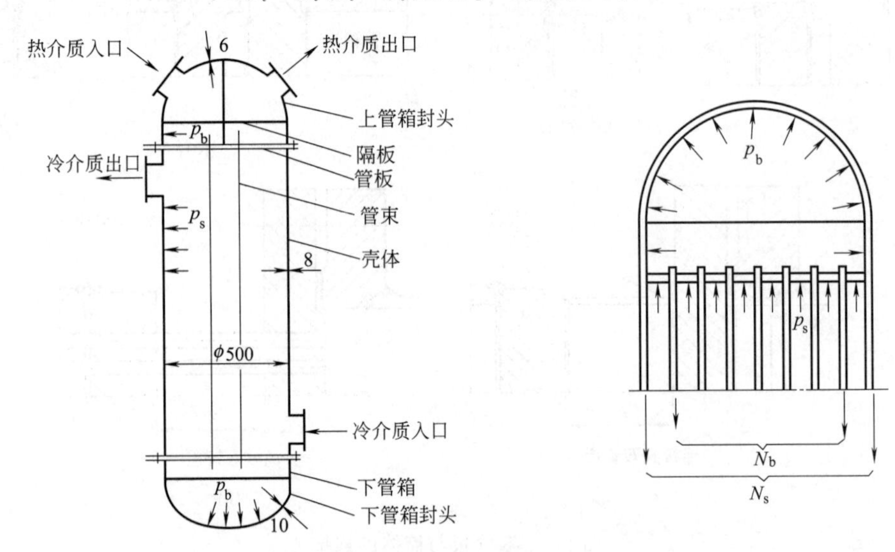

图 9-9 固定管板式换热器筒体的轴向受力分析

管束与壳体的实际伸长量为同一数值 δ。一般 $\theta_t>\theta_s$，且 $\alpha_t\geqslant\alpha_s$，显然壳体被拉伸，产生拉应力，管束被压缩，产生压应力。此拉压应力就是温差应力（热应力）。温差使壳体被拉长的总拉伸力应等于所有管子被压缩的总压缩力，总拉伸力（总压缩力）称为温差轴向力，用 F_1 表示。

在弹性范围内，按胡克定律，管子被压缩的量为：

$$\delta_t-\delta=\frac{F_1L}{E_tA_t} \tag{9-10}$$

壳体被拉伸的量为：

$$\delta-\delta_s=\frac{F_1L}{E_sA_s} \tag{9-11}$$

于是可得：

$$\delta_t-\delta_s=F_1L\left(\frac{1}{E_tA_t}+\frac{1}{E_sA_s}\right) \tag{9-12}$$

令：$\delta_t-\delta_s=\delta_e$。由式(9-9) 可知，$\delta_e=[\alpha_t(\theta_t-\theta_0)-\alpha_s(\theta_s-\theta_0)]L$ 为确定值。于是有：

$$F_1=\frac{\delta_e}{L\left(\frac{1}{E_tA_t}+\frac{1}{E_sA_s}\right)}=\frac{\delta_eE_sA_sE_tA_t}{L(E_sA_s+E_tA_t)} \tag{9-13}$$

F_1 为确定值。在管子与壳体中的温差应力分别为：

$$\sigma_{t1}=\frac{F_1}{A_t},\sigma_{s1}=\frac{F_1}{A_s} \tag{9-14}$$

式中 L——两管板内侧距离，mm；

A_t——全部管子的横截面积，mm^2；

A_s——壳体的横截面积，mm^2。

(2) 流体压力引起的轴向力及应力的计算

管程压力 p_t，壳程压力 p_s，由管壁与壳壁共同承担的轴向力为 Q。根据力的平衡关系：

$$Q=\frac{\pi}{4}D_i^2p_t-\left[\frac{\pi}{4}D_i^2-n\frac{\pi}{4}(d-2\delta_t)^2\right]p_t+\left[\frac{\pi}{4}D_i^2-n\frac{\pi}{4}d^2\right]p_s$$

$$=\frac{\pi}{4}[n(d-2\delta_t)^2p_t+(D_i^2-nd^2)p_s] \tag{9-15}$$

式中 d——换热管外径，mm；

n——换热管根数。

设作用在管壁上的轴向力为 F_2，壳壁上的轴向力为 F_3，则：$Q=F_2+F_3$

管子的伸长量：$\Delta\delta_t=\frac{F_2L}{E_tA_t}$；壳体的伸长量：$\Delta\delta_s=\frac{F_3L}{E_sA_s}$

由 $\Delta\delta_t=\Delta\delta_s$ 可得：$\frac{F_2L}{E_tA_t}=\frac{F_3L}{E_sA_s}$

于是可求得：

$$F_2=\frac{E_tA_t}{E_sA_s+E_tA_t}Q;F_3=\frac{E_sA_s}{E_sA_s+E_tA_t}Q \tag{9-16}$$

在管壁和壳壁上的轴向应力分别为：

$$\sigma_{t2}=\frac{F_2}{A_t},\sigma_{s2}=\frac{F_3}{A_s} \tag{9-17}$$

(3) 在温差和流体压力共同作用下的应力评定

换热器在操作过程中受到流体压力和温差应力的联合作用，在管壁和壳壁上产生轴向应力，同时在管子与管板的连接处产生一拉脱力，使管子与管板有脱离的倾向。管壁和壳壁的轴向应力 σ_t 和 σ_s 应满足条件：

$$\sigma_t=\sigma_{t1}+\sigma_{t2}=\frac{-F_1+F_2}{A_t}\leqslant 2[\sigma]_t^t,\sigma_s=\sigma_{s1}+\sigma_{s2}=\frac{F_1+F_3}{A_s}\leqslant 2\phi[\sigma]_s^t \tag{9-18}$$

式(9-18) 说明，σ_t 和 σ_s 具有二次应力特性。管子与管板的拉脱力 q 为：

$$q=\left|\frac{\sigma_ta}{\pi dl}\right|<[q] \tag{9-19}$$

式中 a——单根换热管横截面积，mm^2；

l——管子与管板胀接长度，mm。

为避免管子失稳，当 $\sigma_t<0$ 时：$[\sigma_t]\leqslant[\sigma]_{cr}$。对于胀接结构，管端不翻边，管孔不开槽时：$[q]=2.0$MPa；管端翻边或管孔开槽时：$[q]=4.0$MPa；对于焊接结构：$q=0.5[\sigma]_t^t$。

（4）膨胀节

为补偿温差与振动引起的附加应力，可在容器壳或管道上设置挠性结构膨胀节，也称补偿器或伸缩节。

膨胀节由主体波纹管（一种弹性元件）和端管、支架、法兰、导管等附件组成。原理是利用波纹管有效伸缩变形，吸收管线、导管、容器等由热胀冷缩等原因而产生的尺寸变化，或补偿管线、导管、容器等的轴向、横向和角向位移。为防止管道因热伸长或温度应力而引起管道变形或破坏，也可采用膨胀节。

容器上使用的膨胀节形式多样，依照波纹形状而言，U形膨胀节最普遍，其他还有Ω形和C形等。管道上使用的膨胀节，可以分为万能式、压力平衡式、铰链式以及万向接头式等。

膨胀节有金属和非金属之分。金属膨胀节还可以分成以下几种：

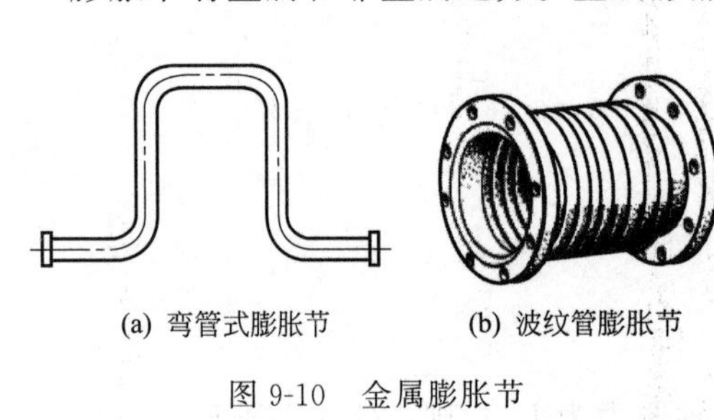

图 9-10 金属膨胀节

① 弯管式膨胀节 如图 9-10（a）所示，弯管式膨胀节是将管子弯成U形或其他形体，也称胀力弯。是利用形体的弹性变形能力进行补偿的一种膨胀节。其优点是强度好、寿命长、可在现场制作，缺点是占用空间大、消耗钢材多和摩擦阻力大。这种膨胀节在蒸汽管道和长管道上应用较广。

② 波纹管膨胀节 用金属波纹管制成，能沿管道轴线方向伸缩，也允许少量弯曲，可进行轴向长度补偿。为防止超量补偿，在波纹管两端设置有保护拉杆或保护环，在与它连接的两端管道上设置导向支架。其他的还有转角式和横向式膨胀节，可用来补偿管道的转角变形和横向变形；其优点是节省空间、节约材料、便于标准化和批量生产，缺点是寿命较短。波纹管膨胀节一般用于温度和压力不很高、长度较短的管道上。

③ 套筒式膨胀节 套筒式膨胀节主要用于补偿管道的轴向伸缩及任意角度的轴向转动，主体结构是可以作轴向相对运动的内、外套管，其间采用填料函密封，两端管子保持在一条轴线上移动。其优点是体积小、补偿量大，适用于热水、蒸汽、油脂类介质。适用温度在－40～150℃，特殊情况下可达350℃。

非金属膨胀节可以分成橡胶风道膨胀节和纤维织物膨胀节两种。

① 橡胶风道膨胀节 橡胶风道膨胀节有FDZ、FVB、FUB、XB四种型号，由橡胶和橡胶-纤维织物复合材料、钢制法兰、套筒、保温隔热材料组成，主要用于各种风机、风管之间的柔性连接，其功能是减震、降噪、密封、耐介质、便于位移和安装，能起到较好的减震、降噪、消烟除尘等效果。

② 纤维织物膨胀节 纤维织物膨胀节主要组成是纤维织物、橡胶等耐高温材料。能补偿风机、风管运行的震动及管道变形，补偿轴向、横向、角向等变形，具有无推力、简化支座设计、耐腐蚀、耐高温、消声减振等特点，适用于电厂热风管道及烟尘管道。纤维织物、保温棉本身具有吸声、隔振的功能，能有效地减少锅炉、风机等系统的噪声和振动。结构简单、体轻，维修方便。

制药车间常用金属膨胀节，可按照GB/T 12777—2008《金属波纹管膨胀节通用技术条件》的规定来设计。

9.2.5 管箱与壳程接管

（1）管箱

管箱位于壳体两端，起到控制及分配管程流体的作用，主要由封头、管箱短节、法兰连接、分程隔板等部分组成，如图 9-11 所示。增加短节的目的是保证有足够的深度安放接管，以及改善流体分布。

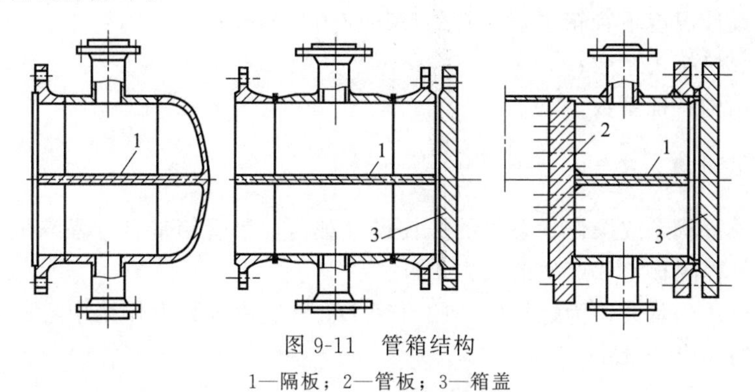

图 9-11 管箱结构

1—隔板；2—管板；3—箱盖

（2）壳程接管

当加热蒸汽或高速流体流入壳程时，对换热管会造成很大的冲刷，所以常将壳程接管在入口处加以扩大，即将接管做成喇叭形，以起缓冲作用，或在换热器进出口设置挡板，图 9-12 是防冲挡板示意图。

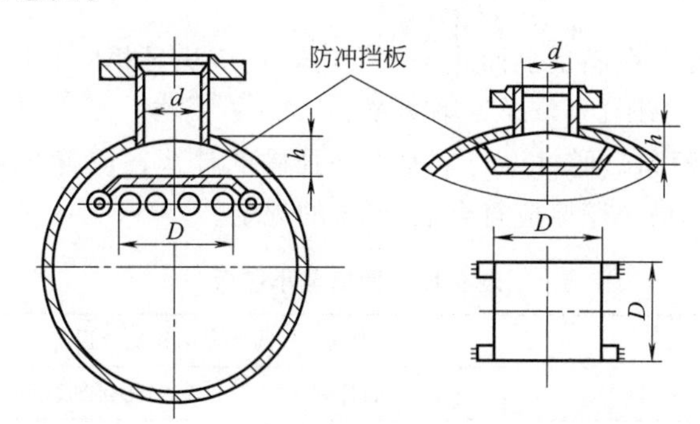

图 9-12 进口接管及防冲板的布置

通常采用的挡板形式有圆形和方形。当需加大流体通道时，可在挡板上开些圆孔以加大流体通过的截面。当壳程进出口接管距管板较远，容易造成流体停滞区过大的情况时，应设置导流筒。

9.3 管壳式换热器强度计算

由于换热器结构的样式不同，有的比较简单，有的则比较复杂。所以，这里仅举简单的一些为例，做概略的叙述。具体设计时，可以参考 GB 151 中的具体规定，按照其要求逐步设计计算。

（1）承压壳体与隔板

① 管箱平盖　管箱内无分隔板时，管箱平盖厚度按式(9-22) 和式(9-23) 计算，取大值。

操作时：

$$\delta_p = D_G \sqrt{\frac{K p_c}{[\sigma]^t \phi}} \tag{9-20}$$

式中 δ_p——管箱平盖计算厚度，mm；
D_G——垫片压紧力作用中心圆直径，mm；
p_c——管箱平盖计算压应力，MPa；
$[\sigma]^t$——设计温度下管箱平盖材料的许用应力，MPa；
ϕ——焊接接头系数；
K——结构特征系数。

K 可按下式计算：$K=0.3+\dfrac{1.78WL_G}{p_c D_G^3}$

式中 W——预紧状态或操作状态时的螺柱设计载荷，当管箱带有分程隔板时，还应计入分程隔板垫片产生的反力，N；
L_G——垫片压紧力，为螺柱中心圆直径 D_b 与垫片压紧力作用中心圆直径 D_G 之差的一半，mm。

预紧时：

$$\delta_p = D_G \sqrt{\frac{K p_c}{[\sigma] \phi}} \tag{9-21}$$

其中 K 可按式计算：$K=\dfrac{1.78WL_G}{p_c D_G^3}$

管箱内有分隔板时，在满足上面式子的同时，还应满足相应的计算公式，在此予以省略，用到的时候可以查 GB 151，详见第 7 章。

② 管箱　管箱圆筒和凸形封头的厚度、补强圈的计算，应符合 GB 150 的有关规定，重叠换热器管箱圆筒的最小壁厚应符合表 9-13 的规定。

表 9-13　圆筒最小壁厚　　单位：mm

DN		碳素钢、低合金钢和复合板		高合金钢
		可抽管束	不可抽管束	
管制	<100	5.0	5.0	3.2
	≥100～200	6.0	6.0	3.2
	>200～400	7.5	6.0	4.8
板制	≥400～700	8	6	5
	>700～1000	10	8	7
	>1000～1500	12	10	5
	>1500～2000	14	12	10
	>2000～2500	16	14	12
	>2600～3200	—	16	13
	>3200～4000	—	18	17

③ 壳程承压部件　壳程圆筒、外导流筒、凸形封头及接管等受压元件厚度计算及开孔补强计算，应符合 GB 150 的有关规定，详见第七章。圆筒的最小壁厚应满足表 9-13 的规定。

④ 分程隔板 管箱分程隔板的计算厚度应按式(9-22)计算：

$$\delta = b\sqrt{\frac{\Delta pB}{1.5[\sigma]^t}} \tag{9-22}$$

式中 b——隔板结构尺寸，mm，应用时可查 GB 151 中的表 7-2；

B——尺寸系数，应用时可查 GB 151 中的表 7-2；

Δp——隔板两侧压力差值，MPa；

δ——分程隔板计算厚度，mm；

$[\sigma]^t$——隔板材料设计温度下的许用应力，MPa；

管箱分程隔板的名义厚度不应小于表 9-14 的规定。

表 9-14 管箱分程隔板的最小名义厚度 单位：mm

DN	碳素钢和低合金钢	高合金钢	DN	碳素钢和低合金钢	高合金钢
≤600	10	6	>1800～2600	16	12
>600～1200	12	10	>2600～3200	18	14
>1200～1800	14	11	>3200～4000	20	16

（2）浮头盖和钩圈

① 球冠形封头 球冠形封头的内半径 R_i 尺寸可按表 9-15 选取。

表 9-15 球冠形封头内半径 单位：mm

DN	300	400	500	600	700	800	900	1000	1100	1200	1300	1400
R_i	300		400	500	600		700	800	900	1000		1100
DN	1500	1600	1700	1800	1900	2000	2100	2200	2300	2400	2500	2600
R_i	1200	1300		1400	1500		1600		1800		2000	

球冠形封头的计算厚度应取下列三个值中的较大值：

a. 管程压力 p_t 作用下（内压）球冠形封头按下式计算：

$$\delta = \frac{5p_tR_i}{6[\sigma]^t\phi} \tag{9-23}$$

b. 壳程压力 p_s 作用下（外压）球冠形封头，应按 GB 150 规定计算，详见第 7 章。

c. 单侧有真空工况时，还应考虑最苛刻的压力组合。

② 浮头法兰 管程压力作用下（内压）的浮头法兰，按照第 7 章公式计算。

壳程压力作用下（外压）的浮头法兰，在 GB 151 中有表 7-5 可以参考，此处略。

③ 钩圈 A 型钩圈的计算厚度，可以按照式(9-24)计算：

$$\delta_g = \sqrt{\frac{2YWL_G}{D_{f0}[\sigma]^t}} \tag{9-24}$$

式中 D_{f0}——浮头法兰和钩圈的外径，mm；

W——取自浮头法兰计算表，见 GB 151 中的表 7-5，此处略。

B 型钩圈的计算厚度，可以按照式(9-25)计算，必要时，可按照式(9-26)校核剪切强度。

$$\delta_g = \delta_f + 16 \tag{9-25}$$

式中 δ_f——浮头法兰有效厚度，mm。

$$\tau=\frac{F_Z}{\pi t D_e} \tag{9-26}$$

式中 F_Z——螺柱设计载荷，N；

t——钩圈颈部厚度，不得小于30，mm；

D_e——浮动管板外径，mm。

(3) 换热管

换热管厚度应该按照GB 150中的外径公式进行计算，必要时进行外压校核。

U形弯管制前的最小厚度应该按照式(9-27) 计算：

$$\delta_0=\delta_1\times\left(1+\frac{d}{4R}\right) \tag{9-27}$$

式中 δ_0——弯曲前换热管的最小壁厚，mm；

δ_1——直管段按照强度计算所需的厚度，mm；

d——换热管外径，mm；

R——弯管段的弯曲半径，mm。

(4) 管板

管板与换热管采用胀接时，管板最小厚度δ_{min}（不包括腐蚀裕量）按下面规定确定：

a. 易爆及毒性程度为极度或高度危害的介质场合，管板最小厚度不应小于换热管的外径d；

b. 其他场合的管板最小厚度，应符合如下要求：

$d\leqslant25$mm时，$\delta_{min}\geqslant0.75d$；25mm$<d<$50mm时，$\delta_{min}\geqslant0.70d$；$d\geqslant$50mm时，$\delta_{min}\geqslant0.65d$。

管板与换热管采用焊接连接时，管板最小厚度应满足结构设计和制造要求，且不小于12mm。

复合管板覆层最小厚度及相应要求如下：

a. 与换热管焊接连接的复合板，其覆层厚度不小于3mm；对有耐腐蚀要求的覆层，还应保证覆层表面深度不小于2mm的覆层化学成分和金相组织符合覆层材料标准的要求。

b. 与换热管强度胀接连接的复合板，其覆层最小厚度不宜小于10mm；对有耐腐蚀要求的覆层，还应保证距覆层表面深度不小于8mm的覆层化学成分和金相组织符合覆层材料标准的要求。

管板的名义厚度和有效厚度在GB 151中有相应规定，此处略。

这里只是简单举例说明了换热器强度计算的一些厚度公式和选取原则，其他还有很多详细的不同类型换热器的结构计算，在GB 151中有详细讲解，在此不做赘述。

习题

9-1 常用的管壳式换热器主要分几种？

9-2 管壳式换热器的设计原则是什么？

9-3 换热管选用主要考虑哪几方面的内容？

9-4 换热管排列形式有哪几种？

9-5 什么是温差应力？是如何产生的？

9-6 为什么常将壳程接管在入口处加以扩大？

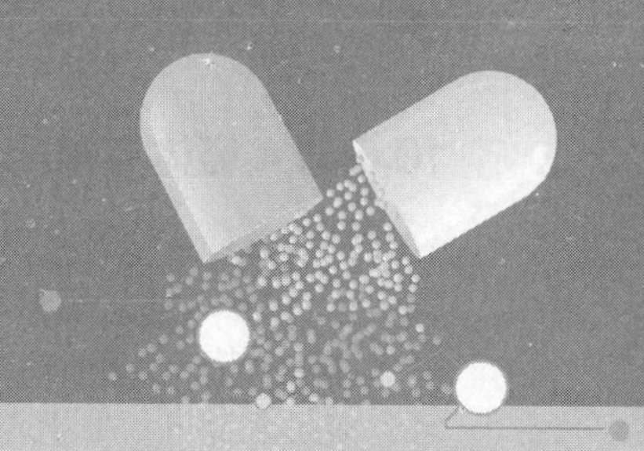

第 10 章 塔类制药设备设计

所谓塔类设备一般是指，能够使气相和液相或者液相和液相之间得以充分接触，进而完成传质和传热过程的设备。这类设备的形状一般都是一个直立的圆柱形容器，其高度比直径大很多，从外形上看起来非常像一座“塔”，所以通常叫作塔（类）设备。

10.1 塔设备概述

塔设备要满足国家标准要求，如 NB/T 47041—2014《〈塔式容器〉标准释义与算例》、SH/T 3098—2011《石油化工塔器设计规范》、SY 4201.2—2016《石油天然气建设工程施工质量验收规范　设备安装工程　第 2 部分：塔类》等。

（1）一般要求

塔设备的一般要求大致有以下几点：工艺性能好；生产能力大；操作稳定性好；能量消耗少；结构合理；选材要合理；安全可靠。

（2）塔设备分类

在制药行业中，塔类设备主要用于完成物料的蒸馏、吸收、解吸、萃取、冷却等单元操作过程。按照不同的标准，其分类也有所不同。

按操作压力分类：可以分成加压塔、减压塔、常压塔等；

按单元操作分类：可以分为精馏塔、吸收塔和解吸塔、萃取塔、反应塔、再生塔、干燥塔等；

按气液两相接触的部件结构形式分：可以分成板式塔和填料塔。

（3）性能指标

比较塔设备的基本性能好坏，可以用以下指标进行衡量。

① 生产能力。单位塔截面上单位时间的物料处理量。

② 分离效率。对板式塔是指每层塔板所能达到的分离效率、分离程度；对填料塔是指单位高度填料层所能达到的分离程度。

③ 适应能力及操作弹性。设备针对物料表现出的适应能力及操作弹性，以及维持稳定操作的能力。

④ 流动阻力。气相通过每层塔板或单位高度填料层的压力降。

10.2 塔设备结构

塔式容器的结构见图 10-1。塔式容器的基本结构由基础环、地脚螺栓座、盖板、检查孔、塔壳、梯子平台、塔顶吊柱、塔顶出气管、人孔、裙座壳、导出孔、地脚螺栓、垫板、肋板等几部分组成。对于不同类型的塔式容器，其内部结构有所不同，在后续内容中将有所叙述。

10.2.1 塔体与裙座

（1）塔体

根据 GB 151 中的有关要求，塔体的塔壳及接管等元件的结构形式和要求，应满足 GB 150 的有关规定。前面章节中，关于内压容器和外压容器部分的内容，适用于塔体的塔壳及其接管等元件的设计要求。

对最大工作压力小于 0.1MPa 的塔器，应取设计压力 0.1MPa。所有塔器都要按照压力容器处理，对常压塔器明显提高了要求，这对于保证安全有好处。

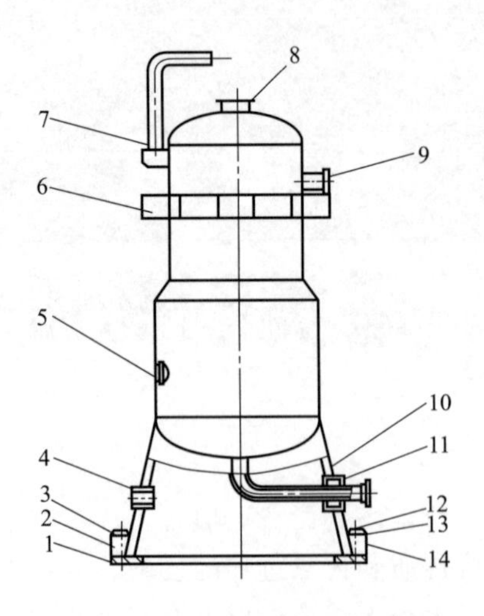

图 10-1 塔式容器结构示意图

1—基础环；2—地脚螺栓座；3—盖板；4—检查孔；5—塔壳；6—梯子平台；7—塔顶吊柱；8—塔顶出气管；9—人孔；10—裙座壳；11—导出孔；12—地脚螺栓；13—垫板；14—肋板

塔壳（不包括腐蚀裕量）的最小厚度一般按照下列要求确定：

① 对于 $D_i \leqslant 3800$mm，用碳钢或低合金钢制造的塔器，$\delta_{min} \geqslant 2D_i/1000$，且不小于 4mm。

② 对不锈钢制造的塔器，$\delta_{min} \geqslant 3$mm。

对于塔体壳和裙座来说，名义厚度不得小于最小厚度与腐蚀裕量之和。考虑到制造、运输、安装的要求，设定裙座的有效厚度不小于 6mm，按规定，裙座壳的腐蚀裕量为 2mm，这样裙座壳体不含钢板负偏差的厚度应为 8mm。计入钢板负偏差，圆整至钢板规格厚度，则裙座的名义厚度应为 10mm。

（2）裙座

裙座主要包括座圈、螺栓座（包括压紧环和肋板）、基础环、人孔和管孔等几个部分，可参照图 10-1。

① 裙座分类　裙座分为圆筒形和圆锥形两种形式。

圆筒形裙座制造方便、受力合理，所以应尽可能采用。当塔式容器直径较小，且高度很高时，其承受的风载荷比较大，往往由于裙座的螺栓座基础环下的混凝土基础承受的应力过大，超出其极限值，所以要求增加承压面积，此种情况下一般要求采用圆锥形裙座。圆锥形裙座的半锥顶角不宜超过 15°。

② 筒体与裙座的连接　筒体与裙座的连接形式分为对接和搭接两种：

对接连接时，要求裙座壳体外径与塔体封头外径相等，连接焊缝应采用全焊透连续焊，结构见图 10-2。

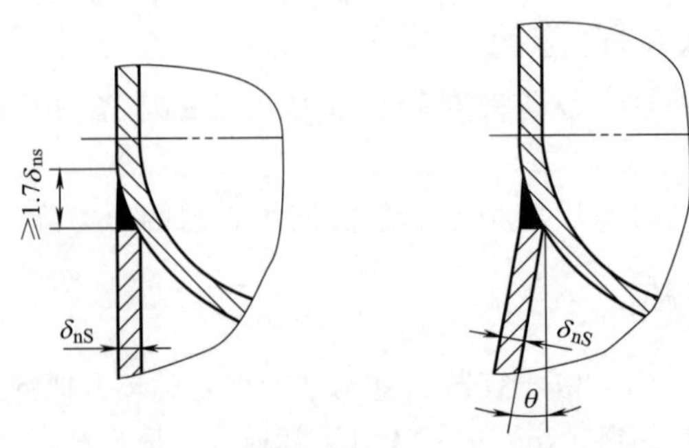

图 10-2 裙座壳与塔壳的对接形式

采用搭接连接时，分为搭接在封头与搭接在筒体上两种，如图 10-3 所示。此连接角焊缝应填满。

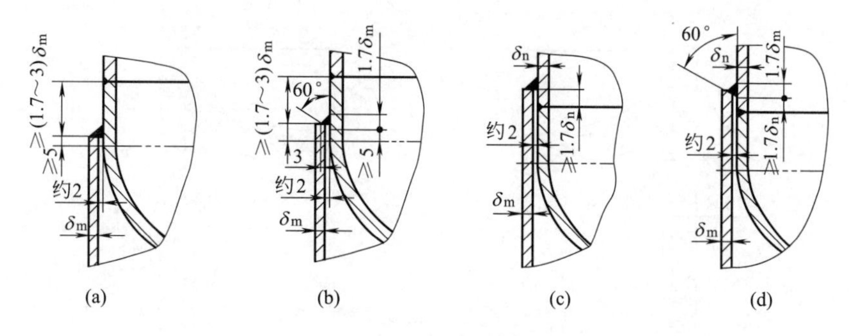

图 10-3　裙座壳与塔壳的搭接形式

当 $H/D>5$，且设防烈度≥8 度时，不宜采用搭接。覆盖的焊缝应磨平，且应进行 100%无损检测。

③ 裙座缺口　当塔壳封头由多块板拼接而成时，拼接焊缝处的裙座壳宜开缺口，缺口形式及尺寸见图 10-4 和表 10-1。

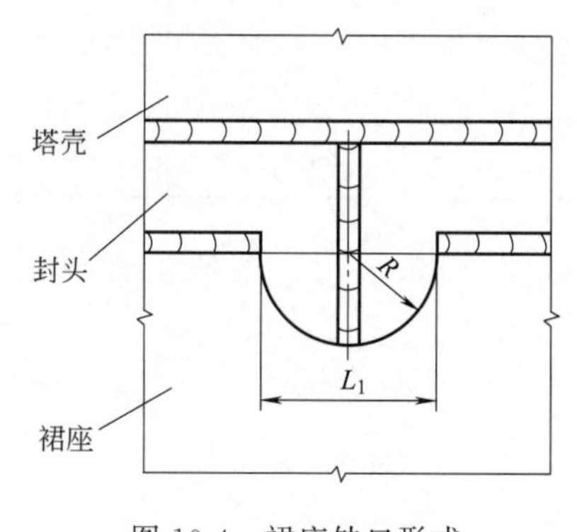

图 10-4　裙座缺口形式

表 10-1　裙座壳开缺口尺寸　　单位：mm

封头名义厚度 δ_n	≤8	>8~18	>18~28	>28~38	>38
宽度 L_1	70	100	120	140	≥160
缺口半径 R	35	50	60	70	≥80

④ 排气孔（管）与隔气圈　操作过程中，可能有气体逸出，积聚在裙座与塔底封头之间的死区中，有些是易燃、易爆、腐蚀性气体，会危及塔器正常操作或检修人员的安全，故设置排气孔，排气孔的数量和规格见表 10-2。

表 10-2　排气孔的规格和数量　　单位：mm

塔式容器内直径 D_i	600~1200	1400~2400	>2400
排气管规格	ϕ80	ϕ80	ϕ100
排气管数量	2	4	≥4
排气管中心线至裙座壳顶端的距离 H	140	180	220

裙座有保温或防火层时，排气孔应改为排气管。排气管的设置见图 10-5，规格和数量见表 10-3。

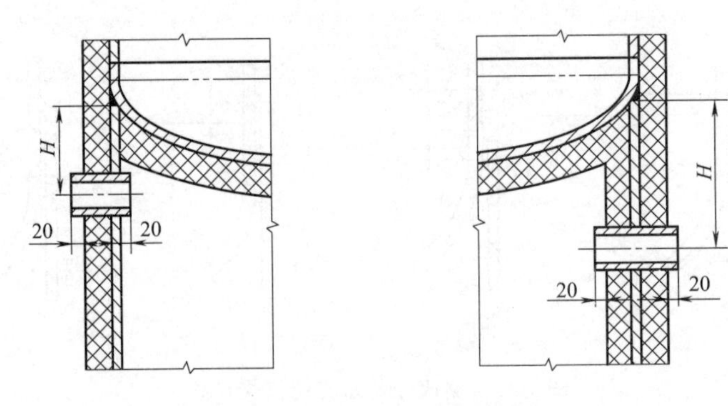

图 10-5 裙座上排气管的设置

表 10-3 排气管规格和数量 单位：mm

塔式容器内直径 D_i	600～1200	1400～2400	>2400
排气管规格	ϕ89×4	ϕ89×4	ϕ108×4
排气管数量	2	4	≥4
排气管中心线至裙座壳顶端的距离 H	140	180	220

塔式容器下封头设计温度≥400℃时，裙座上部靠近封头处应设置隔气圈，见图 10-6。

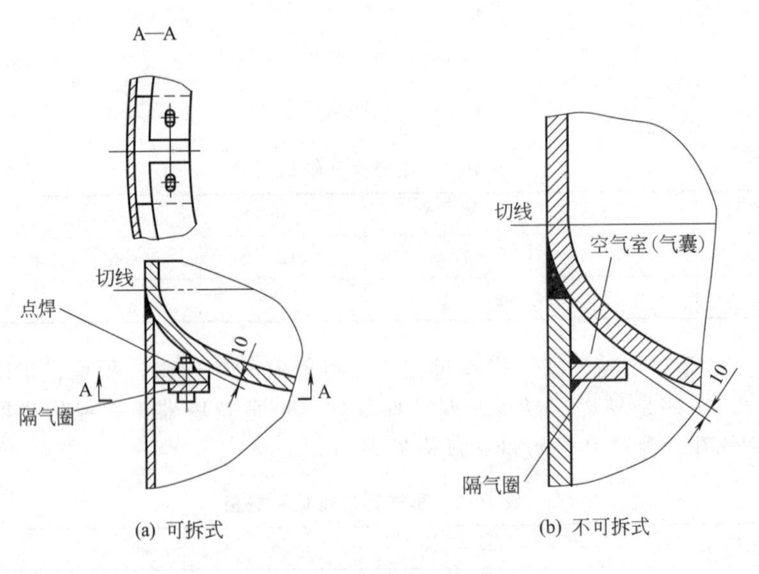

图 10-6 隔气圈结构示意图

⑤ 引出孔 塔底部接管即引出管，应通过裙座上的引出孔伸到裙座外部，见图 10-7。引出孔规格见表 10-4。

当介质温度大于-20℃时，引出孔的引出管上应焊支撑板；当介质温度小于或等于-20℃时，引出孔处应采用木块支撑引出管；且应预留有间隙 c，以满足热膨胀的需要。

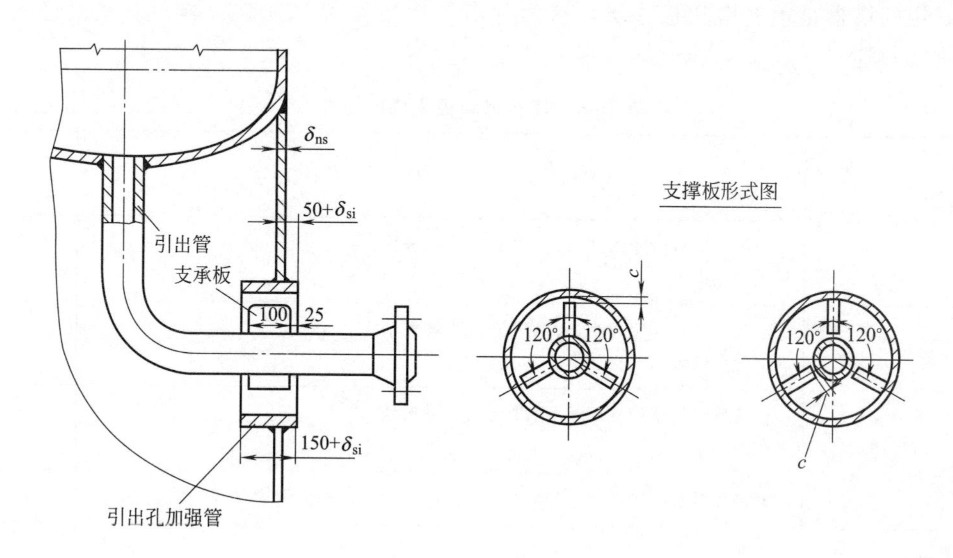

图 10-7 引出孔结构示意图

表 10-4 引出孔尺寸 单位：mm

引出管直径 d		20、25	32、40	50、70	80、100	125、150	200	250	300	350	>350
引出孔加强管	无缝钢管	ϕ133×4	ϕ159×4.5	ϕ219×6	ϕ273×8	ϕ325×8	—	—	—	—	—
	卷焊管	—	—	ϕ200	ϕ250	ϕ300	ϕ350	ϕ400	ϕ450	ϕ500	d+150

注：1. 引出管在裙座内用法兰连接时，加强管通道内径应大于法兰外径；

2. 引出管保温（冷）后的外径加上 25mm 大于表中的加强管通道内径时，应适当加大加强管通道内径；

3. 引出孔加强管采用卷焊管时，壁厚等于裙座壳厚度，但不大于 16mm；

4. 间隙 $c \geqslant \alpha \Delta t L_3/2+1$，$\alpha$ 为介质温度与 20℃间的平均线胀系数，Δt 为介质温度与 20℃之差。

⑥ 检查孔及排净孔　裙座应开设检查孔，一般分圆形孔和长圆形孔两种，离裙座底面高约 900mm；检查孔尺寸见表 10-5。

表 10-5 检查孔尺寸 单位：mm

塔式容器内径 D_i		≤700	800～1600	>1600
圆形	d_i	250	450	500
长圆形	r_i	—	200	225
	L_4	—	400	450
数量		1	1	1～2

引出孔和检查孔与裙座筒体的连接应采用全焊透结构。壁厚宜取裙座筒体的厚度，但不宜大于16mm。裙座筒体底部宜对开两个排净孔。

常用的塔器是填料塔和板式塔，这两种塔的比较见表10-6。后续一节就以这两种塔为例进行叙述。

表10-6 填料塔和板式塔的比较

项目＼塔型	填料塔	板式塔
压降	小尺寸填料压降较大，大尺寸填料及规整填料压降较小	较大
空塔气速	小尺寸填料气速较小，大尺寸填料及规整填料气速可较大	较大
塔效率	传统填料效率较低，新型乱堆及规整填料效率较高	较稳定、效率较高
液-气比	对液体量有一定要求	适用范围较大
持液量	较小	较大
安装、检修	较难	较容易
材质	金属及非金属材料均可	一般用金属材料
造价	新型填料，投资较大	大直径时造价较低

10.2.2 板式塔结构

板式塔是用于气-液或液-液系统的分级接触传质设备，由圆筒形塔体和塔板组成。广泛应用于精馏、吸收、萃取等。以气-液系统为例，液体在重力作用下，自上而下依次流过各层塔板，至塔底排出；气体在压力差推动下，自下而上依次穿过各层塔板，至塔顶排出。每块塔板上保持着一定深度的液层，气体通过塔板分散到液层中去，进行相际接触传质。

1830年出现了筛板塔，1854年出现了泡罩塔。第二次世界大战后，随着炼油和化学工业的迅速发展，泡罩塔结构复杂、造价高的缺点日益突出。随着技术进步，人们逐步掌握了筛板塔的设计和操作方法，并发展了大孔径筛板，解决了筛孔易堵塞的问题，自20世纪50年代起，结构简单的筛板塔取而代之。

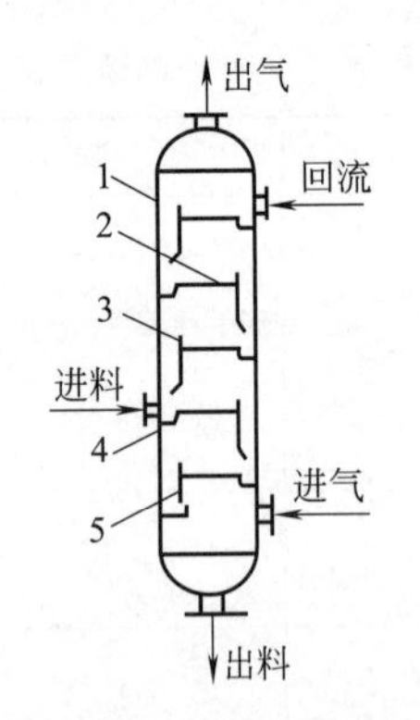

图10-8 板式塔结构

1—塔壳体；2—塔板；3—溢流堰；4—受液盘；5—降液管

与此同时，操作容易、结构比较简单的浮阀塔随之出现，同样得到了广泛应用，而泡罩塔则日益萎缩，已很少应用。现在，新型塔板不断出现，已达数十种之多。板式塔的结构见图10-8。

(1) 总体结构

板式塔外壳大多是由钢板卷焊制成。直径小于800mm的板式塔，将塔身沿塔高方向分成数段，各段塔节之间以法兰相连接。直径大于等于800mm的板式塔，一般沿塔高方向焊成整体，内件的装拆都通过人孔进行操作。

板式塔内部有塔板、塔板支承装置、降液管，塔身有进料口、塔底蒸汽入口、产品抽出口及回流液口等。

板式塔上部有安装检修用的塔顶吊柱，下部有支承固定塔体用的裙式支座，沿塔高方向有一定数量的人孔，大直径塔身外侧还设有扶梯和平台。

(2) 塔板结构

塔板是气-液两相接触传质的部位，又称塔盘，通常主要由气体通道、溢流堰、降液管三部分组成。

① 气体通道　为保证气液两相充分接触，塔板上均匀地开有一定数量的通道，供气体自下而上穿过板上的液层。泡罩塔塔板的气体通道最复杂，它是在塔板上开有若干较大圆孔，孔上接有升气管，升气管上覆盖分散气体的泡罩。筛板塔塔板的气体通道最简单，在塔板上均匀地开设许多小孔，俗称筛孔，气体穿过筛孔上升并分散到液层中。浮阀塔塔板则直接在圆孔上加盖可浮动的阀片，根据气体的流量，阀片自行调节开度。

② 溢流堰　为保证气-液两相在塔板上形成足够的传质表面，塔板上要保持一定深度的液层，故在塔板出口端设置溢流堰。液层高度由堰高决定。对于大型塔板，为保证液流均布，还在塔板的进口端设置进口堰。

③ 降液管　为液体自上层塔板流至下层塔板的通道，也是气（汽）体与液体分离的部位。为此，降液管中必须有足够的空间，让液体有必要的停留时间。此外，还有一类无溢流塔板，塔板上不设降液管，仅是一块均匀开设筛孔或缝隙的圆形筛板。操作时，板上液体随机地经某些筛孔流下，而气体则穿过另一些筛孔上升。无溢流塔板虽然结构简单、造价低廉、板面利用率高，但操作弹性太小、板效率较低，所以应用不广。

(3) 塔板形式

泡罩塔板、筛板塔板和浮阀塔板是板式塔的主要形式，其结构见图 10-9、图 10-10 和图 10-11。

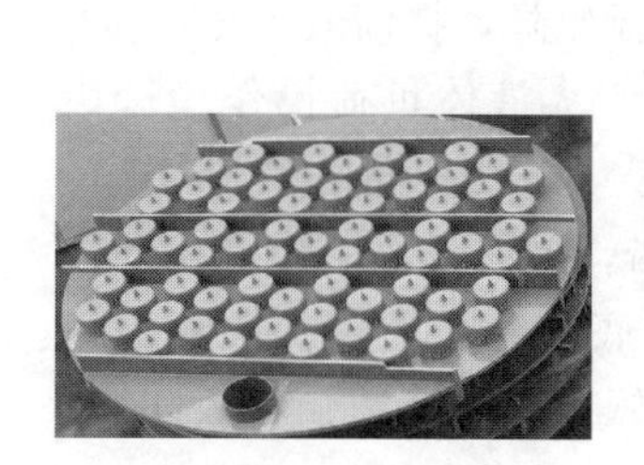

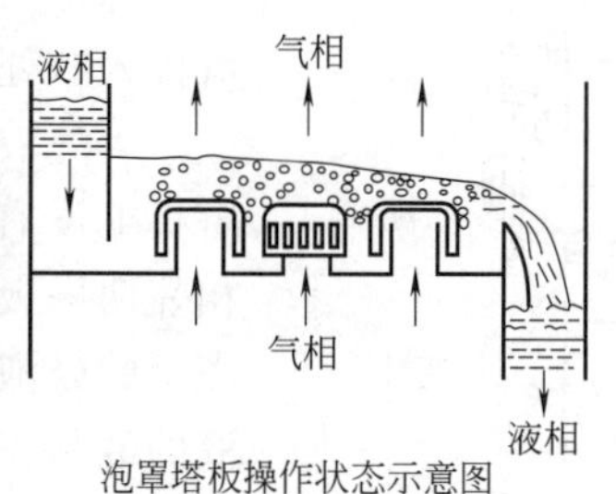

泡罩塔板操作状态示意图

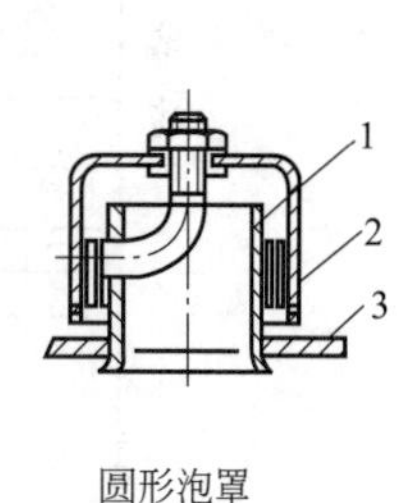

圆形泡罩

图 10-9　泡罩塔板

1—升气管；2—泡罩；3—塔盘板

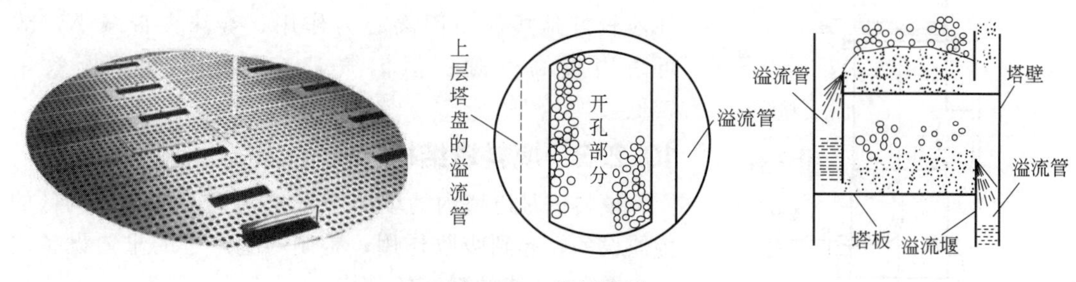

图 10-10　筛板塔板

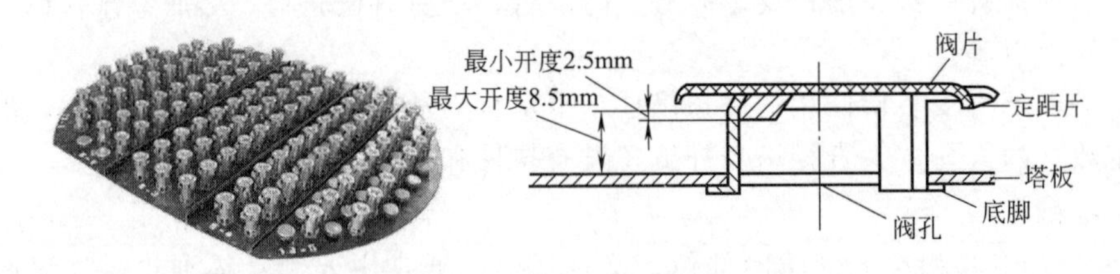

图 10-11 浮阀塔板

在泡罩塔、筛板塔和浮阀塔中，气体垂直向上流动，雾沫夹带量较大，针对这种缺点，近30年开发了多种新型塔板，主要有以下几种，见图10-12。

舌形塔板

斜孔塔板

网孔塔板

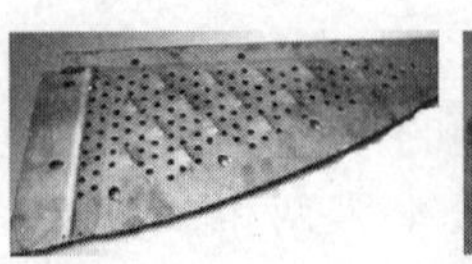
林德筛板

多降液管塔板

旋流塔板

图 10-12 其他塔板形式

舌形塔板：塔板上设有倾斜的舌孔，使喷出气流的方向接近水平，因而雾沫夹带大为减少，同时气流对液流有推进作用，因此气液流通过能力均较高；但由于塔板上液层太薄，板效率显著降低。

斜孔塔板：舌孔开口方向与液流垂直，相邻两排的开孔方向相反，既获得较大气速又使液层不会过薄。

网孔塔板：由倾斜开孔的薄板组成，板上装有碎流板，以阻止液体被连续加速，气液通过能力大。

林德筛板：专为真空精馏设计。设置导向筛孔，在塔板入口处设置斜台，降低塔板压降，提高效率。

多降液管塔板：特别适用于大液体负荷操作。每块塔板上设有多根平行的降液管（一般其间隔约0.5m），相邻两塔板的降液管成90°交错，降液管下端悬空在下面塔板的鼓泡区上方，液流从管底的缝隙下落。靠管内积液的液封作用，阻止气体窜入管中。可采用较小板间距，抵偿板效率稍低的缺点。

旋流塔板：气流通过类似于风车叶片式的塔板时，发生旋转运动，并将降液管流下的液体喷散，使气液较好地接触。因离心力作用，雾沫夹带减小，故可采用较高气速；但因气液接触时间短，板效率较低。

气
分配锥
填料
塔体
卸料孔
支持圈
栅板
气
出料装置
支座
液

图 10-13 填料塔的结构

10.2.3 填料塔结构

填料塔是以塔内的填料作为气-液两相间接触构件的传质设备，起到吸收作用，是制药生产中的重要设备之一。图10-13为填料塔的结构。

填料塔塔身是一直立式圆筒，底部装有填料支承板，填料以乱堆或整砌的方式放置在支承板上。填料的上方安装填料压板，以防被上升气流吹动。液体从塔顶经液体分布器喷淋到填料上，并沿填料表面流下。气体从塔底送入，经气体分布装置（小直径塔一般不设气体分布装置）分布后，与液体呈逆流连续通过填料层的空隙，在填料表面上，气液两相密切接触传质。填料塔属于连续接触式气液传质设备，两相组成沿塔高连续变化，一般气相为连续相，液相为分散相。

当液体沿填料层向下流动时，有逐渐向塔壁集中的趋势，使得塔壁附近的液流量逐渐增大，这种现象称为壁流。壁流效应造成气液两相在填料层中分布不均，降低传质效率。因此，当填料层较高时，需要进行分段，中间设置再分布装置。液体再分布装置包括液体收集器和液体再分布器两部分，上层填料流下的液体经液体收集器收集后，送到液体再分布器，经重新分布后喷淋到下层填料上。

填料塔优点是生产能力大，分离效率高，压降小，持液量小，操作弹性大等。缺点是填料造价高；当液体负荷较小时不能有效地润湿填料表面，使传质效率降低；不能直接用于有悬浮物或容易聚合的物料；对侧线进料和出料等复杂精馏不太适合等。

（1）填料

填料泛指被填充于其他物体中的固体物料，具有通过自身的物理特性来改变材料物理和化学性质的能力。在化学工程中，填料指装于填充塔内的惰性固体物料，如鲍尔环和拉西环等，其作用是增大气-液的接触面，使其相互强烈混合。填料种类很多，主要可分为散装填料、规整填料等。填料的形式见图10-14。

图10-14 填料的形式

① 散装填料 散装填料是一个个具有一定几何形状和尺寸的颗粒体，一般以随机的方式堆积在塔内，又称为乱堆填料或颗粒填料。散装填料根据结构特点不同，又可分为环形填料、鞍形填料、环鞍形填料及球形填料等。

拉西环填料为外径与高度相等的圆环。因气液分布差、传质效率低、阻力大、通量小，现已较少应用。

鲍尔环填料是在拉西环的侧壁上开出两排长方形的窗孔，被切开的环壁一侧仍与壁面相连，另一侧向环内弯曲，形成内伸的舌叶，诸舌叶的侧边在环中心相搭。鲍尔环由于环壁开孔，大大提高了环内空间及环内表面的利用率，气流阻力小，液体分布均匀，是一种应用较广的填料。

与鲍尔环相比，阶梯环高度减少了一半并在一端增加了一个锥形翻边，减少了气体通过填料层的阻力。锥形翻边不但增加了填料间的空隙，同时成为液体沿填料表面流动的汇集分散点，可以促进液膜的表面更新，有利于传质效率的提高。阶梯环的综合性能优于鲍尔环，是环形填料中最为优良的一种。

弧鞍填料形状如同马鞍，一般采用瓷质材料制成。其特点是表面全部敞开，不分内外，液体在表面两侧均匀流动，表面利用率高，流道呈弧形，流动阻力小。缺点是易发生套叠，致使一部分填料表面被重合，使传质效率降低。弧鞍填料强度较差，易破碎，工业生产中应用不多。

矩鞍填料是将弧鞍填料两端的弧形面改为矩形面，且两面大小不等。矩鞍填料一般用瓷质材料制成，堆积时不会套叠，液体分布较均匀。国内绝大多数瓷拉西环已被瓷矩鞍填料所取代。

环矩鞍填料兼顾环形和鞍形结构特点，一般以金属材质制成，故又称金属环矩鞍填料。其综合性能优于鲍尔环和阶梯环，在散装填料中应用较多。

球形填料一般采用塑料注塑而成，结构多样。其特点是球体为空心，可以允许气体、液体从其内部通过。球体填料装填密度均匀，不易产生空穴和架桥，所以气液分散性能好。一般只适用于某些特定的场合。

除上述几种较典型的散装填料外，不断有构型独特的新型填料开发出来，如共轭环填料、海尔环填料、纳特环填料等。工业上常用的散装填料的特性数据可查有关手册。

② 规整填料　规整填料是按一定的几何构形排列，整齐堆砌的填料。规整填料种类很多，根据其几何结构可分为格栅填料、波纹填料、脉冲填料等。

格栅填料是以条状单元体经一定规则组合而成的，具有多种结构形式。工业上应用最早的格栅填料为木格栅填料。应用较为普遍的有格里奇格栅填料、网孔格栅填料、蜂窝格栅填料等，其中以格里奇格栅填料最具代表性。格栅填料的比表面积较低，主要用于要求压降小、负荷大及防堵等场合。

工业上应用的规整填料绝大部分为波纹填料，它是由许多波纹薄板组成的圆盘状填料，波纹与塔轴的倾角有30°和45°两种，组装时相邻两波纹板反向靠叠。各盘填料垂直装于塔内，相邻的两盘填料间交错90°排列。波纹填料按结构可分为网波纹填料和板波纹填料两大类，其材质又有金属、塑料和陶瓷等之分。

网波纹填料主要由金属丝网制成，特点是压降低、分离效率很高，特别适用于精密精馏及真空精馏装置，因其性能优良，尽管造价高，仍得到了广泛的应用。

板波纹填料也主要由金属制成，波纹板片上冲压有许多ϕ5mm左右的小孔，可起到粗分配板片上的液体、加强横向混合的作用。波纹板片上轧成细小沟纹，可起到细分配板片上的液体、增强表面润湿性能的作用。金属孔板波纹填料强度高，耐腐蚀性强，特别适用于大直径塔及气液负荷较大的场合。

金属压延孔板波纹填料的板片表面不是冲压孔，而是用辗轧方式在板片上辗出很密的孔径为0.4～0.5mm小刺孔。其分离能力类似于网波纹填料，但抗堵能力比网波纹填料强，且价格便宜，应用较广泛。

波纹填料的优点是结构紧凑、阻力小、传质效率高、处理能力大、比表面积大。缺点是不适于处理黏度大、易聚合或有悬浮物的物料，且装卸、清理困难、造价高。

脉冲填料是由带缩颈的中空棱柱形个体，按一定方式拼装而成的一种规整填料。脉冲填料组装后，会形成带缩颈的多孔棱形通道，其纵面流道交替收缩和扩大，气液两相通过时产生强烈的湍动。流道收缩、扩大的交替重复，实现了“脉冲”传质过程。脉冲填料的特点是处理量大，压降小，是真空精馏的理想填料。因其优良的液体分布性能使放大效应减少，故特别适用于大塔径的场合。

(2) 填料支承结构

填料的支承结构安装在填料层的底部，其作用是支撑填料及填料层中所载液体，同时保证气流均匀进入填料层，并使气流的流通面积无明显减少。填料支承结构有栅板和波形板两种。如图 10-15 所示。

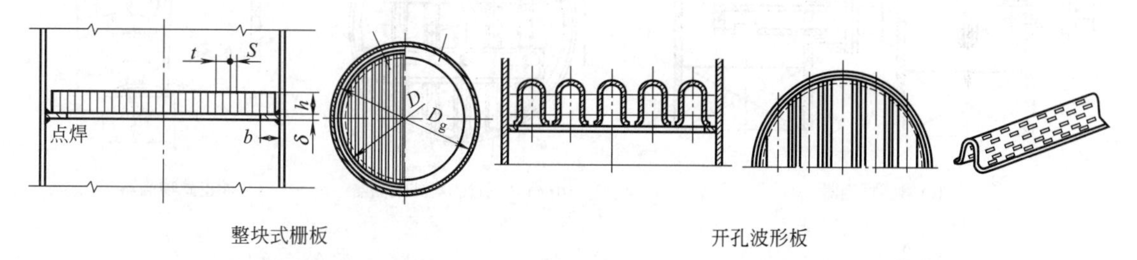

图 10-15 填料的支承结构

(3) 液体分布装置

为减少由于液体不良分布所引起的放大效应、充分发挥填料的效率、把液体均匀地分布于填料层顶部，填料塔中需要安装液体分布装置。其作用是把液体在填料顶部或某一高度上进行均匀的初始分布或再分布，以提高传质、传热的有效表面积，改善接触、提高效率。合理设计和选用液体初始分布装置及再分布装置可以减少和防止填料塔的放大效应，从而减少塔高和塔径，降低造价和操作费用。

分布装置的种类比较多，选择的依据主要有分布质量、操作弹性、处理量、气体阻力、对水平度等。

① 液体初始分布装置 液体初始分布装置是分布塔顶回流液的部件。工业上较常用的有喷洒型、溢流型、冲击型等。喷洒型中又有管式和喷头式两种。液体初始分布装置的结构见图 10-16。

② 液体再分布装置 填料塔的液体沿填料层向下流动时，有时会出现壁流现象，壁流效应造成气液两相在填料层中分布不均，从而使传质效率下降。因此，填料层应该至少分为两段，其间设置再分布装置，经重新分布后喷淋到下层填料上，以保证均匀、达到更好的处理效果。液体再分布装置的结构如图 10-17 所示。

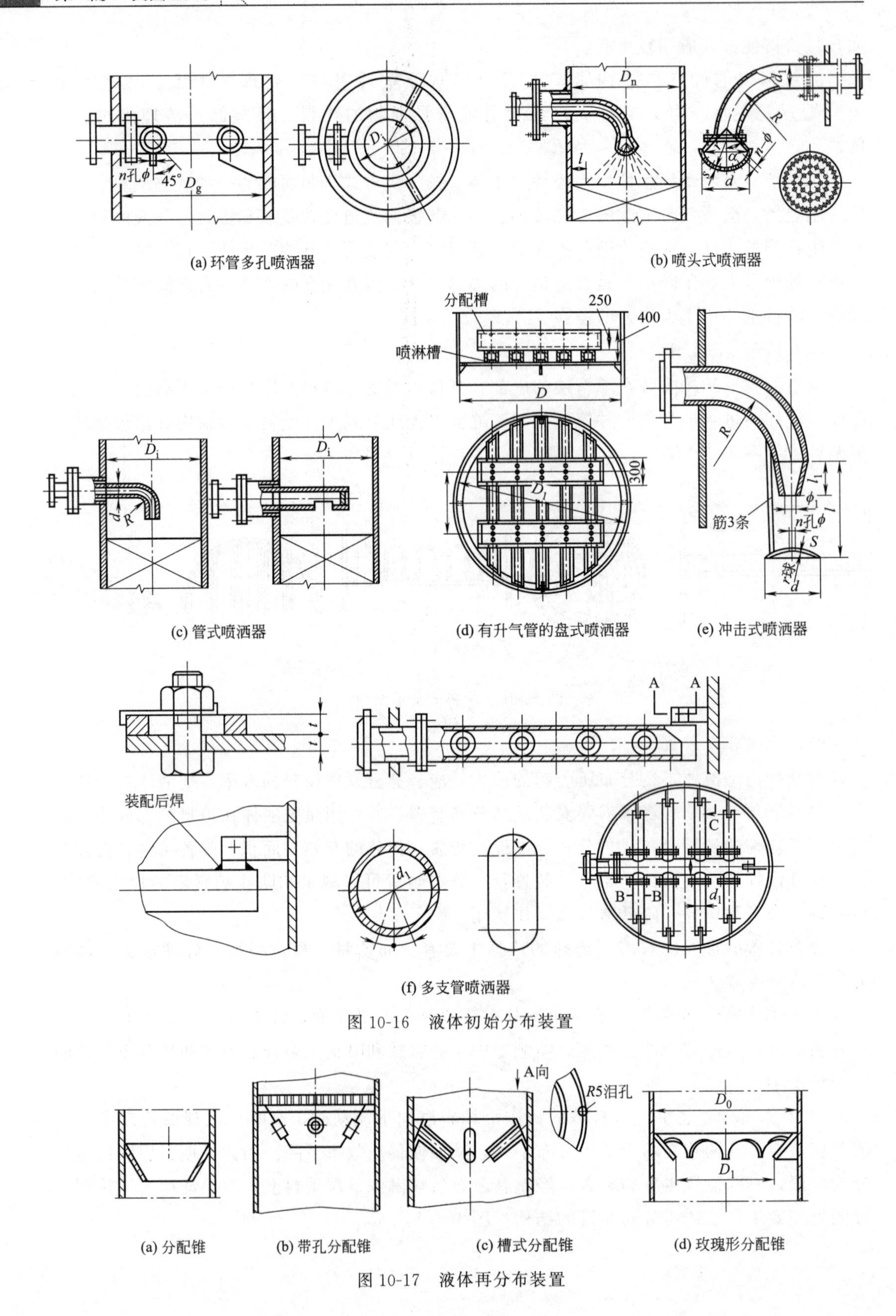

(a) 环管多孔喷洒器

(b) 喷头式喷洒器

(c) 管式喷洒器

(d) 有升气管的盘式喷洒器

(e) 冲击式喷洒器

(f) 多支管喷洒器

图 10-16 液体初始分布装置

(a) 分配锥

(b) 带孔分配锥

(c) 槽式分配锥

(d) 玫瑰形分配锥

图 10-17 液体再分布装置

10.3 塔类制药设备设计举例

按操作压力的不同可分为加压塔、常压塔、减压塔；按单元操作可分为精馏塔、吸收塔、解吸塔、萃取塔、反应塔和干燥塔；但最常用的分类是按塔的内件结构进行划分，分为板式塔和填料塔。

塔型选择时应考虑：物料性质、操作条件、塔设备性能，以及塔设备的制造、安装、运转、维修等。

(1) 塔型的选择

塔型的选择可以从不同的方面来考虑。

① 与物性有关的因素

a. 处理量不大时，易起泡的物系选用填料塔为宜。因为填料能使泡沫破裂，在板式塔中则易引起液泛。

b. 具有腐蚀性的介质，可选用填料塔。如必须用板式塔，宜选用穿流式塔板或舌形塔板。

c. 具有热敏性的物料需减压操作，以防过热引起分解或聚合，故应选用压力降较小的塔型。

d. 黏性较大的物系，可以选用大尺寸填料。因为板式塔的传质效率较差。

e. 含有悬浮物的物料，应选择液流通道较大的塔型，以板式塔为宜，不宜使用填料塔。

f. 操作过程中有热效应的系统，用板式塔为宜，可在其中安放换热管进行有效加热或冷却。

② 与操作条件有关的因素

a. 若气相传质阻力大（即气相控制系统，如低黏度液体的蒸馏，空气增湿等），宜采用填料塔；受液相控制的系统，宜采用板式塔，因为板式塔中液相呈湍流，用气体在液层中鼓泡。

b. 大的液体负荷系统，可选用填料塔，若用板式塔宜选用气液并流的塔型或板上液流阻力较小的塔型。

c. 低的液体负荷，一般不宜采用填料塔，但网体填料能用于低液体负荷的场合。

d. 液气比波动的稳定性，板式塔优于填料塔，故当液气比波动大时，选用板式塔。

③ 其他因素

a. 塔径小于800mm时宜用填料塔。大塔径塔设备需加压或常压操作时，优先选用板式塔。

b. 一般填料塔比板式塔重。

c. 大塔以填料塔造价便宜。因填料价格约与塔体的容积成正比，板式塔价格随塔径增大而减小。

气液传质分离用得最多的为塔式设备。板式塔和填料塔各有优缺点，根据具体情况进行选择。

(2) 塔板的选择

塔板类型繁多，且各有各的特点和使用体系，现将几种主要塔板的性能比较列于表10-7中。

表 10-7 塔板性能的比较

塔盘类型	优点	缺点	适用场合
泡罩板	较成熟、操作稳定	结构复杂、造价高、塔板阻力大、处理能力小	特别容易堵塞的物系
浮阀板	效率高、操作范围宽	浮阀易脱落	分离要求高、负荷变化大
筛板	结构简单、造价低、塔板效率高	易堵塞、操作弹性较小	分离要求高、塔板数较多
舌形板	结构简单且阻力小	操作弹性范围窄、效率低	分离要求较低的闪蒸塔

(3) 填料的选择

填料是填料塔的核心构件，它为气液两相间热、质传递提供了有效的相界面。填料的几何特性数据主要包括比表面积、空隙率、填料因子等，是评价填料性能的基本参数。

① 比表面积。单位体积填料的填料表面积称为比表面积，以 a 表示，其单位为 m^2/m^3。填料的比表面积愈大，所提供的气液传质面积愈大。因此，比表面积是评价填料性能优劣的一个重要指标。

② 空隙率。单位体积填料中的空隙体积称为空隙率，以 ε 表示，其单位为 m^3/m^3，或以%表示。填料的空隙率越大，气体通过的能力越大且压降越低。因此，空隙率是评价填料性能优劣的又一重要指标。

③ 填料因子。填料的比表面积与空隙率三次方的比值，即 a/ε^3，称为填料因子，以 ϕ 表示，其单位为 m^{-1}。它表示填料的流体力学性能，ϕ 值越小，表明流动阻力越小。

填料的选择包括确定填料的种类、规格及材质等。所选填料既要满足生产工艺的要求，又要使设备投资和操作费用最低。

(4) 结构的选择

塔设备的总体结构均包括塔体、内件、支座及附件等几部分。当塔体直径大于800mm时，各塔节焊接成一个整体；直径小的塔多分段制造，然后再用法兰连接起来。内件是物料进行工艺过程的地方，由塔板或填料支承等件组成。支座常用裙式支座。附件包括人孔、手孔、各种接管、平台、扶梯、吊柱等。

综合以上塔型的选择原则，考虑到塔的操作压力、操作温度、处理负荷、物料性质、设备的具体工况以及工业上的经验等，最终可以确定塔的类型。

10.3.1 设计条件

塔类设备的设计条件一般有以下几点。

(1) 介质条件

①介质名称、组分、流量、重量、黏度、相对密度等；②含特殊腐蚀性介质的组分及含量（二氧化硫等）；③操作温度、操作压力。

(2) 通用设备条件

①塔径、塔高、塔裙高；②推荐材料；③接地板是否保温、保温层厚度和重量；④对重量大、外形高大的高塔，应要求设备提供土建埋地脚螺栓用的底座模板规格。

(3) 管口条件（包括人孔、装卸填料、催化剂孔）

①管口符号、管口名称及规格、介质名称及用途；②法兰标准、密封面形式、是否需

要配对供应法兰及紧固件；③管口位置和伸出长度。

（4）塔结构条件

①塔板形式、浮阀形式、开孔率、塔板数、板间距、检修手孔位置和规格；②除沫器形式、液体或气体分布器形式、位置；③自控检测点位置、规格；④塔顶吊装杆。

表 10-8 为塔类条件表。

表 10-8　塔类条件表

塔类条件表			编制		专业	
			审核		班级	
1　操作压力	位号	设备名称				
2　操作温度	塔型	内径×高				
3　壳体材料及腐蚀裕度(mm)	管口表					
4　内件材料						
5　衬里防腐要求	序号 $DN \times PN$	法兰标准	连接面	用途		
6　物料名称						
7　气量					附图	
8　气体重度						
9　液体重度						
10　液体喷洒量						
11　填料容积						
12　填料相对密度						
13　填料规格						
14　填料排列方式	24	要求裙座高度				
15　气液分离要求	25	安全装置起跳或爆破压力				
16　塔板数/板间距	26	保温材料及厚度				
17　筛板孔径、个数、间距	27	安全环境及生产类别				
18　浮阀规格、个数、间距	28	10m 处基本风压				
19　液流程数	29	地震烈度				
20　溢流堰高度	30	场地类别				
21　降液管规格	31	塔釜液柱				
22　降液管与塔板间距	32	塔基础数				
23　液体出口防涡流要求	33	静电接地				

10.3.2　塔体强度计算

置于室外，长径比 H/D 较大的塔，一般包括操作压力、质量载荷、风载荷、地震载荷、偏心载荷等载荷。如图 10-18 所示。

（1）按设计压力计算筒体及封头壁厚

按 GB 150 的要求，利用压力容器设计内压、外压容器，需要计算塔体和封头的有效厚度 δ_e 和 δ_{eh}。

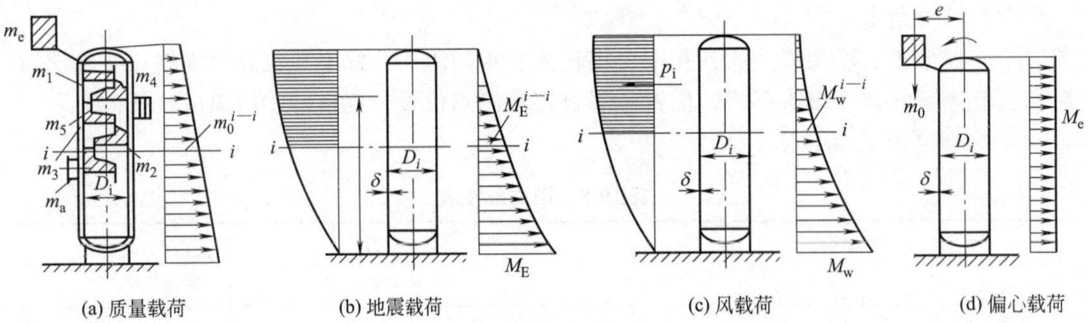

(a) 质量载荷　(b) 地震载荷　(c) 风载荷　(d) 偏心载荷

图 10-18　塔体载荷种类

(2) 塔设备所承受的各种载荷计算

① 操作压力　内压塔，周向及轴向拉应力；外压塔，周向及轴向压应力。操作压力对裙座不起作用。

② 质量载荷　质量载荷是指塔设备的质量，包括塔体和裙座本身的质量、内件质量、保温层质量、焊在塔体上的平台扶梯质量、操作时塔内物料及液压试验时液体的质量等。

设备操作时质量：

$$m_0=m_1+m_2+m_3+m_4+m_5+m_a+m_e \tag{10-1}$$

设备最大质量（水压试验时）：

$$m_{max}=m_1+m_2+m_3+m_4+m_w+m_a+m_e \tag{10-2}$$

设备最小质量：

$$m_{min}=m_1+0.2m_2+m_3+m_4+m_a+m_e \tag{10-3}$$

式中　m_1——塔体和裙座质量；

m_2——内件质量；

m_3——保温材料质量；

m_4——平台、扶梯质量；

m_5——操作时塔内物料质量；

m_a——人孔、接管等附件；

m_e——偏心质量；

m_w——液压试验塔内充液质量。

$0.2m_2$ 是考虑部分内件焊在塔体。空塔吊装时，如未装保温层、平台、扶梯等，则 m_{min} 扣除 m_3 和 m_4。

不同截面、不同工作状况的质量载荷不同，质量载荷在塔的各个截面会产生轴向压应力。由于塔设备一般都有附属设备，塔顶冷凝器是偏心安装，塔底外侧有时悬挂再沸器，这些偏心载荷就会引起轴向压应力和轴向弯矩 M_e，即 M_e 为：

$$M_e=m_e g e \tag{10-4}$$

式中　M_e——偏心弯矩；

m_e——偏心质量；

g——重力加速度；

e——偏心距。

③ 风载荷　室外自支承的塔设备，可看作是悬臂梁结构，会产生风弯矩，其中迎风面拉应力，背风面压应力。当塔设备长径比 H/D 较大、风速较大时，塔背后的气流会引起周期性的旋涡，垂直于风向的诱发振动弯矩，要考虑到两弯矩矢量的叠加。

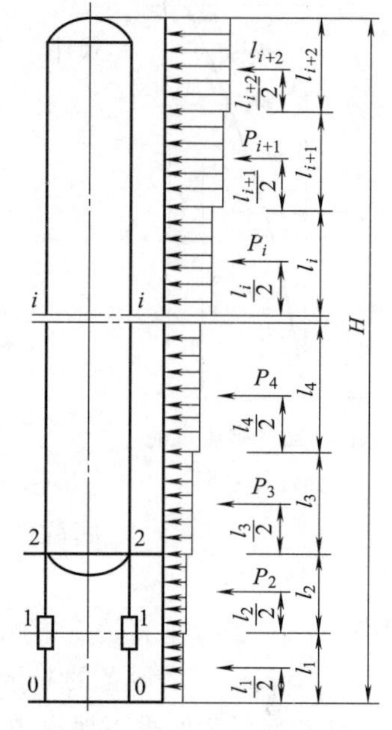

图 10-19　塔体风载荷

a. 水平风力的计算。塔设备的迎风面会产生风压。风压的大小与风速、空气密度、地区和季节等条件有关。计算风压可按照离地 10m、30 年一遇 10min 内平均风速的最大值作为基本风压 q_0。如塔设备高于 10m，则需要分段计算风载荷，同时根据离地面高度的不同，乘以高度变化系数 f_i。风压还与塔设备的高度、直径、形状以及自振周期等有关系。如图 10-19 所示，两相邻计算截面间的水平风力为：

$$P_i = K_1 K_{2i} q_0 f_i L_i D_{ei} \times 10^{-6} \tag{10-5}$$

式中　P_i——水平风力；

q_0——基本风压值，不小于 $250\mathrm{N/m^2}$；

f_i——风压高度变化系数；

L_i——第 i 计算段长度；

D_{ei}——塔各计算段有效直径；

K_1——体型系数，圆柱直立设备 0.7；

K_{2i}——各计算段风振系数。

K_{2i} 是塔设备各计算段的风振系数，当塔高≤20m 时，取 $K_{2i}=1.7$；当 $H>20\mathrm{m}$ 时：

$$K_{2i} = 1 + \frac{\zeta \nu_i \phi_{zi}}{f_i} \tag{10-6}$$

式中　ζ——脉动增大系数；

ν_i——第 i 段脉动影响系数；

ϕ_{zi}——第 i 段振型系数，根据 H_i/H 与 m 查表。

b. 风弯矩。一般习惯自地面起每隔 10m 一段，风压定值。同样如图 10-19 所示，求出风载荷 P_i：

$$P_i = K_1 K_{2i} q_0 f_i L_i D_{ei} \times 10^{-6} \tag{10-7}$$

任意截面的风弯矩：

$$M_{\mathrm{w}}^{i-i} = P_i \frac{L_i}{2} + P_{i+1}\left(L_i + \frac{L_{i+1}}{2}\right) + P_{i+2}\left(L_i + L_{i+1} + \frac{L_{i+2}}{2}\right) + \Lambda\Lambda \tag{10-8}$$

由此可见，在等直径、等壁厚的塔体和裙座中，风弯矩最大值为最危险截面。变截面塔体及开有人孔的裙座体，各可疑截面各自进行应力校核。图 10-20 中，0—0、1—1、2—2 截面都是薄弱部位，可以选为计算截面。

c. 地震载荷。地震烈度 7 度及以上地区，设计时必须考虑地震载荷。在地震波作用下会产生水平方向振动、垂直方向振动、扭转。其中以水平方向振动危害较大。计算地震力时，仅考虑水平地震力，并将塔设备看成是悬臂梁。

i. 水平地震力。全塔质量实际上是按照全塔或分段均布的，所以，计算地震载荷与计算风载荷一样，将全塔沿高度分成若干段，每一段质量视为集中于该段 1/2 处。如图 10-20 所示，有多种振型，任意高度 h_{K} 处集中质量 m_{K} 引起基本振型的水平地震力为：

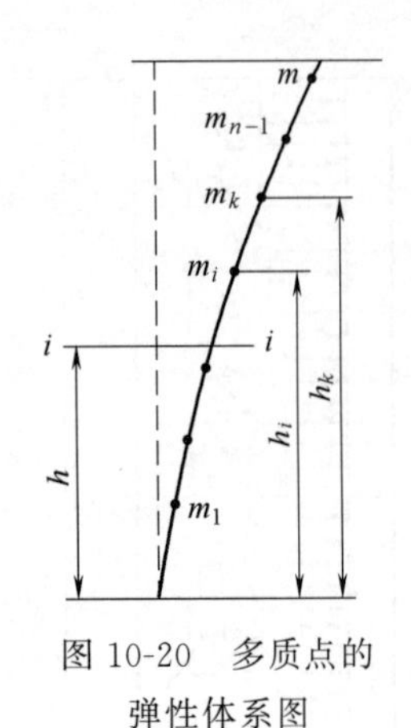

图 10-20 多质点的弹性体系图

$$F_{K1}=C_z\alpha_1\eta_{K1}m_k g \quad (10\text{-}9)$$

式中 F_{K1}——引起的基本振型水平地震力；

C_z——综合影响系数，直立圆筒 $C_z=0.5$；

m_k——距离地面 h_k 处的集中质量；

α_1——对应与塔基本自振周期 T_1 的地震影响系数 α 值；

η_{K1}——基本振型参与系数，可由下式得到：

$$\eta_{K1}=\frac{h_K^{1.5}\sum_{i=1}^{n}m_i h_i^{1.5}}{\sum_{i=1}^{n}m_i h_i^3} \quad (10\text{-}10)$$

ii. 垂直地震力。防烈度 8 度或 9 度的塔应考虑垂直地震力；塔底截面处垂直地震力：

$$F_v^{0-0}=\alpha_{vmax}m_{eq}g \quad (10\text{-}11)$$

式中 α_{vmax}——垂直地震影响系数最大值，$\alpha_{vmax}=0.65\alpha_{max}$；

m_{eq}——塔设备的当量质量，$m_{eq}=0.75m_0$。

任意质量 i 处垂直地震力：

$$F_v^{i-i}=\frac{m_i h_i}{\sum_{k=1}^{n}m_k h_k}F_v^{0-0}\ (i=1,2,\cdots,n) \quad (10\text{-}12)$$

iii. 地震弯矩。任意截面 i—i 基本震型地震弯矩：

$$M_{Ei}^{i-i}=\sum_{i=1}^{n}F_{K1}(h_K-h) \quad (10\text{-}13)$$

等直径、等厚度塔的任意截面 i—i 和底截面 0—0 的基本震型地震弯矩：

$$M_{Ei}^{i-i}=\frac{8C_z\alpha_1 m_0 g}{175H^{2.5}}(10H^{3.5}-14H^{2.5}h+4h^{3.5}),M_{Ei}^{0-0}=\frac{16}{35}C_z\alpha_1 m_0 gH \quad (10\text{-}14)$$

当 $H/D>15$，或高度大于等于 20m 时，考虑高振型：

$$M_E^{i-i}=1.25M_{Ei}^{i-i} \quad (10\text{-}15)$$

10.3.3 各种载荷引起的应力

(1) 塔设备由内压或外压引起的轴向应力

$$\sigma_1=\pm\frac{p_c D_i}{4\delta_{ei}} \quad (10\text{-}16)$$

(2) 操作或非操作时，重量及垂直地震力引起的轴向应力（压应力）

$$\sigma_2=\frac{m_0^{i-i}g\pm F_v^{i-i}}{\pi D_i\delta_{ei}} \quad (10\text{-}17)$$

(3) 最大弯矩在筒体内引起的轴向应力

风弯矩 M_w、地震弯矩 M_E、偏心弯矩 M_e。通常操作下最大弯矩按下式取值：

$$M_{max}^{i-i}=\begin{cases}M_w^{i-i}+M_e\\ M_E^{i-i}+0.25M_w^{i-i}+M_e\end{cases}（取大值） \quad (10\text{-}18)$$

水压试验情况下最大弯矩取值：

$$M_{max}^{i-i}=0.3M_w^{i-i}+M_e \quad (10\text{-}19)$$

最大弯矩在筒体中引起轴向应力：

$$\sigma_3=\frac{4M_{\max}^{i-i}}{\pi D_i^2\delta_{ei}} \tag{10-20}$$

10.3.4 筒体壁厚校核

（1）强度与稳定性校核

轴向组合应力可以按照表 10-9 来计算。

表 10-9 轴向组合应力的计算

项目		内压塔设备				外压塔设备			
		正常操作		停修		正常操作		停修	
		迎风	背风	迎风	背风	迎风	背风	迎风	背风
应力状态	σ_1	+		0		−		0	
	σ_2	−		−		−		−	
	σ_3	+	−	+	−	+	−	+	−
	$\sigma_{\max}$	$\sigma_1-\sigma_2+\sigma_3$		$-(\sigma_2+\sigma_3)$		$\sigma_1+\sigma_2+\sigma_3$		$-\sigma_2+\sigma_3$	

由表可见，对于内压操作的塔设备，最大组合轴向拉应力，出现在正常操作时的迎风侧：

$$\sigma_{\max}=\sigma_1-\sigma_2^{i-i}+\sigma_3^{i-i}$$

最大组合轴向压应力，出现在停修时的背风侧：$\sigma_{\max}=-(\sigma_2^{i-i}+\sigma_3^{i-i})$

对于外压操作的塔设备，最大组合轴向压应力，出现在正常操作时的背风侧：$\sigma_{\max}=-(\sigma_1+\sigma_2^{i-i}+\sigma_3^{i-i})$。

最大组合轴向拉应力，出现在停修时的迎风侧：$\sigma_{\max}=-\sigma_2^{i-i}+\sigma_3^{i-i}$。

根据正常操作或停车检修时的各种危险情况，求出最大组合轴向应力，必须满足强度条件与稳定性条件。环向拉应力只进行强度校核，因为不存在稳定性问题。轴向压应力既要满足强度要求，又必须满足稳定性要求，进行双重校核。于是，可以得出轴向最大应力的校核条件如表 10-10 所示。

表 10-10 轴向最大应力的校核条件

名称	强度校核	稳定性校核
环向最大拉应力 $\sigma_{\max}$	$\leqslant K[\sigma]^t\phi$	
轴向最大拉应力 $\sigma_{\max}$	$\leqslant K[\sigma]^t$	$\leqslant K0.06E^t\delta_{ei}/R_i$

注：K 是载荷组合系数，取 $K=1.2$。

（2）水压试验校核

设备充水（未加压）后最大质量和最大弯矩在壳体中引起的组合轴向压应力按照式（10-21）校核：

$$\sigma_{\max}=\frac{gm_{\max}^{i-i}}{\pi D_i\delta_{ei}}+\frac{0.3M_{w}^{i-i}+M_e}{0.785D_i^2\delta_{ei}}\leqslant\begin{cases}0.9K\sigma_s\\ 0.06KE\dfrac{\delta_{ei}}{R_1}\end{cases}\text{(取小值)} \tag{10-21}$$

式中，K 为载荷组合系数，取 $K=1.2$。

塔体最大风弯矩引起的弯曲应力 σ_3^{i-i} 发生在截面 2—2 上。裙座 σ_3^{i-i} 的最大应力发生在裙座底截面 0—0 或人孔截面 1—1 上，如图 10-21 所示。

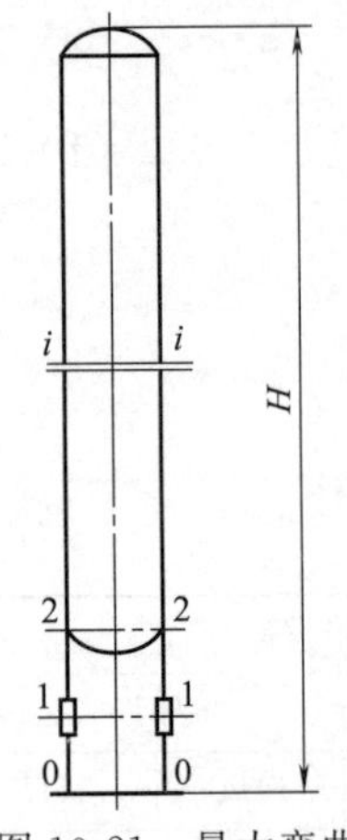

图 10-21 最大弯曲应力位置截面

10.3.5 附件

（1）除沫器

除沫器用于分离塔中气体夹带的液滴，以保证有传质效率、降低物料损失和改善压缩机的操作、降低含水量、延长压缩机的寿命，一般多设置在塔顶。除沫器能有效去除 3～5μm 的雾滴，塔板间设除沫器还可减小板间距。聚四氟乙烯材质的四氟除沫器现在比较流行，防腐性良好，和普通塑料相比，可以耐高温、自洁、不易粘、疏水，是金属 316L、304 除沫器的很好替代品。图 10-22 是除沫器的类型种类。

① 丝网除沫器主要由丝网、丝网格栅组成的丝网块和固定丝网块的支承装置构成的过滤网。气液过滤网的非金属丝可是多股捻制而成，也可是单股。可滤除悬浮于气流中的各种粒径液沫，应用比较广泛。

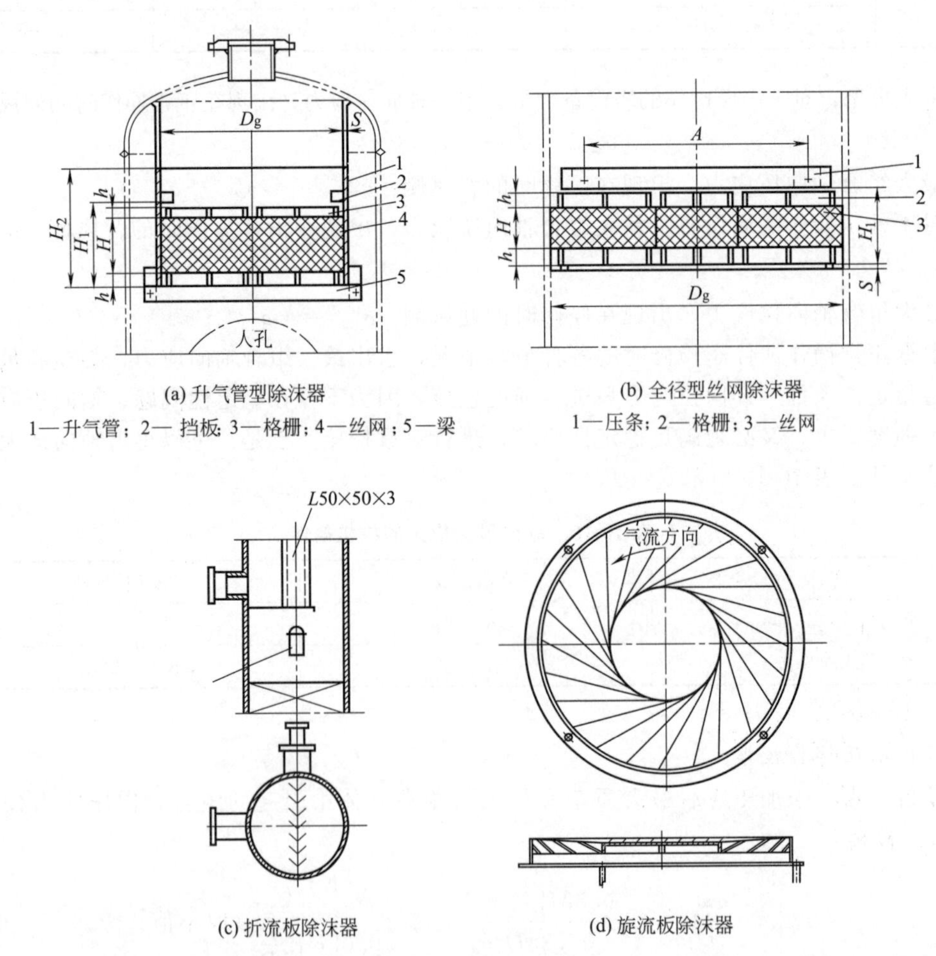

(a) 升气管型除沫器
1—升气管；2— 挡板；3—格栅；4—丝网；5—梁

(b) 全径型丝网除沫器
1—压条；2—格栅；3—丝网

(c) 折流板除沫器

(d) 旋流板除沫器

图 10-22 除沫器类型

当带有雾沫的气体以一定速度上升通过丝网时，因为惯性作用，雾沫与丝网细丝相碰撞而被附着在细丝表面上。细丝表面上雾沫的扩散、雾沫的重力沉降，使雾沫形成较大的液滴沿着细丝流至两根丝的交接点。细丝的可润湿性、液体的表面张力及细丝的毛细管作用，使得液滴越来越大，直到聚集的液滴大到其自身产生的重力超过气体的上升力与液体表面张力的合力时，液滴就从细丝上分离下落。气体通过丝网除沫器后，基本上不含雾沫。丝网除沫器结构简单、体积小、效率高、阻力小、重量轻、安装操作维修方便，丝网除沫器对粒径≥3～5μm 的雾沫，捕集效率达 98%～99.8%，而气体通过除沫器的压力降却很小，只有 250～500Pa，有利于设备生产效率的提高。

丝网除雾器虽然能分离一般的雾沫，但要求雾沫清洁，气流流速较小，使用周期短，设备投资大。

② 折流板除沫器　又称波板除沫器。当含有雾沫的气体以一定速度流经除沫器时，雾沫与波形板相碰撞而被附着在波形板表面上。板面上雾沫的扩散、雾沫的重力沉降使雾沫形成较大的液滴并随气流向前运动至波形板转弯处，由于转向离心力及其与波形板的摩擦作用、吸附作用和液体的表面张力使得液滴越来越大，直到集聚的液滴大到其自身产生的重力超过气体的上升力与液体表面张力的合力时，液滴就从波形板表面上被分离下来。除雾器波形板的多折向结构增加了雾沫被捕集的机会，未被除去的雾沫在下一个转弯处经过相同的作用而被捕集，这样反复作用，从而大大提高了除雾效率。气体通过波形板除雾器后，基本上不含雾沫。

波形板除雾器由多折向波形板、支撑架、挡板以及冲洗喷嘴、冲洗管道、管道支撑、管卡等部件组成。

③ 旋流式除沫器　气流在穿过板叶片间隙时变成旋转气流，其中的液滴在离心力作用下，以一定的仰角射出做螺旋运动而被甩向外侧，汇集流到溢流槽内，达到除雾目的。旋流式除沫器置于吸收塔上部分，由两层旋流板叶片及三层冲洗装置、一层挡水圈组成。第一层除雾器为粗颗粒雾滴，第二层除雾器除去细颗粒雾滴。

冲洗系统由冲洗管道、冲洗喷嘴、冲洗水泵、冲洗水自动开关阀、压力仪表、冲洗水流量计以及程控器等组成。除沫器冲洗系统的作用是定期冲洗掉除雾器板片上捕集的液体固体沉积物，保持板片清洁、湿润，防止叶片结垢和堵塞通道。冲洗管布置形式为第一级除雾器上下侧和二级除雾器下侧。

(2) 地脚螺栓座

由基础环、肋板、盖板和垫板组成，见图 10-23 (a)。该结构适用于预埋地脚螺栓和非预埋地脚的情况。

图 10-23 (b) 为中央地脚螺栓座结构，优点是地脚螺栓中心圆直径小，用于地脚螺栓数量较少，需预埋。

对塔高较小的塔式容器，且基础环板的计算厚度小于 20mm 时，地脚螺栓座可简化成单环板结构，但基础环板厚不应小于 16mm。其优点是结构简单；缺点是地脚螺栓座整体刚度不足。

盖板宜用分块结构，需要时也可连成环板。盖板上设垫板时，应在现场吊装就位后将盖板与垫板焊牢。

(3) 吊柱

根据需要，可以在塔顶设置吊柱。塔顶吊柱的悬臂中心线至塔壳上封头顶部的距离宜控制在 2000mm 左右；塔顶吊柱手柄至平台上表面的距离不宜大于 1600mm；塔顶吊柱中心线与人孔中心线的夹角不宜大于 90°，以便于塔内部件的装卸；确定塔顶吊柱悬臂长度时，应该考虑起吊物的空间距离。

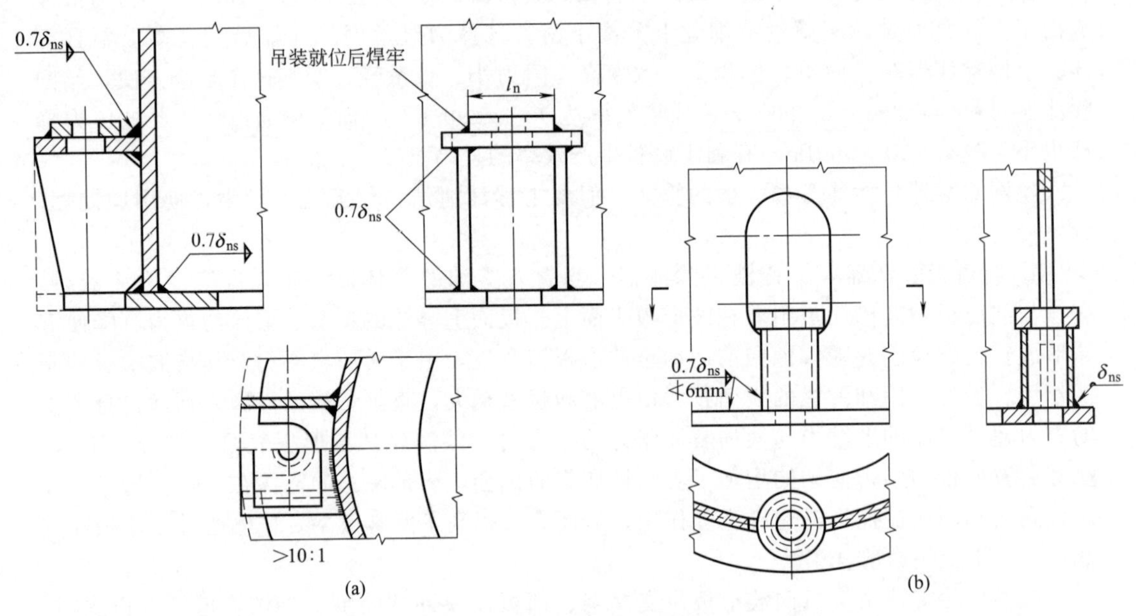

图 10-23 地脚螺栓结构图

塔式容器需要设置吊耳时，吊耳的结构、位置及数量，用按照吊装方式及塔式容器的质量确定，由设计单位和施工单位协同确定，且考虑塔壳体的局部应力。吊柱的结构及安装位置见图 10-24。

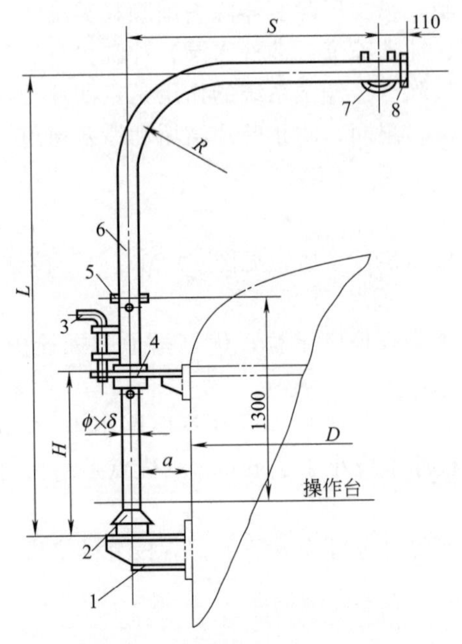

图 10-24 吊柱的结构及安装位置

1—支架；2—防雨罩；3—固定销；4—导向板；5—手柄；6—吊柱管；7—吊钩；8—挡板

习题

10-1 塔式容器的结构一般由哪些部分组成？

10-2 塔壳（不包括腐蚀裕量）的最小厚度一般如何确定？

10-3 为何设置排气孔？其作用是什么？

10-4 板式塔的主要形式有哪些？

10-5 什么叫填料？填料的主要种类有哪些？

10-6 塔型的选择要考虑哪几个因素？

10-7 填料的选择要从哪几方面考虑？

10-8 塔设备承受的主要载荷有哪些？

第 11 章 带搅拌器的制药设备设计

11.1 概述

搅拌设备大量应用于化工、石化、医药、食品、采矿、造纸、涂料、冶金、废水处理等行业，尤其是在制药工业中，很多生产都应用搅拌操作，且相当一部分是用作化学反应器。在制药领域，搅拌设备更多的是用于物料的混合、溶解、传热、传质以及制备乳液、悬浮液等。

11.1.1 搅拌操作的目的

以液体为主体的搅拌操作，常常将被搅物料分为液-液、气-液、固-液、气-液-固四种情况。搅拌既可以是一种独立的流体力学范畴的单元操作，以促进混合为主要目的，如进行液-液混合、固-液悬浮、气-液分散、液-液分散和液-液乳化等；又往往是完成其他单元操作的必要手段，以促进传热、传质、化学反应为主要目的，如进行流体的加热与冷却、萃取、吸收、溶解、结晶、聚合等操作。

概括起来，搅拌设备的操作目的主要表现为以下四个方面：

① 使不互溶液体混合均匀，制备均匀混合液、乳化液，强化传质过程；

② 使气体在液体中充分分散，强化传质或化学反应；

③ 制备均匀悬浮液，促使固体加速溶解、浸取或液-固化学反应；

④ 强化传热，防止局部过热或过冷。

11.1.2 搅拌操作分类

（1）机械搅拌

是一种广泛的单元操作，其原理涉及流体力学、传热、传质及化学反应等多种过程。搅拌过程就是在流动场中进行单一的动量传递，或是包括动量、热量、质量传递及化学反应的过程。

（2）气流搅拌

利用气体鼓泡通过液体层，对液体产生搅拌作用，或使气泡群以密集状态上升，促进液体产生对流循环。与机械搅拌相比，气流搅拌比较软弱，对高黏度液体难以适用。因此在生产中多数搅拌操作均是机械搅拌。本章主要介绍机械搅拌设备的结构和选用方法。

11.1.3 机械搅拌设备工作原理

液体分子的扩散速率很小，单靠分子扩散而达到均匀混合很难，一般需通过叶轮的旋转把机械能传给液体物料，造成强制对流扩散，以达到均匀混合的目的，其方式如下：

（1）总体对流扩散

叶轮把能量传给液体产生高速液流，液流又推动周围液体，结果使液体“宏观流动”起来，这种流动就是总体流动。由总体流动而产生的全范围扩散称为总体对流扩散，即均匀混合。

（2）涡流扩散

叶轮旋转所产生的高速液流在运动速度较低的液体中通过时，高速液流和低速流体在交界面上发生剪切作用，产生大量旋涡。叶片对液体的直接剪切作用也会造成强烈的旋涡运动。旋涡迅速向周围扩散，把更多的液体夹带到作宏观流动的液流里，同时还形成部分范围内物料快速而紊乱的对流运动，即湍流。这种因旋涡作用而产生的流动称为“微观流动”。由微观流动造成局部范围内的对流扩散称为涡流扩散，其作用是促使微观流动中液体发生破碎现象。

11.1.4 搅拌设备的基本结构

机械搅拌设备由搅拌容器和搅拌机两大部分组成。搅拌容器包括内容器（釜体）、传热元件、内构件以及各种用途的开孔接管等；搅拌机则包括搅拌器、搅拌轴、轴封、机架及传动装置等部件。其结构构成如图11-1所示。

- 搅拌设备
  - 搅拌机
    - 传动装置
      - 电动机
      - 减速机
      - 机架
      - 联轴器
    - 搅拌轴
    - 搅拌器
    - 轴封(或磁力联轴器)
  - 搅拌容器
    - 内容器(釜体)
    - 传热元件(外夹套,内盘管)
    - 内构件(挡板,导流筒,气体分布器等)
    - 接管、人孔、手孔、视镜等

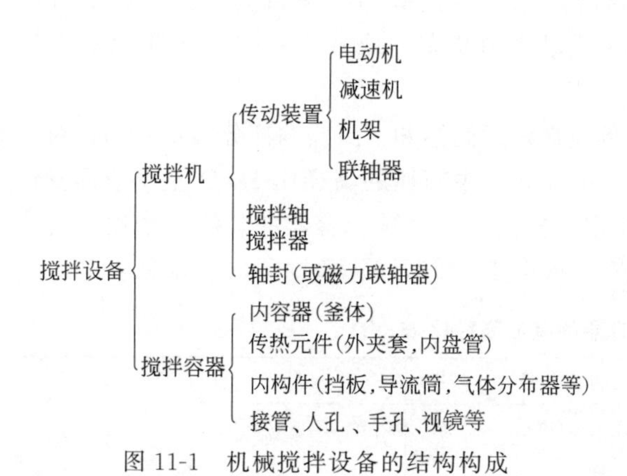

图11-1 机械搅拌设备的结构构成

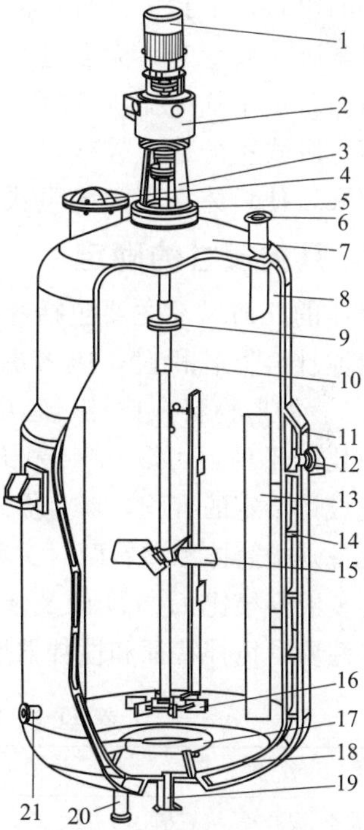

图11-2 通气式搅拌反应器典型结构

1—电动机；2—减速机；3—机架；4—人孔；5—密封装置；6—进料口；7—上封头；8—筒体；9—联轴器；10—搅拌轴；11—夹套；12—载热介质出口；13—挡板；14—螺旋导流板；15—轴向流搅拌器；16—径向流搅拌器；17—气体分布器；18—下封头；19—出料口；20—载热介质进口；21—气体进口

图 11-2 是一台通气式搅拌反应器，由电动机驱动，经减速机带动搅拌轴及安装在轴上的搅拌器，以一定转速旋转，使流体获得适当的流动场，并在流动场内进行化学反应。为满足工艺的换热要求，内容器上装有夹套。容器内设置有气体分布器、挡板等内构件。在搅拌轴下部安装有径向流搅拌器、上层为轴向流搅拌器。

11.2 搅拌釜

11.2.1 结构

搅拌设备内容器常被称作搅拌釜体（或搅拌槽体），简称釜体。搅拌釜的作用是为物料搅拌提供合适的空间，包括筒体、封头（或端盖）及各种开孔接管等。筒体多是圆柱形，两端端盖一般采用椭圆形封头、锥形封头或平盖，椭圆形封头应用最广。根据工艺需要，内容器上装有各种接管，以满足进料、出料、排气以及测温、测压等要求；上封头上一般焊有凸缘法兰，用于搅拌容器与机架的连接。

搅拌釜通常是立式安放，也有卧式的。立式釜在常压下操作时，为降低釜体的制造成本，一般可采用平底釜结构；当物料对环境没有污染，且被搅物料对空气中尘埃的落入并不敏感时，釜体上部又可设计成敞口形式；当搅拌物料中含有较大颗粒的淤浆时，为便于固体粒子的出料，下封头常采用锥壳。

搅拌釜卧式放置时，大多进行半釜操作。与立式釜相比，卧式釜有更多的气-液接触面积，因而常用于气-液传质过程，如气-液吸收或从高黏度液体中脱除少量易挥发物质；另一方面，卧式釜的料层较浅，有利于搅拌器将粉末搅动，并可借搅拌器的高速回转使粉体抛扬起来，使粉体在瞬间失重状态下进行混合。

11.2.2 几何尺寸的确定

内容器的几何尺寸主要包括容器的容积 V、筒体的高度 H、内直径 D 以及壁厚 δ 等。

确定搅拌容器容积时，应考虑物料在容器内充装的比例即装料系数，其值通常可取 0.6～0.85。如果物料在搅拌过程中产生泡沫或呈沸腾状态，取 0.6～0.7；如果物料在搅拌过程中比较平稳，可取 0.8～0.85。

工艺设计给定的容积，对直立式搅拌设备通常是指筒体和下封头两部分容积之和；对卧式搅拌设备则指筒体和左右两封头容积之和。搅拌设备中筒体的高径比 H/D 主要依据操作时容器的装液高径比 H_L/D 以及装料系数而定。根据实践经验，容器的装液高径比又视容器内物料性质、搅拌特征和搅拌器层数而异，一般取 1～1.3，最大时可达 6，参见表 11-1。

表 11-1 常用搅拌容器的装液高径比 H_L/D

种 类	筒体内物料类型	H_L/D
反应釜、混合罐、溶解槽	液-液或液-固体系	1～1.3
反应釜、分散槽	气-液体系	1～2
聚合釜	悬浮液、乳化液	2.08～3.85
发酵搅拌罐	气-液体系	1.7～2.5

釜体设计时，首先根据操作时待盛放物料的容积 V_g 及装料系数 η 确定釜体的全容积 V，三者关系为：

$$V=\frac{V_g}{\eta} \tag{11-1}$$

确定了釜体全容积 V 和高径比 H/D_i 后，还不能直接计算出釜体的直径 D_i 和高度 H，因为釜体直径 D_i 未知，封头的容积也就未知。因此，为便于计算，先忽略封头的容积，认为：

$$V \approx \frac{\pi D_i^2}{4} H \tag{11-2}$$

将釜体高度比 H/D_i 代入式（11-2），得：

$$V \approx \frac{\pi D_i^3}{4} \frac{H}{D_i} \tag{11-3}$$

将式（11-1）代入式（11-3），并整理得：

$$D_i \approx \sqrt[3]{\frac{4V_g}{\pi \frac{H}{D_i} \eta}} \tag{11-4}$$

将式（11-4）计算结果圆整成标准直径，代入下式可得釜体高度：

$$H = \frac{V - V_0}{\frac{\pi D_i^2}{4}} = \frac{\frac{V_g}{\eta} - V_0}{\frac{\pi D_i^2}{4}} \tag{11-5}$$

式中 V_0——封头容积，m^3；

D_i——由式（11-4）计算值圆整后的釜体直径，m。

最后，对式（11-5）算出的釜体高度进行圆整，然后核算高径比 H/D_i 及装料系数 η，大致符合即可。

11.2.3 换热元件

有传热要求的搅拌设备，为维持搅拌混合的最佳温度，通常需要设置换热元件。常用的换热元件有外夹套（简称夹套）和内盘管两种。优先选用夹套，以减少容器的内构件，便于清洗，且不占用有效容积。

（1）夹套

就是布置在容器外侧，焊接或法兰连接的钢结构，使其与容器外壁形成密闭的空间。在此空间内通入加热或冷却介质，以加热或冷却容器内的物料。夹套的主要结构形式有：整体夹套、型钢夹套、半圆管夹套、蜂窝夹套和螺旋板式夹套等，它们各自适用的温度和压力范围列于表 11-2。

表 11-2 各种碳钢夹套的适用温度和压力范围

夹套形式		最高温度/℃	最高压力/MPa
整体夹套（U形和圆筒形）		350 300	0.6 1.6
型钢夹套		200	2.5
半管夹套		350	6.4
蜂窝夹套	短管支撑式	200	2.5
	折边锥体式	250	4.0
	激光焊接式	250	4.0
螺旋板蜂窝式		250	4.0

整体夹套形式有圆筒形和U形两种。其中，U形夹套圆筒部分和下封头都包有夹套，因而传热面积大，是最常用的结构，如图11-3（a）所示。为有利于传热，当夹套用作冷却时，冷却水从夹套的底部进入，夹套的上部排出；当夹套用蒸汽加热时，蒸汽从夹套上部进入，底部出口排出冷凝水。

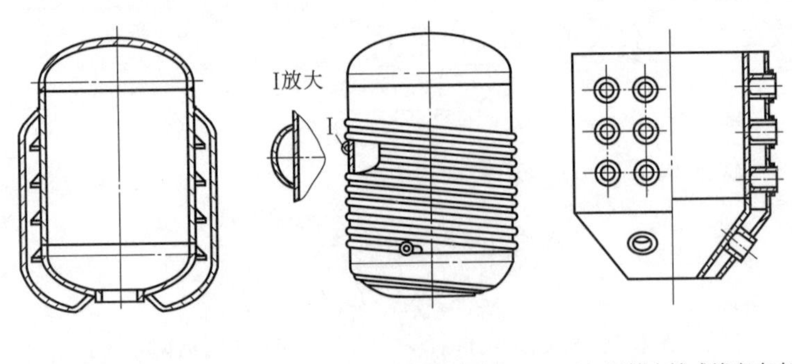

图11-3　常用夹套的结构示意图

型钢夹套一般由角钢与筒体焊接组成，由于型钢的刚度大，与整体夹套相比，型钢夹套能承受更高的压力，但其制造难度也相应增加了。

半管夹套通常由半圆管或弓形管制成，如图11-3（b）所示。半圆管或弓形管一般布置在筒体外壁，既可螺旋缠绕在筒体上，也可沿筒体轴向平行焊在筒体上或沿筒体圆周方向平行焊接在筒体上。当载热介质流量小时宜采用弓形管。半管夹套的缺点是焊缝多，焊接工作量大，且筒体较薄时易造成焊接变形。

蜂窝夹套是以整体夹套为基础，采取折边或短管等加强措施，提高筒体的刚度和夹套的承压能力，减少流道面积，从而减薄筒体壁厚，强化传热效果。常用的蜂窝夹套有折边式和拉撑式两种形式。夹套向内折边与筒体贴合好后再进行焊接的结构称为折边式蜂窝夹套；拉撑式蜂窝夹套是用冲压的小锥体或钢管做拉撑体，图11-3（c）为短管支撑式蜂窝夹套，蜂窝孔在筒体上呈正方形或三角形布置。

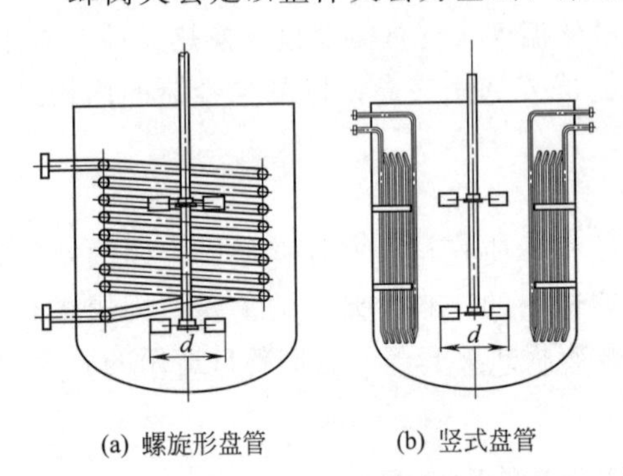

图11-4　内盘管结构示意图

（2）内盘管

当设备的热量仅靠外夹套传热，其换热面积不足时常采用内盘管结构。内盘管浸没在物料中，热量损失小，传热效果好，但检修较困难。内盘管可分为螺旋形盘管和竖式蛇管，其结构分别如图11-4所示。对称布置的几组竖式蛇管除传热外，还起到挡板作用。

11.3　搅拌器的形式与选型

搅拌器又称搅拌桨或搅拌叶轮，是搅拌设备的关键部件。其功能是提供过程所需要的能量和适宜的流动状态。搅拌器旋转时把机械能传递给流体，在搅拌器附近形成高湍动的充分混合区，并产生一股高速射流推动液体在搅拌容器内的循环流动，这种循环流动的途径称为流型。

11.3.1　流型

搅拌器的流型与搅拌效果、搅拌功率的关系十分密切。搅拌器的改进和开发往往从流型着手。搅拌容器内的流型取决于搅拌器的形式、搅拌容器和内构件几何特征，以及流体性质、搅拌器转速等因素。对于搅拌机顶插式中心安装的立式圆筒，有三种基本流型：

① 径向流：流体的流动方向垂直于搅拌轴，沿径向流动，碰到容器壁面分成两股流体分别向上、向下流动，再回到叶端，不穿过叶片，形成上、下两个循环流动，如图11-5（a）所示。

② 轴向流：流体的流动方向平行于搅拌轴，流体由桨叶推动，使流体向下流动，遇到容器底面再翻上，形成上下循环流，如图11-5（b）所示。

③ 切向流：无挡板的容器内，流体绕轴做旋转运动，流速高时液体表面会形成漩涡，这种流型称为切向流，如图11-5（c）所示。此时流体从桨叶周围周向卷吸至桨叶区的流量很小，混合效果很差。

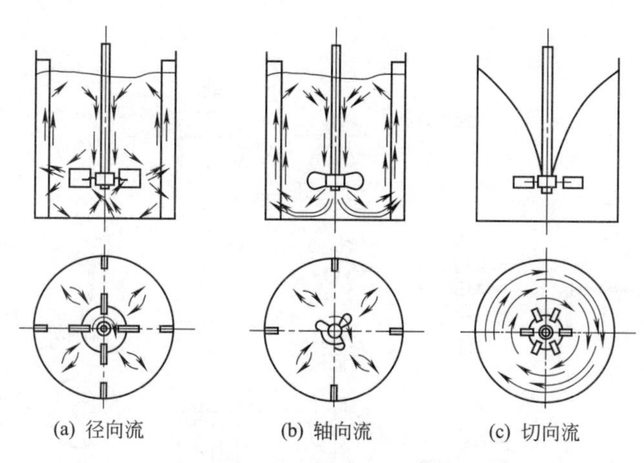

(a) 径向流　(b) 轴向流　(c) 切向流

图11-5　搅拌器的流型

上述三种流型通常同时存在，其中轴向流与径向流对混合起主要作用，而切向流应加以抑制。采用挡板可削弱切向流，增强轴向流和径向流。

除中心安装的搅拌机外，还有偏心式、底插式、侧插式、斜插式、卧式等安装方式。不同安装方式的搅拌机产生的流型也各不相同。

11.3.2　搅拌器的分类

搅拌器的分类方法很多，主要有以下几种：

（1）按搅拌器的桨叶结构分类

分为平叶、斜（折）叶、弯叶、螺旋面叶式搅拌器。桨式、涡轮式搅拌器都有平叶和斜叶结构；推进式、螺杆式和螺带式的桨叶为螺旋面叶结构（见表11-3）。根据安装要求又可分为整体式和剖分式两种结构，对于大型搅拌器，往往做成剖分式，便于把搅拌器直接固定在搅拌轴上而不用拆除联轴器等其他部件。

表11-3　搅拌桨叶结构分类

叶形	平叶	斜(折)叶	弯叶	螺旋面叶
搅拌器	平桨、直叶开式涡轮、直叶圆盘涡轮、锚式、框式	斜叶桨式、斜叶开式涡轮、斜叶圆盘涡轮	弯叶开式涡轮、弯叶圆盘涡轮、三叶后掠式	推进式、螺杆式、螺带式

（2）按搅拌器的用途分类

分为低黏流体用搅拌器、高黏流体用搅拌器。用于低黏流体的搅拌器有：推进式、桨式、开启涡轮式、圆盘涡轮式、布鲁马金式、板框桨式、三叶后弯式等。用于高黏流体的搅拌器有：锚式、框式、锯齿圆盘式、螺旋桨式、螺带式等。

（3）按流体流动形态分类

分为轴向流搅拌器和径向流搅拌器。有些搅拌器在运转时，流体既产生轴向流又产生径向流的称为混合流型搅拌器。推进式搅拌器是轴流型的代表，平直叶圆盘涡轮搅拌器是径流型的代表，而斜叶涡轮搅拌器是混合流型的代表。按流动形态三种形式，常用搅拌器的图谱如图 11-6 所示。

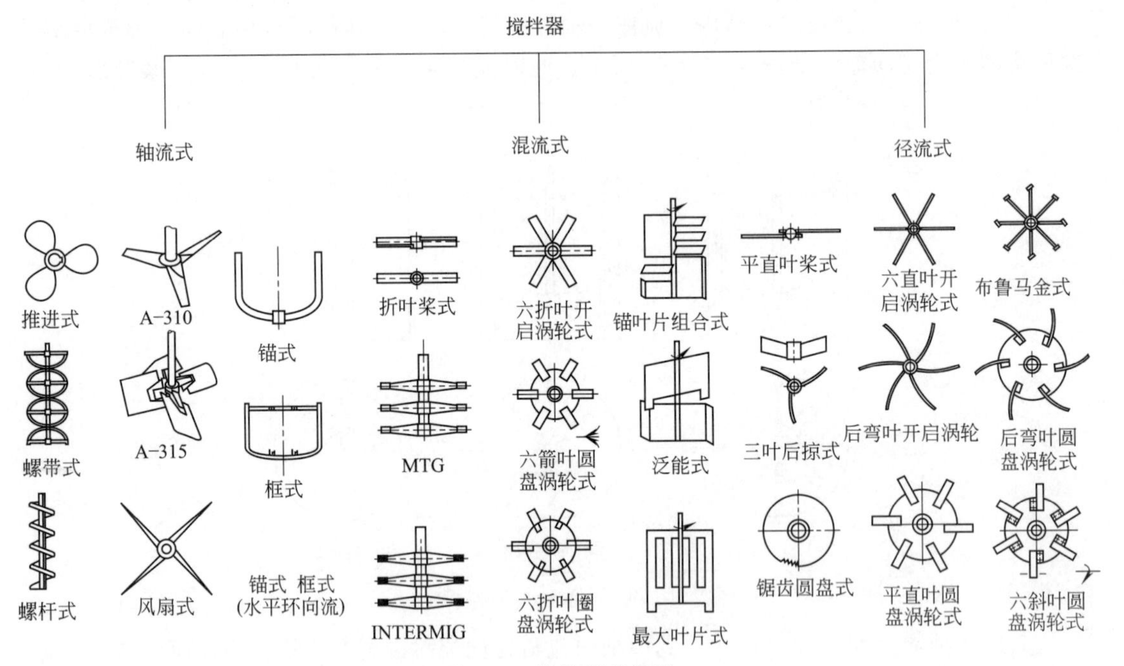

图 11-6 搅拌器的图谱

11.3.3 典型搅拌器的特征及应用

桨式、推进式和涡轮式搅拌器在搅拌设备中应用最为广泛，约占搅拌器总数的 75%～80%。

（1）桨式搅拌器

是结构最简单的一种搅拌器，通常仅两个叶片，见图 11-7。它采用扁钢制成，叶片焊接用螺栓固定在轮毂上，叶片形式分为平直叶式和斜（折）叶式两种。主要应用在液-液体系中；固-液体系中多用于防止固体沉降。桨式搅拌器不能用于以保持气体和以细微化为目的的气-液分散操作中。

桨式搅拌器主要用于流体的循环，由于在同样的排量下，斜叶式比平直叶的功耗少，操作费用低，因而斜叶式搅拌器使用较多。桨式也可用于高黏流体的搅拌，以促进流体的上下交换，代替价格高昂的螺带式叶轮，尚能获得良好的效果。桨式叶轮的桨叶直径 d 对容器内直径 D 之比一般为 0.35～0.5，对于高黏度液体为 0.65～0.9；转速一般在 20～100r/min 之间，介质黏度最高可达 20Pa·s。

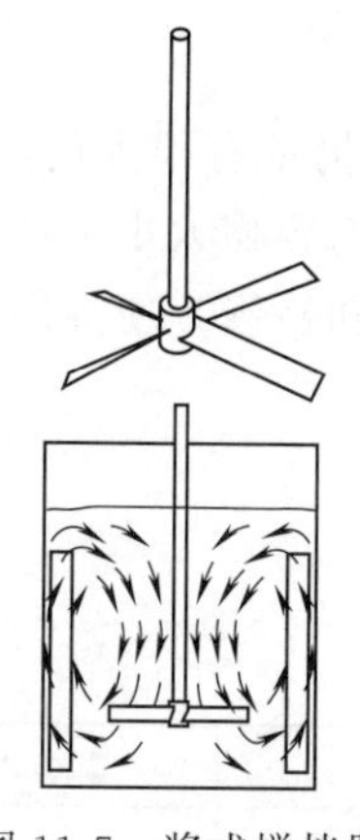

图 11-7　桨式搅拌器

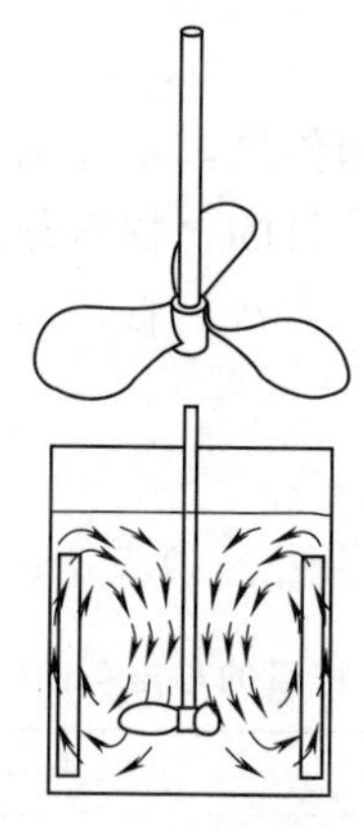

图 11-8　推进式搅拌器

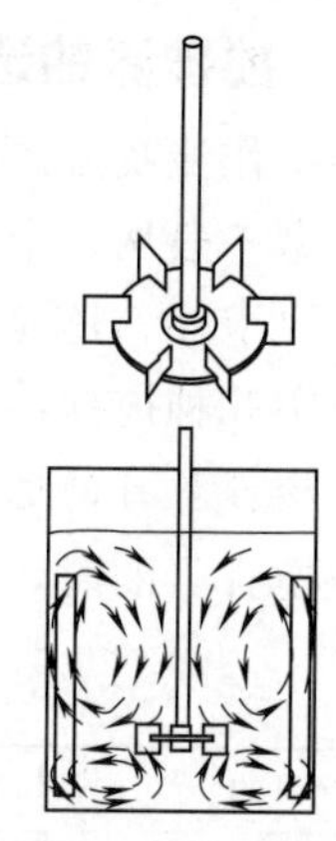

图 11-9　涡轮式搅拌器

（2）推进式搅拌器

又称船用推进器，常用于低黏流体中，如图 11-8 所示。标准推进式搅拌器为三瓣叶片，其螺距与桨直径相等。推进式搅拌器搅拌时流体的湍流程度不高，但循环量大。容器内装挡板、搅拌轴偏心安装或搅拌器倾斜时，可防止漩涡形成。推进式搅拌器的直径较小，桨叶直径 d 对容器内直径 D 之比一般为 0.1～0.3；叶端线速度为 7～10m/s，最高达 15m/s。推进式搅拌器结构简单，制造方便，适用于黏度低、流量大的场合，能获得较好的搅拌效果。主要用于液-液体系混合、温度均一场合，在低浓度固-液体系中防止淤泥沉降等。推进式搅拌器的循环性能好，剪切作用不大，属于循环型搅拌器。

（3）涡轮式搅拌器

又称透平式叶轮，能有效完成几乎所有的搅拌操作，并能处理黏度范围很广的流体。图 11-9 给出一种典型的结构。涡轮式搅拌器可分为开式和盘式两类。开式有平直叶、斜叶、弯叶等，盘式有圆盘平直叶、圆盘斜叶、圆盘弯叶等。开式涡轮其叶片数常用的有二叶和四叶，盘式涡轮以六叶最常见。为改善流动状况，盘式涡轮有时把叶片制成凹形和箭形，则称为弧叶盘式涡轮和箭叶盘式涡轮。

涡轮式搅拌器有较大的剪切力，可使流体微团分散得很细，适用于低黏度到中等黏度流体的气-液分散、混合、固-液悬浮。平直叶剪切作用较大，属剪切型搅拌器。弯叶是指叶片朝着流动方向弯曲，可降低功率消耗，适用于含有易碎固体颗粒的流体搅拌。表 11-4 列出桨式、推进式、涡轮式搅拌器适宜的圆周速度。

表 11-4　桨式、推进式、涡轮式搅拌器适宜的圆周速度

搅拌器形式	被搅拌介质的黏度/mPa·s	适宜的搅拌器圆周速度 /(m/s)	最高转速 /(r/min)
桨式或各种框式	1～4000 4000～8000 8000～15000	3.0～2.0 2.5～1.5 1.5～1.0	<800
推进式	1～2000	4.8～16	<1750
涡轮式	1～5000 5000～15000 15000～25000	7～4.2 4.2～3.4 3.4～2.3	<600

11.3.4 搅拌器的选用

搅拌操作涉及流体的流动、传质和传热，至今对搅拌器的选用仍带有很大的经验性。搅拌器选型一般从三个方面考虑：搅拌目的、物料黏度和搅拌容器的容积大小。选用时除满足工艺要求外，还应考虑功耗低、操作费用省，以及制造、维护和检修方便等因素。以下简单介绍几种搅拌器的选型方法。

（1）按搅拌目的选型

考虑搅拌目的时，搅拌器的选型参见表11-5。

表11-5 搅拌目的与推荐的搅拌器形式

搅拌目的	挡板条件	推荐形式	流动状态
互溶液体的混合及在其中进行化学反应	无挡板	三叶折叶涡轮、六叶折叶开启涡轮、桨式、圆盘涡轮	湍流(低黏流体)
	有导流筒	三叶折叶涡轮、六叶折叶开启涡轮、推进式	
	有或无导流筒	桨式、螺杆式、框式、螺带式、锚式	层流(高黏流体)
固-液相分散及在其中溶解和进行化学反应	有或无挡板	桨式、六叶折叶开启涡轮	湍流(低黏流体)
	有导流筒	三叶折叶涡轮、六叶折叶开启涡轮、推进式	
	有或无导流筒	螺带式、螺杆式、锚式	层流(高黏流体)
液-液相分散(互溶的液体)及在其中强化传质和进行化学反应	有挡板	三叶折叶涡轮、六叶折叶开启涡轮、桨式、圆盘涡轮式、推进式	湍流(低黏流体)
液-液相分散(不互溶的液体)及在其中强化传质和进行化学反应	有挡板	圆盘涡轮、六叶折叶开启涡轮	湍流(低黏流体)
	有反射物	三叶折叶涡轮	
	有导流筒	三叶折叶涡轮、六叶折叶开启涡轮、推进式	
	有或无导流筒	螺带式、螺杆式、锚式	层流(高黏流体)
气-液相分散及在其中强化传质和进行化学反应	有挡板	圆盘涡轮、闭式涡轮	湍流(低黏流体)
	有反射物	三叶折叶涡轮	
	有导流筒	三叶折叶涡轮、六叶折叶开启涡轮、推进式	
	有导流筒	螺杆式	层流(高黏流体)
	无导流筒	锚式、螺带式	

（2）按介质的黏度选型

对于低黏度介质，用小直径高转速的搅拌器就能带动周围的流体循环，并至远处；而高黏度介质的流体则需直接用搅拌器来推动。表11-6给出各种搅拌器适用的黏度范围。由表可见，对于低黏液体，用传统的推进式、桨式、涡轮式等搅拌器基本能解决问题。锚式和框式搅拌器覆盖了很宽的黏度范围，但在较高黏度时锚式叶轮的混合效果比螺带式差得多，而在低黏度域，只在搅拌效果要求不高的场合才使用。然而，对于传热是搅拌主要目的的场合，锚式搅拌器还是很适用的。

表11-6 各种搅拌器适用的黏度范围

黏度	低黏度	高黏度
推进式		
齿片式		

续表

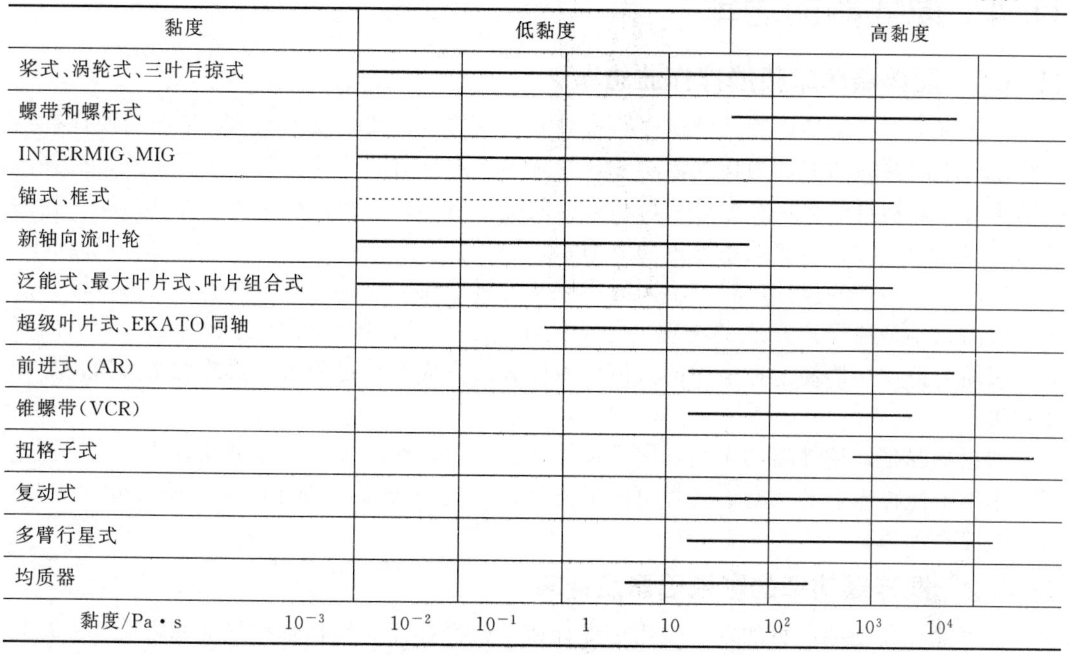

黏度	低黏度				高黏度		
桨式、涡轮式、三叶后掠式							
螺带和螺杆式							
INTERMIG、MIG							
锚式、框式							
新轴向流叶轮							
泛能式、最大叶片式、叶片组合式							
超级叶片式、EKATO 同轴							
前进式（AR）							
锥螺带（VCR）							
扭格子式							
复动式							
多臂行星式							
均质器							
黏度/Pa·s	10^{-3}	10^{-2}	10^{-1}	1	10	10^{2}	10^{3} 10^{4}

（3）按搅拌器形式和适用条件选型

由表 11-7 搅拌器选用表可见，对低黏度流体的混合，推进式搅拌器由于循环能力强，动力消耗小，可应用到很大容积的釜中；涡轮式搅拌器应用的范围最广，各种搅拌操作都适用，但流体黏度不超过 50Pa·s；桨式搅拌器结构简单，在小容积的流体混合中应用较广，对大容积的流体混合，则循环能力不足；对于高黏流体的混合则以锚式、螺杆式、螺带式更为合适。

表 11-7 搅拌器形式和适用条件

搅拌器形式	流动状态			搅拌目的									釜容积范围/m^3	转速范围/(r/min)	最高黏度/Pa·s
	对流循环	湍流扩散	剪切流	低黏度混合	高黏度液混合传热反应	分散	溶解	固体悬浮	气体吸收	结晶	传热	液相反应			
涡轮式	◆	◆	◆	◆	◆	◆	◆	◆	◆	◆	◆	◆	1～100	10～300	50
桨式	◆	◆	◆	◆	◆		◆	◆		◆	◆	◆	1～200	10～300	50
推进式	◆	◆		◆		◆	◆	◆		◆	◆	◆	1～1000	10～500	2
折叶开启涡轮式	◆	◆		◆		◆	◆	◆			◆	◆	1～1000	10～300	50
布鲁马金式	◆	◆	◆	◆	◆		◆				◆	◆	1～100	10～300	50
锚式	◆				◆		◆						1～100	1～100	100
螺杆式	◆				◆		◆						1～50	0.5～50	100
螺带式	◆				◆		◆						1～50	0.5～50	100

11.4 搅拌器的功率

11.4.1 搅拌器功率和搅拌作业功率

搅拌时，以一定转速旋转的搅拌器将对液体做功，并使之发生流动，这时为使搅拌器连续运转所需要的功率称为搅拌器功率，其大小与搅拌器的几何参数、运行参数、搅拌釜的结构尺寸及物料的物性参数等密切相关。此搅拌器功率不包括机械传动和轴封所消耗的动力。实际设计时，须兼顾系统传动效率。

生产时，不同的搅拌过程、不同的物性及物料量在完成其过程时所需的动力不同，这个动力的大小是被搅拌介质的物理、化学性能以及各种搅拌过程所要求的最终结果的函数。习惯上把搅拌器使搅拌釜中的液体以最佳方式完成搅拌过程所需要的功率称为搅拌作业功率。

理想状况是，搅拌器功率刚好等于搅拌作业功率，使搅拌过程以最佳方式完成。搅拌器功率小于搅拌作业功率时，过程可能无法完成，也可能拖长操作时间；而过分大于时，只能是浪费动力。

11.4.2 搅拌器功率的影响因素及计算

计算搅拌器功率的目的，一是用于设计或校核搅拌器和搅拌轴的强度和刚度，二是用于选择电动机和减速机等传动装置。影响搅拌器功率的因素很多，主要有几何因素和物理因素两大类，包括以下四个方面：

① 搅拌器的几何尺寸与转速：搅拌器直径、桨叶宽度、桨叶倾斜角、转速、单个搅拌器叶片数、搅拌器距离容器底部的距离等。

② 搅拌容器的结构：容器内径、液面高度、挡板数、挡板宽度、导流筒的尺寸等。

③ 搅拌介质的特性：液体的密度、黏度。

④ 重力加速度。

上述影响因素综合起来可用下式关联：

$$N_{\mathrm{P}}=\frac{P}{\rho N^3 d^5}=K(Re)^r(Fr)^q f\left(\frac{d}{D},\frac{B}{D},\frac{H}{D},\cdots\right) \tag{11-6}$$

式中 B——桨叶宽度，m；

d——搅拌器直径，m；

D——搅拌容器内直径，m；

Fr——弗鲁德数，$Fr=N^2d/g$；

H——液面高度，m；

K——系数；

N——搅拌转速，s^{-1}；

N_{P}——功率准数，无量纲；

P——搅拌功率，W；

r，q——指数；

Re——雷诺数，$Re=d^2N\rho/\mu$；

ρ——密度，kg/m^3；

μ——黏度，Pa·s。

一般情况下，弗鲁德准数 Fr 的影响较小，而容器内径 D、挡板宽度 b 等几何参数可归结到系数K。由式（11-6）得搅拌器功率P为：

$$P=N_P\rho N^3d^5 \tag{11-7}$$

上式中ρ、N、d为已知数，故计算搅拌器功率的关键是求得功率准数N_P。在特定的搅拌装置上，可以测得功率准数N_P与雷诺数Re的关系。将此关系绘于双对数坐标图上即得功率曲线。图11-10为六种搅拌器的功率曲线。由图可知，功率准数N_P随雷诺数Re变化。在低雷诺数（$Re\leqslant10$）的层流区内，流体不会打旋，重力影响可忽略，功率曲线为斜率-1的直线；当$10\leqslant Re\leqslant10000$时为过渡流区，功率曲线为一下凹曲线；当$Re>10000$时，流动进入充分湍流区，功率曲线呈一水平直线，即$N_P$与$Re$无关，保持不变。用式(11-7)计算搅拌器功率时，功率准数N_P可直接从图11-10查得。

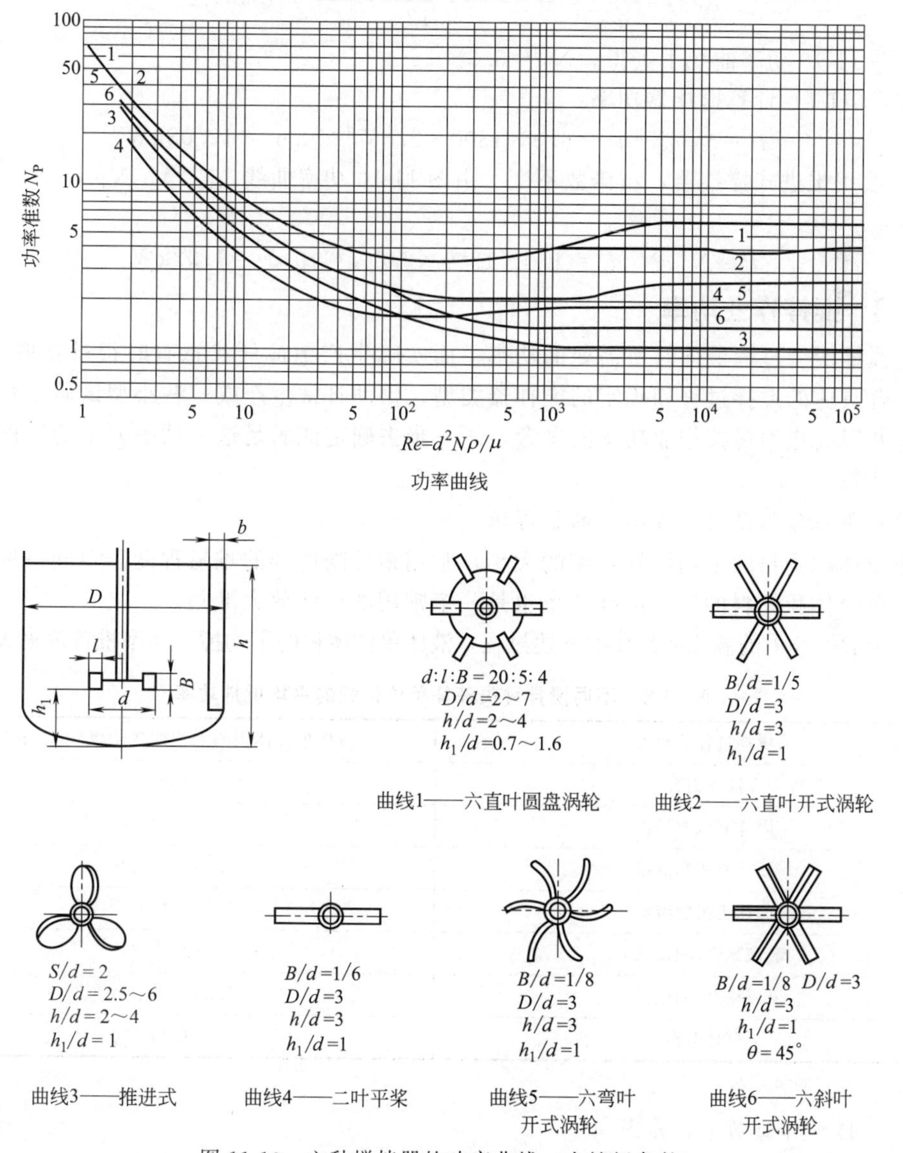

图11-10　六种搅拌器的功率曲线（全挡板条件）

图11-10所示的功率曲线只适用于图示六种搅拌器的几何比例关系。如果比例关系不同，则功率准数N_P也不同。此曲线是在单一液体下测得的。对于非均相的液-液或液-固系统，用上述功率曲线计算时，需用混合物的平均密度$\bar{\rho}$和修正黏度$\bar{\mu}$代替式(11-7)中的ρ、μ。

计算气-液两相系统搅拌器功率时，搅拌器功率与通气量的大小有关。通气时，气泡的存在降低了搅拌液体的有效密度，与不通气相比，搅拌器功率要低得多。

【例 11-1】 一搅拌设备的筒体内直径为 ϕ1800mm，采用六直叶圆盘涡轮式搅拌器，搅拌器直径 ϕ600mm，搅拌轴转速 160r/min。容器内液体的密度为 1300kg/m^3，黏度为 0.12Pa·s。试求：

① 搅拌器功率；②改用推进式搅拌器后的搅拌器功率。

解 已知 $\rho=1300\text{kg/m}^3$，$\mu=0.12\ \text{Pa·s}$，$d=600\text{mm}$，$N=160\text{r/min}=2.667\text{s}^{-1}$

① 计算雷诺数 Re：

$$Re=\frac{\rho N d^2}{\mu}=\frac{1300\times 2.667\times 0.6^2}{0.12}=10401.3$$

由图 11-10 功率曲线 1 查得，$N_P=6.3$。

按式(11-7) 计算搅拌器功率：

$$P=N_P\rho N^3 d^5=6.3\times1300\times2.667^3\times0.6^5=12.08\text{kW}$$

② 改用推进式搅拌器，雷诺数不变 由图 11-10 功率曲线 3 查得，$N_P=1.0$。搅拌器功率为：

$$P=N_P\rho N^3 d^5=1.0\times1300\times2.667^3\times0.6^5=1.92\text{kW}$$

11.4.3 搅拌作业功率

是搅拌混合过程最佳时所需要的功率，而实际生产中最佳状态有时很难获取。因此，通常结合具体的搅拌过程和确定的搅拌器类型，借助日常生产或一些小型试验来获取功率数据，并以此作为搅拌作业功率的参考，进一步去确定能满足这一功率要求的搅拌器尺寸与运行参数。

(1) 单位体积平均搅拌功率的推荐值

单位体积物料的平均搅拌功率的大小，常用来反映搅拌的难易程度。对同一种搅拌过程，取单位体积物料的平均搅拌功率也是一个常用的比例放大准则。

对于 $Re>10^4$ 的湍流区操作的下述过程，液体单位体积的平均搅拌功率推荐值见表 11-8。

表 11-8 不同搅拌种类液体单位体积的平均搅拌功率

搅拌过程的种类	液体单位体积的平均搅拌功率/(Hp/m^3)
液体混合	0.09
固体有机物悬浮	0.264～0.396
固体有机物溶解	0.396～0.528
固体无机物溶解	1.32
乳液聚合(间歇式)	1.32～2.64
悬浮聚合(间歇式)	1.585～1.894
气体分散	3.96

注：1Hp = 735.499 W。

(2) 搅拌作业功率的算图

如图 11-11 所示，算图依据搅拌过程的种类以及物料量、物性参数来确定搅拌作业功率。将液体容积与液体黏度连线，交于参考线Ⅰ上某点，再将该点与液体相对密度连线，交于参考线Ⅱ上某点，之后将该点与某一操作连线，交于搅拌功率线上某点，即可由此确定该过程的搅拌作业功率。

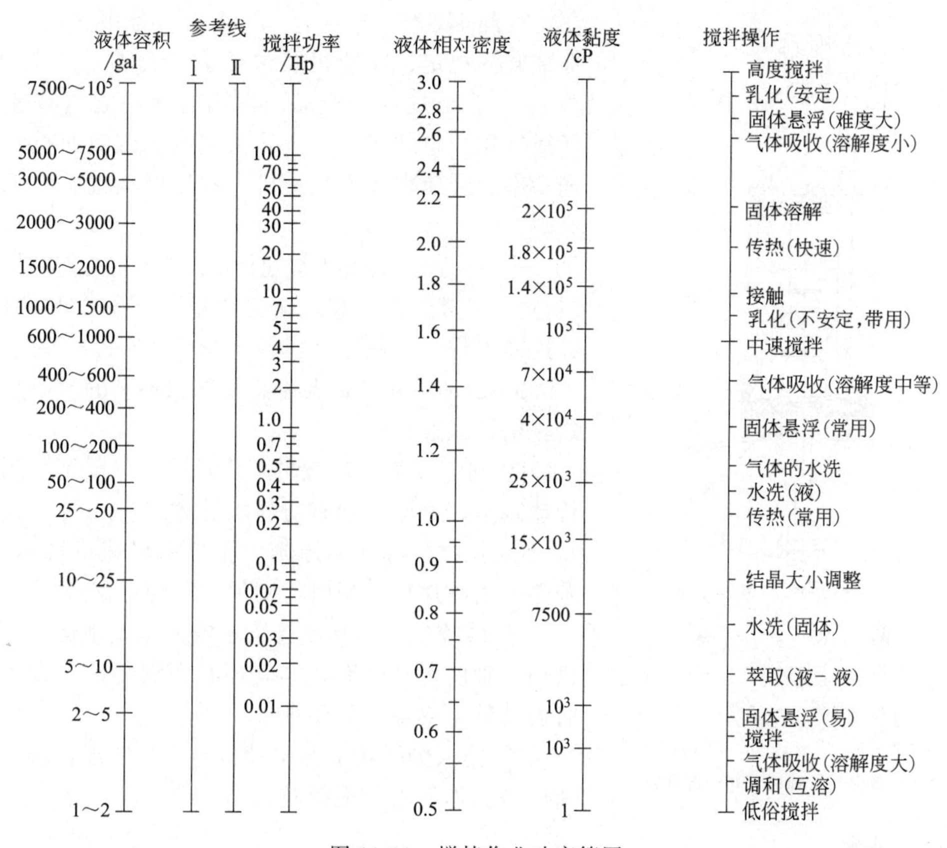

图 11-11 搅拌作业功率算图

11.5 传动装置及搅拌轴

11.5.1 传动装置

搅拌设备的传动装置包括电动机、减速机、联轴器、搅拌轴、机架及凸缘法兰等，如图 11-12 所示。

(1) 电动机的选型

电动机的型号应根据功率、工作环境等因素选择；工作环境包括防爆、防护等级、腐蚀环境等。通常，电动机与减速机一并配套供应，设计时可根据选定的减速机选用配套的电动机。

电动机功率包括搅拌器运转功率及传动装置和密封系统功率损耗，可按式 (11-8) 计算。

$$P_N = \frac{P + P_s}{\eta} \tag{11-8}$$

式中 P_N——电动机功率，kW；

P——搅拌功率，kW；

P_s——轴封消耗功率，kW；

η——传动系统的机械效率。

(2) 减速机选型

减速机是用于电动机和工作机之间独立的闭式传动装置，主要功能是降低转速，并相应增大转矩。由于搅拌轴运转速度大多在 30～600r/min，小于电动机的额定转速，因而在电动机出口端大多需设置减速机。

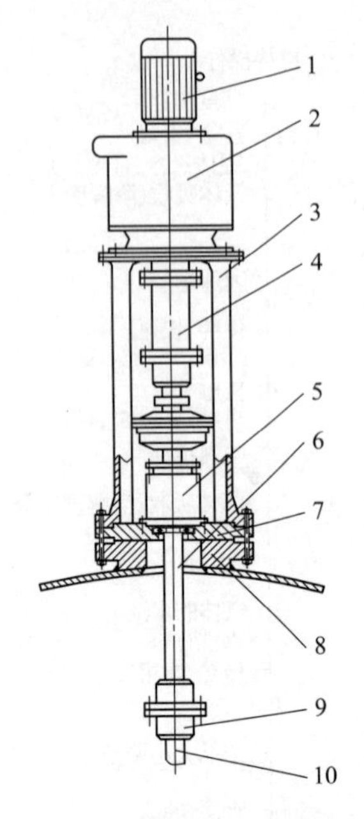

图 11-12 传动装置

1—电动机；2—减速机；3—单支点机架；4—（釜外）带短节联轴器；5—轴封；6—传动轴；7—安装底盖；8—凸缘法兰；9—（釜内）联轴器；10—搅拌轴

按照 HG/T 3139.1～3139.12《釜用立式减速机》标准族的规定，减速机共包括了三大类，68 种机型，共 3800 多个规格的产品。常用的釜用立式减速机有摆线针轮行星减速机、齿轮减速机和带减速机。应根据功率、转速来选择减速机，并尽可能遵循以下基本原则：

① 应优先选用标准减速机以及专业厂生产的产品。

② 应考虑振动和载荷变化情况下工作的平稳性，并连续工作。一般选择齿轮或摆线针轮行星减速机。

③ 出轴旋转方向要求正反双向传动的，不宜选用蜗轮蜗杆减速机。

④ 对于易燃、易爆的工作环境，一般不采用皮带传动减速，否则必须有防静电措施。

⑤ 搅拌的轴向力原则上不应由减速机轴承承受，若必须由减速机承受时，则须凭经验算核定。

⑥ 减速机额定功率应大于或等于正常运行中减速机输出轴的传动效率，同时还必须满足搅拌设备开车时启动轴功率增大的要求。

⑦ 输入轴转速应与电动机转速相匹配，输出轴转速应与工作要求的搅拌转速相一致。

（3）机架

立式搅拌传动装置通过机架安装在搅拌容器封头上，机架内应有足够空间，以容纳联轴器、轴封装置等部件，并保证安装操作的需要。机架中间还可能安装中间轴承装置，以改善搅拌轴的支承条件。

机架形式可分为无支点机架、单支点机架（图 11-13）和双支点机架（图 11-14）。无支点机架一般仅适用于传递小功率和较小的轴向载荷的条件。单支点机架适用于电动机或减速机可作为一个支点，或容器内可设置中间轴承和底轴承的情况。双支点机架适用于悬臂轴。

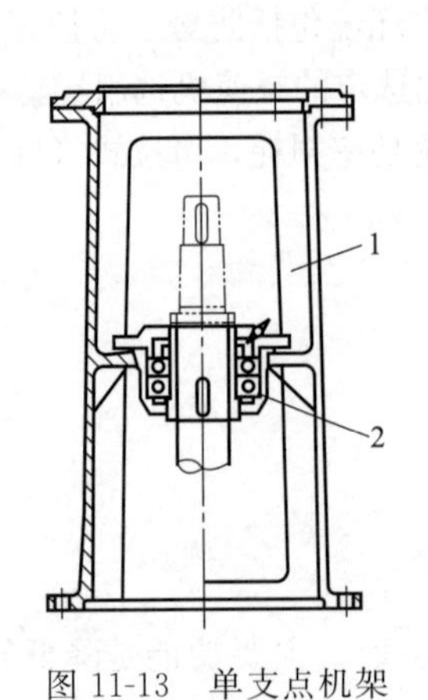

图 11-13 单支点机架

1—机架；2—轴承

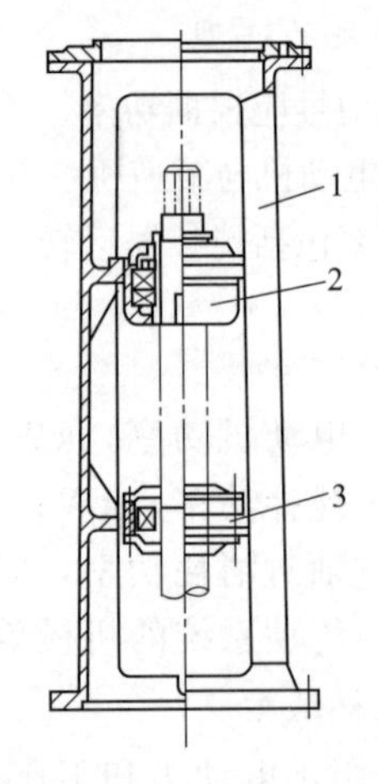

图 11-14 双支点机架

1—机架；2—上轴承；3—下轴承

搅拌轴的支承有悬臂式和单跨式，优先采用悬臂轴。

11.5.2　搅拌轴设计

对于大型或高径比大的机械搅拌器，尤其重视搅拌轴的设计。设计搅拌轴时应考虑四个因素：①扭转变形；②临界转速；③转矩和弯矩联合作用下的强度；④轴封处允许的径向位移。由此计算所得的轴径是指危险截面处的直径。确定轴的实际直径时，通常还得考虑腐蚀裕量，最后把直径圆整为标准轴径。

（1）搅拌轴的力学模型

对搅拌轴设定：

① 刚性联轴器连接的可拆轴视为整体轴；

② 搅拌器及轴上的其他零件（附件）的重力、惯性力、流体作用力均作用在零件轴套的中部；

③ 轴受转矩作用外，还考虑搅拌器上流体的径向力以及搅拌轴和搅拌器（包括附件）在组合重心处质量偏心引起的离心力作用。

因此将悬臂轴和单跨轴的受力简化为如图11-15（悬臂式）和图11-16（单跨式）所示的模型。图中 a 指悬臂轴两支点间距离；D_j 指搅拌器直径；F_e 指搅拌轴及各层圆盘组合重心处质量偏心引起的离心力；F_{hi} 指第 i 个搅拌器上流体径向力；L_e 指搅拌轴及各层圆盘组合重心离轴承（对悬臂轴为搅拌侧轴承，对单跨轴为传动侧轴承）的距离；L_1～L_i 指1～i 个圆盘的每个圆盘悬臂长度（对于悬臂轴）或每个圆盘至传动侧轴承的距离（对于单跨轴）；L 指单跨轴两轴承之间的长度。

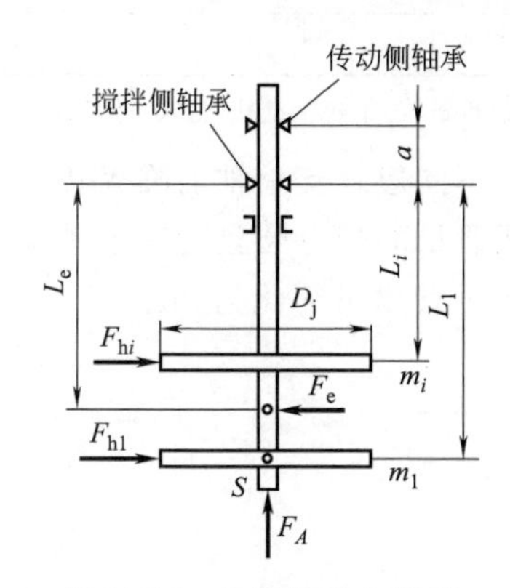

图11-15　悬臂轴受力模型

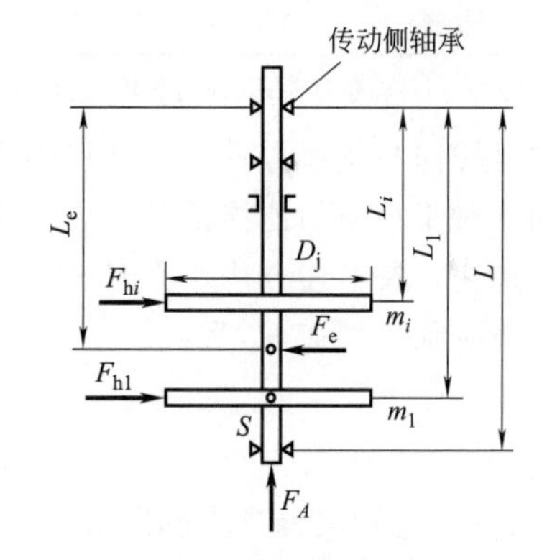

图11-16　单跨轴受力模型

（2）按扭转变形计算搅拌轴的轴径

搅拌轴受转矩和弯矩的联合作用，扭转变形过大造成轴的振动，使轴封失效，因此应将轴单位长度最大扭转角 γ 限制在允许范围内。轴转矩的刚度条件为：

$$\gamma=\frac{583.6M_{n\max}}{Gd^4(1-\alpha^4)}\leqslant[\gamma] \tag{11-9}$$

式中　d——搅拌轴直径，m；

G——轴材料剪切弹性模量，Pa；

$M_{n\max}$——轴传递的最大转矩，$M_{n\max}=9553\dfrac{P_n}{n}\eta$，N·m；

n——搅拌轴转速，r/min；

P_n——电机功率，kW；

α——空心轴内径和外径的比值；

η——传动装置效率；

$[\gamma]$——许用扭转角，对于悬臂梁 $[\gamma]=0.35°/m$，对于单跨梁 $[\gamma]=0.7°/m$。

故搅拌轴直径为：

$$d=4.92\left\{\frac{M_{n\max}}{[\gamma]G(1-\alpha^4)}\right\}^{\frac{1}{4}} \tag{11-10}$$

(3) 按临界转速校核搅拌轴的直径

当搅拌轴的转速达到轴自振频率时，会发生强烈振动，并出现很大弯曲，这个转速称为临界转速，记作 n_c，见表 11-9。靠近临界转速运转时，轴或轴封常因强烈振动而破坏。因此，要求工作转速避开临界转速，工作转速低于第一临界转速的轴称为刚性轴，要求 $n\leqslant 0.7n_c$；工作转速大于第一临界转速的轴称为柔性轴，要求 $n\geqslant 1.3n_c$。一般搅拌轴的工作转速较低，大都为低于第一临界转速下工作的刚性轴。

表 11-9 搅拌轴临界转速的选取

搅拌介质	刚性轴		柔性轴
	搅拌器(叶片式搅拌器除外)	叶片式搅拌器	高速搅拌器
气体	$n/n_c\leqslant 0.7$	$n/n_c\leqslant 0.7$	不推荐
液体-液体 液体-固体		$n/n_c\leqslant 0.7$ 和 $n/n_c\neq(0.45\sim0.55)$	$n/n_c=1.3\sim1.6$
发酵搅拌罐	$n/n_c\leqslant 0.6$	$n/n_c\leqslant 0.4$	不推荐

注：叶片式搅拌器包括桨式、开启涡轮式、圆盘涡轮式、三叶后掠式、推进式；不包括锚式、框式、螺带式。

临界转速与支承方式、支承点距离及轴径有关，不同形式支承轴的临界转速的计算方法不同。对于小型的搅拌设备，往往把轴理想化为无质量的带有圆盘的转子系统来计算轴的临界转速。按上述方法，具有 z 个搅拌器的等直径悬臂梁可简化为如图 11-15 所示的模型，其一阶临界转速 n_c 为：

$$n_c=\frac{30}{\pi}\sqrt{\frac{3EI(1-\alpha^4)}{L_1^2(L_1+a)m_s}} \tag{11-11}$$

式中 a——悬臂梁两支点间距离，m；

E——轴材料的弹性模量，Pa；

I——轴的惯性矩，m^4；

L_1——第 1 个搅拌器悬臂长度，m；

n_c——临界转速，r/min；

m_s——轴及搅拌器有效质量在 s 点的等效质量之和，kg。

等效质量 m_s 的计算公式：

$$m_s=m+\sum_{i=1}^{z}m_i \tag{11-12}$$

式中 m——悬臂轴 L_1 段自身质量及附带液体质量在轴末端 s 点的等效质量，kg；

m_i——第 i 个搅拌器自身质量及附带液体质量在轴末端 s 点的等效质量，kg；

z——搅拌器的数量。

(4) 按强度计算搅拌轴的直径

搅拌轴的强度条件是：

$$\tau_{max}=\frac{M_{te}}{W_p}\leqslant[\tau] \tag{11-13}$$

式中 τ_{max}——截面上最大切应力，Pa；

M_{te}——轴上扭转和弯矩联合作用时的当量转矩，$M_{te}=\sqrt{M_n^2+M^2}$，N·m；

M_n——转矩，N·m；

M——弯矩，$M=M_R+M_A$，N·m；

M_R——水平推力引起的轴的弯矩，N·m；

M_A——轴向力引起的轴的弯矩，N·m；

W_p——抗扭截面模量，对空心圆轴 $W_p=\pi d^3(1-\alpha^4)/16$，$m^3$；

$[\tau]$——轴材料的许用切应力，$[\tau]=\sigma_b/16$，Pa；

σ_b——轴材料的抗拉强度，Pa。

则搅拌轴的直径：

$$d=1.72\left\{\frac{M_{te}}{[\tau](1-\alpha^4)}\right\}^{\frac{1}{3}} \tag{11-14}$$

关于搅拌轴的详细计算及参数的选取可参考行业标准 HG/T 20569—2013《机械搅拌设备》。

11.6 轴封

轴封是搅拌设备的一个重要组成部分。轴封属于动密封，其作用是保证搅拌设备内处于一定的正压或真空状态，防止被搅物料逸出和杂质的渗入，因而不是所有的转轴密封形式都能用于搅拌设备。在搅拌设备中，最常用的轴封为填料密封和机械密封。

11.6.1 填料密封

填料密封又称填料箱，是搅拌设备较早采用的一种转轴密封结构，具有结构简单、制造要求低、维护保养方便等优点。但其填料易磨损，密封可靠性较差，一般只适用于常压或低压低转速、非腐蚀性和弱腐蚀性介质，并允许定期维护的搅拌设备。

(1) 结构及工作原理

填料密封的结构如图 11-17 所示，它是由底环、本体、油环、填料、螺柱、压盖及油杯等组成。填料中含有润滑剂，因此，在对搅拌轴产生径向压紧力的同时，形成一层极薄的液膜，一方面使搅拌轴得到润滑，另一方面阻止设备内流体的逸出或外部流体的渗入，达到密封的目的。虽然填料中含有润滑剂，但在运转中润滑剂不断被消耗，故应在填料中间设置油环。由于压紧力过大，会使填料紧压在转动轴上，加速轴与填料间的磨损，使密封更快失效。所以操作过程中应适当调整压盖的压紧力，并需定期更换填料。

(2) 填料密封的选用

一般应遵循以下基本原则。

① 优先选用标准填料密封。填料密封适用于操作压力－0.03～1.6MPa，介质温度≤300℃的使用条件。

② 根据设计压力、设计温度及介质腐蚀性选用。

③ 根据填料的性能选用。当密封要求不高时，可选用一般石棉或油浸石棉填料；当

密封要求较高时，宜选用膨体聚四氟乙烯、柔性石墨等填料。

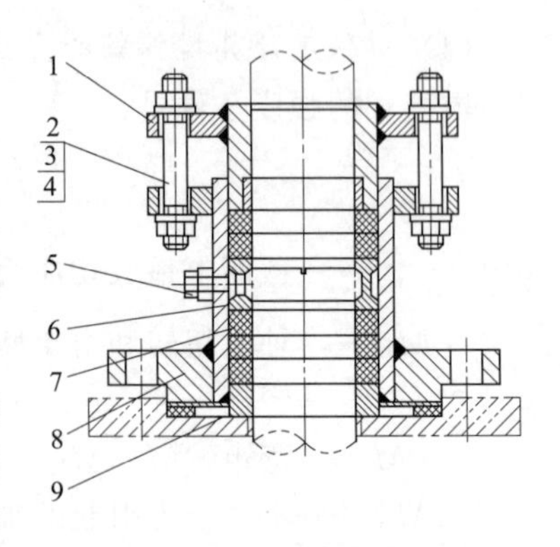

图 11-17 填料密封的结构

1—压盖；2—双头螺柱；3—螺母；4—垫圈；5—油杯；6—油环；7—填料；8—本体；9—底环

11.6.2 机械密封

机械密封是把转轴的密封面从轴向改为径向，通过动环和静环两个端面的相互贴合，并作相对运动达到密封的装置，又称端面密封。机械密封的泄漏率低，密封性能可靠，功耗小，使用寿命长，无需经常维修，且能满足生产过程自动化和高温、低温、高压、高真空、高速以及各种易燃、易爆、腐蚀性、磨蚀性介质和含固体颗粒介质的密封要求。

(1) 结构与工作原理

机械密封的结构如图 11-18 所示。它由固定在轴上的动环及弹簧压紧装置、固定在设备上的静环以及辅助密封圈组成。当转轴旋转时，动环和固定不动的静环紧密接触，并经轴上弹簧压紧力的作用，阻止泄漏。图中有四个密封点，*A* 点是动环与轴之间的密封，属静密封，常用 O 形环，*B* 点是动环和静环作相对旋转运动时的端面密封，属动密封，是机械密封的关键。*C* 点是静环与静环座之间的密封，属静密封。*D* 点是静环座与设备之间的密封，属静密封。通常设备凸缘做成凹面，静环座做成凸面，中间用垫片密封。

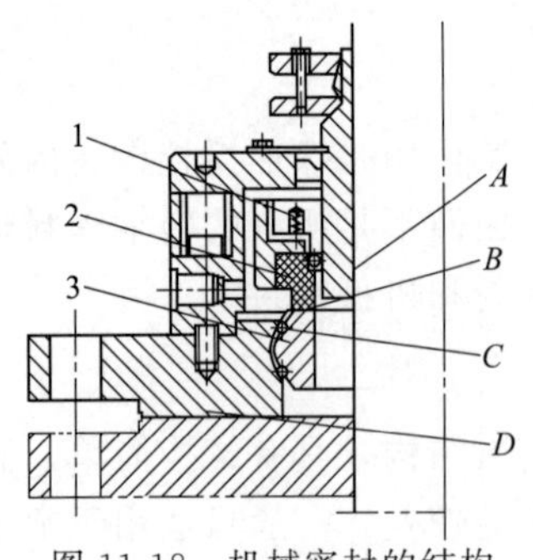

图 11-18 机械密封的结构

1—弹簧；2—动环；3—静环

动环和静环之间的摩擦面称为密封面。密封面上单位面积所受的力称为端面比压，是操作时保持密封所必需的净压力。端面比压过大，使用寿命将缩短；端面比压过小，密封面易因压不紧而泄漏。

(2) 机械密封的特点

与填料密封相比，机械密封具有以下特点：

① 密封可靠，在长期运转中密封状态稳定，泄漏量很小，其泄漏量仅为填料密封的 1%左右；

② 使用寿命长，在油、水介质中一般可达 1～2 年或更长，在化工介质中一般能工作半年以上；

③ 摩擦功率消耗低，其摩擦功率仅为填料密封的 10%～50%；

④ 轴或轴套基本上不磨损；

⑤ 维修周期长，端面磨损后可自动补偿，一般情况下不需经常性维修；

⑥ 抗震性好，对旋转轴的振动、偏摆以及轴对密封腔的偏斜不敏感；

⑦ 适用范围广，能用于高温、低温、高压、真空、不同转速及各种腐蚀性和含磨粒介质的密封。

(3) 机械密封的选用

机械密封的结构选型主要依据密封的工作参数、介质特性、泄漏量和寿命要求以及安装密封的有效空间位置。此外，还要考虑安装维修的难易程度和密封的价格等因素。当设计压力小于 0.6MPa 且密封要求一般的场合，可选用单端面非平衡型机械密封；当设计压力大于 0.6MPa 时，建议选用平衡型机械密封。密封要求较高，搅拌轴承受较大径向力时，应选用带内置轴承的机械密封，但机械密封的内置轴承不能作为轴的支点；当介质温度高于 80℃，搅拌轴的线速度超过 1.5m/s 时，机械密封应配置循环保护系统。

11.6.3　全封闭密封——磁力搅拌装置

当介质为剧毒、易燃、易爆、昂贵、高纯度介质以及在高真空下操作，密封要求很高且采用填料密封和机械密封均无法满足时，可选用全封闭的磁力搅拌装置，见图 11-19，它主要由磁力联轴器、搅拌设备的筒体、搅拌轴、搅拌桨、轴承、夹壳式联轴器和电动机等组成。除磁力联轴器之外，其余均与惯用的搅拌设备相同。

（1）*磁力传动密封的工作原理*

套装在输入机械能转子上的外磁钢（转子），和套装在搅拌轴上的内磁钢（转子），用隔离套使内外转子隔离，并利用永久磁体异极相吸、同极相斥的原理，依靠内外磁场进行传动，其中隔离套起到全封闭密封作用。套在内外轴上的涡磁转子称为磁力联轴器。

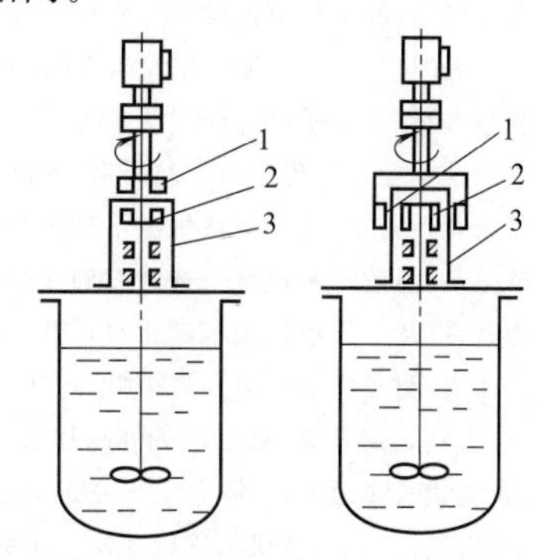

图 11-19　磁力搅拌装置结构示意图
1—外磁钢；2—内磁钢；3—隔离套

（2）*磁力传动密封的特点*

与传统的轴封相比，采用磁力搅拌装置最突出的优势是可完全消除搅拌设备内的气体通过轴封向外泄漏。但磁力传动装置可传递的功率一般较小，目前主要用于功率不超过 10kW 的中小型搅拌设备中。

习题

11-1　机械搅拌设备主要由哪些部件构成？

11-2　搅拌容器的传热元件有哪几种？各有什么特点？

11-3　搅拌轴的动密封装置有哪几种？各有什么特点？

11-4　按流型分类搅拌器有哪些类型？各列举两种。

11-5　一立式机械搅拌发酵罐的内直径 ϕ2000mm，容器的上下封头均为标准椭圆形封头，高径比 2∶1。试确定该搅拌容器的筒体高度并计算该发酵罐的容积。

参考文献

[1] 汤善甫，朱思明.化工设备机械基础 [M].第2版.上海：华东理工大学出版社，2004.
[2] 潘红良.过程设备机械设计 [M].上海：华东理工大学出版社，2006.
[3] 成大先.机械设计手册 [M].第5版.北京：化学工业出版社，2007.
[4] 程宜.应用力学基础 [M].第3版.北京：水利电力出版社，1994.
[5] 哈尔滨工业大学理论力学教研室.理论力学（Ⅰ）[M].北京：高等教育出版社，2009.
[6] 潘永亮，吉华.化工设备机械基础 [M].第3版.北京：科学出版社，2014.
[7] 陈志平.过程设备设计与选型基础 [M].第3版.杭州：浙江大学出版社，2016.
[8] 喻健良.化工设备机械基础 [M].第2版.大连：大连理工大学出版社，2014.
[9] 刘鸿文.材料力学 [M].第5版.北京：高等教育出版社，2011.
[10] 唐尔钧，詹长福.化工设备机械基础 [M].北京：中央广播电视大学出版社，1985.
[11] 汤善甫，朱思明，等.化工设备机械基础 [M].上海：华东化工学院出版社，1991.
[12] 董大勤.化工设备机械基础 [M].北京：化学工业出版社，2009.
[13] 潘永亮.化工设备机械基础 [M].第2版.北京：科学出版社，2007.
[14] 许晶月，张向，华涛.悬挂输送机吊装梁强度和刚度计算 [J].起重运输机械，1998（08）：12-14.
[15] 田忠良.泊松比与拉伸和旋转的内在联系 [D].中国科学技术大学，2015.
[16] 任宁，耿铁，周峰.四种复合型柔性铰链刚度分析与应用 [J].机械传动，2013（10）：119-122.
[17] 刘瑞.微结构材料力学性能的微拉伸系统与测试方法研究 [D].上海交通大学，2009.
[18] 冯贤桂.梁的弯曲变形简单计算方法 [J].现代机械，2001（01）：86-88.
[19] 侯淑文，刘绍轩.变截面圆轴扭转变形简化计算 [J].矿山机械，1987（06）：30-32.
[20] 冯贤桂.用积分变换法计算梁的弯曲变形 [J].起重运输机械，2001（06）：25-27.
[21] 杨敬林，张琴，徐春霞，崔浩.纵横向荷载作用下简支梁的弯曲变形分析 [J].江西科学，2015（05）：733-735.
[22] 郑苏.计算梁弯曲变形的位移合成法 [J].上海海运学院学报，1995（02）：1-8.
[23] 汤安民，李智慧，莫宵依.用能量原理推导圆轴扭转弹性变形与应力分布 [J].西安理工大学学报，2010（04）：403-406.
[24] 杨丽红.基于实心圆轴扭转实验的大变形本构关系研究 [D].哈尔滨工程大学，2005.
[25] 任鹏飞.浅析圆轴扭转现象 [J].科技与企业，2016（06）：205.
[26] 汤善甫，朱思明.化工设备机械基础 [M].第2版.上海：华东理工大学出版社，2004.
[27] 任家隆.机械制造技术 [M].第3版.北京：机械工业出版社，2000.
[28] 蔡元兴，刘科高，郭晓斐.常用金属材料的耐腐蚀性能 [M].第5版.北京：冶金工业出版社，2012.
[29] 朱宏吉，张明贤.制药设备与工程设计 [M].北京：化学工业出版社，2011.
[30] 刘胜新.实用金属材料手册 [M].第2版.北京：机械工业出版社，2017.
[31] 王忠.机械工程材料 [M].北京：清华大学出版社，2005.
[32] 喻健良，王立业，刁玉玮.化工设备机械基础.第7版 [M].大连：大连理工大学出版社，2013.
[33] 刘仁桓，徐书根，蒋文春.化工设备机械基础 [M].上海：中国石化出版社，2015.
[34] 国家质量监督检验检疫总局.TSG 21—2016，固定式压力容器安全技术监察规程 [S].2016.
[35] 国家质量监督检验检疫总局.GB 150—2011，压力容器 [S].2011.
[36] 郭建章，马迪.化工设备机械基础 [M].北京：化学工业出版社，2013.
[37] 朱财，葛书彦.化工设备设计与制造 [M].北京：化学工业出版社，2013.
[38] 方书起，魏新利.化工设备设计基础 [M].北京：化学工业出版社，2015.
[39] 国家质量监督检验检疫总局.GB/T 9019—2015，压力容器公称直径 [S].2016.
[40] 国家发展和改革委员会.JB/T 4712—2007，容器支座 [S].2007.
[41] 工业和信息化部.HG/T 20592—2009，钢制管法兰、垫片、紧固件 [S].2009.
[42] 国家能源局.NB/T 47020—2012，压力容器法兰分类与技术条件 [S].2012.

[43] 国家能源局. NB/T 47017—2011，压力容器视镜 [S]. 2011.
[44] 国家经济贸易委员会. JB/T 4736—2002，补强圈 [S]. 2002.
[45] 夏清，贾绍义，等. 化工原理 [M]. 第 2 版. 天津：天津大学出版社，2013.
[46] 王树楹，等. 现代填料塔技术指南 [M]. 北京：中国石化出版社，1998.
[47] 刘乃鸿，等. 工业塔新型规整填料应用手册 [M]. 天津：天津大学出版社，1993.
[48] 董大勤. 化工设备机械基础 [M]. 第 4 版. 北京：化学工业出版社，2012.
[49] 国家标准化管理委员会. GB/T 151—2014，热交换器 [S]. 2014.
[50] 国家发展和改革委员会. JB/T 4710—2005，钢制塔式容器 [S]. 2005.
[51] 王学生，惠虎. 化工设备设计 [M]. 上海：华东理工大学出版社，2011.
[52] 孙兰义. 换热器工艺设计 [M]. 北京：中国石化出版社，2015.
[53] 郑津洋，董其伍，桑芝富. 过程设备设计 [M]. 第 2 版. 北京：化学工业出版社，2010.
[54] 列管式换热器的设计计算. https：//wenku. baidu. com/view/852302edba1aa8114531d9dd. html.
[55] TEMA 规格的管壳式换热器设计原则. 摘引自《PERRY'S CHEMICAL ENGINEER'S HANDBOOK 1999》，https：//wenku. baidu. com/view/9e29131dccbff121dd3683cc. html.
[56] GB/T 151—2014 热交换器讲解. https：//wenku. baidu. com/view/847e91bba45177232e60a22d. html.
[57] 陈志平，陈冰冰，刘宝庆，潘浓芬. 过程设备设计与选型基础 [M]. 第 3 版. 杭州：浙江大学出版社，2016.
[58] 刁玉玮，王立业，喻健良. 化工设备机械基础 [M]. 第 6 版. 大连：大连理工大学出版社，2006.
[59] 陈志平，章序文，林兴华，等. 搅拌与混合设备设计选用手册 [M]. 北京：化学工业出版社，2004.
[60] 化工设备设计全书编辑委员会. 搅拌设备设计 [M]. 上海：上海科学技术出版社，1985.
[61] 李勤，李福宝. 过程装备机械基础 [M]. 北京：化学工业出版社，2012.